TRAINING PHYSIK

Florian Borges

Physik – Mittelstufe 2

Aufgaben mit Lösungen

STARK

Bildnachweis
© Nomadsoul1/Dreamstime.com

ISBN 978-3-89449-900-6

www.stark-verlag.de
1. Auflage 2007

Inhalt

Vorwort

1 Atome **1**

1.1 Aufbau der Atome 1
Atommodelle 1
Periodensystem der Elemente (PSE) 4

1.2 Aufnahme und Abgabe von Energie 6
Kontinuierliches Spektrum 6
Diskretes Spektrum 8
Wasserstoffspektrum 9
Licht als Strom von Energiepaketen 11
Fotoeffekt 12
Röntgenspektren 13

1.3 Kernumwandlungen 19
Kernspaltung 20
Kernfusion 22

1.4 Strahlung radioaktiver Nuklide 25
Strahlungsarten und Eigenschaften 25
Nachweis der Radioaktivität 26
Zerfall radioaktiver Stoffe 29
Altersbestimmung mithilfe der Radioaktivität: C14-Methode 32
Strahlenschutz 33

2 Kinematik und Dynamik geradliniger Bewegungen **39**

2.1 Bewegungsgesetze 39

2.2 Darstellung von Bewegungsabläufen 47

3 Newton'sche Mechanik **63**

3.1 Die Newton'schen Gesetze 63

3.2 Eindimensionale Bewegungen 67
Bewegungen mit konstanter Beschleunigung 67
Bewegungen bei veränderlicher Beschleunigung 68

3.3 Zweidimensionale Bewegungen 74
Waagerechter und schräger Wurf 74
Kreisbewegungen 77

Fortsetzung siehe nächste Seite

4 Wellen und Quanten **89**

4.1 Ausbreitung von Wellen 89
Eindimensionale Wellenausbreitung 89
Zweidimensionale Wellenausbreitung 94

4.2 Interferenz und Beugung 99

4.3 Wellen- und Teilcheneigenschaften von Licht und Materie 107
Interferenz von Licht am Doppelspalt 107
Licht – Welle und Teilchen! 111
Elektronen – Teilchen und Welle! 114

5 Astronomische Weltbilder **121**

5.1 Geozentrisches und heliozentrisches Weltbild 121

5.2 Die Kepler'schen Gesetze 125

Lösungen **131**

Autor: Florian Borges

Vorwort

Liebe Schülerin, lieber Schüler,

das „Training Physik Mittelstufe“ hilft dir, **physikalische Zusammenhänge zu verstehen** und das **Rechnen von Physikaufgaben** zu trainieren. Der Physikstoff der Klassen 8 bis 10 wird dabei in zwei Trainingsbänden ausführlich dargestellt.

Der Band 2, den du in Händen hältst, vermittelt dir alle wichtigen Themen, die du im Physikunterricht des zweiten Abschnitts der gymnasialen Mittelstufe kennenlernst: Das erste Kapitel befasst sich mit der Welt der kleinsten Teilchen, den **Atomen**, das zweite und dritte Kapitel handelt von der **Mechanik**, deren Gesetzmäßigkeiten entscheidend unseren ganz normalen Alltag bestimmen. Das vierte Kapitel setzt sich im ersten Teil mit **Wellenerscheinungen** wie den bekannten Wasserwellen auseinander, aber auch mit Schall- und Lichtwellen. Dass Licht sich manchmal auch verhält, als ob es aus Teilchen oder **Quanten** bestünde, umgekehrt – und noch rätselhafter – Materieteilchen sich manchmal wie Wellen verhalten, stellt sich im zweiten Teil des Kapitels heraus. Den Abschluss bildet das Kapitel zu den **Astronomischen Weltbildern**, die die Bewegung der Sonne, unserer Erde und der anderen Planeten erklären.

Jedes Kapitel dieses Buches ist einheitlich gegliedert:

- Zunächst werden der Unterrichtsstoff besprochen, **Fachausdrücke** erklärt und **Formeln** erläutert. Dabei sind die wichtigsten **Regeln** immer in Kästen zusammengefasst und hervorgehoben, sodass sie auch beim Durchblättern leicht auffindbar sind.
- Zu jedem Stoffgebiet lernst du anhand von **Beispielaufgaben** die typischen Fragestellungen zu diesem Thema kennen. Ausführliche Lösungen zeigen dir unmittelbar anschließend, wie man derartige Aufgaben am besten angeht.
- Ganz wichtig sind die zahlreichen **Aufgaben**, die nach jedem neuen Sinnabschnitt folgen. Dadurch, dass du diese Aufgaben **selbstständig** löst, lernst du den Stoff und das Lösen von Physikaufgaben am besten. Orientiere dich dabei an den Beispielaufgaben. Die mit einem Stern **(✱)** gekennzeichneten Aufgaben sind etwas anspruchsvoller und regen in besonderer Weise zum Nachdenken an; du kannst sie beim ersten Durcharbeiten auch überspringen.
- Zur **Kontrolle** des Lösungsweges und deiner Ergebnisse findest du am Ende des Buches im Lösungsteil die **ausführlichen Lösungen** zu jeder Aufgabe.

Ich wünsche dir viel Erfolg bei deinem Physiktraining mit diesem Buch!

1 Atome

1.1 Aufbau der Atome

Atommodelle

Das **Atom** ist der kleinste chemisch nicht weiter teilbare Baustein der Materie. Der Begriff geht auf **Demokrit** (400 v. Chr.) zurück und entstammt dem griechischen Wort „atomos“ (= unteilbar). Unsere heutige Vorstellung davon, wie ein Atom aufgebaut ist, ist das Ergebnis einer langen Forschungsgeschichte, die mit den Namen berühmter Forscher verbunden ist.
Bis ins hohe Mittelalter war nicht die Vorstellung Demokrits, sondern diejenige seines Zeitgenossen **Empedokles** vorherrschend, nach der alle Materie auf die vier Elemente Feuer, Erde, Luft und Wasser zurückzuführen sei. Die erste experimentelle Annäherung an das Problem begann erst im 15. Jahrhundert, als die Vertreter der Alchimie (vergeblich) versuchten, aus billigem Blei das wertvolle Gold herzustellen. Indem sie dem neuen Ansatz folgten, alle die Natur betreffende Fragen nicht mehr durch reines Nachdenken (philosophisch), sondern mithilfe gezielter Exprimente (naturwissenschaftlich) zu beantworten, legten sie den Grundstein für die eigentliche Chemie und Physik. **Dalton** stellte Anfang des 19. Jahrhunderts bei der systematischen Untersuchung chemischer Reaktionen fest, dass die Massenverhältnisse der beteiligten Substanzen vor und nach einer Reaktion konstant bleiben, und besann sich für die Erklärung dieses Befundes wieder auf die Vorstellung des Atoms als chemisch unteilbares Teilchen. Der Aufbau der Materie aus Atomen wurde fortan zwar allgemein akzeptiert, doch war nach wie vor unklar, wie man sich das Atom selbst vorzustellen hat.

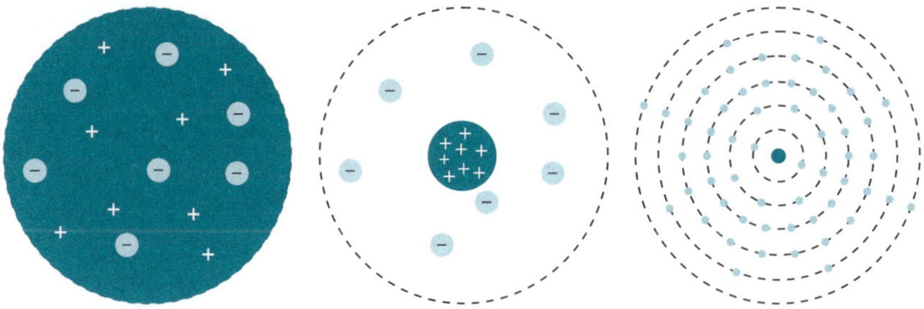

A B C

Zu Beginn des 20. Jahrhunderts wusste man aufgrund von Experimenten immerhin, dass das Atom elektrisch geladene Teilchen, die Elektronen, enthält. Die Tatsache, dass das Atom selbst elektrisch neutral ist, führte **Thomson** zu seinem „Rosinenteigmodell“: In diesem Modell sind die Elektronen gleichsam wie Rosinen in einem gleichförmigen Teig in eine kugelförmige Masse mit „verschmierter“ positiver Ladung eingebettet (Bild A).Etwa zehn Jahre später packte Ernest **Rutherford** die Erforschung der Atomstruktur im Rahmen seiner berühmten Streuversuche experimentell an. Dabei wird ein Strahl elektrisch positiv geladener Teilchen, sogenannter Alphateilchen, auf eine dünne Goldfolie gerichtet. Die Teilchen treffen dort mit hoher Geschwindigkeit auf und werden gestreut, d. h. ihre Flugbahnen ändern ihre Richtung.

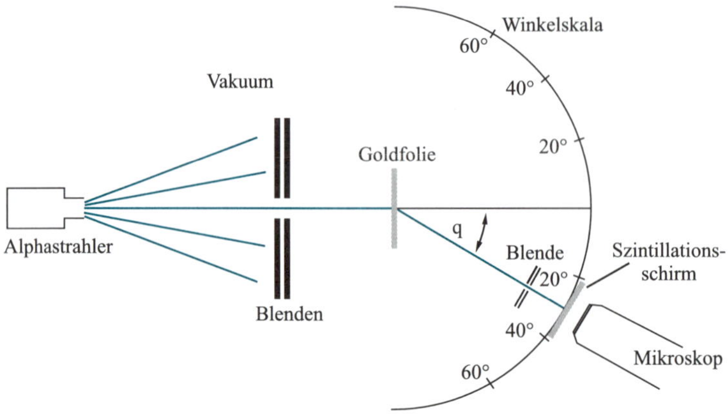

Rutherfords Messung der Richtungsverteilung brachte überraschende Ergebnisse:

- Die meisten Alphateilchen passierten die Folie unabgelenkt.
- Geringe Ablenkwinkel traten häufiger auf als große.
- Manche Alphateilchen wurden regelrecht zurückgeworfen, also um einen Winkel von 180° abgelenkt.
- Die gestreuten Alphateilchen besaßen fast unveränderte Energie.

Rutherford folgerte daraus, dass die positive Ladung und fast die gesamte Masse im Atom nicht gleichmäßig verteilt sein können, sondern geballt in einem winzig kleinen Raumbereich, dem sogenannten **Atomkern**, auftreten; der größte Teil des Atoms ist also leer! Der Atomkern hat nach Rutherfords Auswertungen einen Durchmesser, der nur etwa den 10 000sten Teil des ganzen Atomdurchmessers ausmacht. Um diesen Kern herum fliegen in Rutherfords Modell die negativ geladenen **Elektronen** und bilden die **Atomhülle** (Bild B).
Nils **Bohr**, ein Schüler Rutherfords, entwickelte schon bald das Modell seines Lehrers weiter, um die neuesten experimentellen Ergebnisse über die sogenannten Linienspektren der Atome erklären zu können. Mittlerweile war nämlich bekannt, dass Atome Licht aussenden und auch „schlucken“ können, dabei aber sehr wählerisch sind. So nimmt etwa das im Kochsalz enthaltene Natrium vom sichtbaren Licht nur ein ganz bestimmtes Gelb auf und sendet – etwa wenn man etwas Kochsalz an einem Stab in eine Flamme hält – auch nur dieses, für Natrium typische gelbe Licht aus. Die Ursache für die Aussendung und die Aufnahme von Licht war nur im Bereich der Atomhülle zu suchen, die Energie des Lichtes musste also

von den Hüllenelektronen aufgenommen bzw. abgegeben werden. Aufgrund der Beobachtung, dass Atome nur Licht ganz bestimmter Farbe emittieren (= aussenden) bzw. absorbieren (= aufnehmen), stellte Bohr zwei Forderungen auf, die man als Bohr'sche Postulate bezeichnet.

Regel

Bohr'sche Postulate

1. Die Elektronen in der Atomhülle dürfen nur auf ganz bestimmten Bahnen mit wohldefinierten Radien um den Kern fliegen.
2. Jeder Elektronenbahn entspricht eine bestimmte Elektronenenergie, die mit zunehmendem Bahnradius größer wird. Wechselt ein Elektron von einer energiereicheren auf eine energieärmere Bahn, wird die Energiedifferenz portionsweise als Licht abgegeben. Umgekehrt kann Licht portionsweise von dem Atom aufgenommen werden, indem ein Hüllenelektron von einer äußeren Bahn auf eine innere Bahn wechselt.

Die Hülle des Atoms ist also nach der Bohr'schen Modellvorstellung aus Schalen aufgebaut (Bild C). Die Anwendung auf das Wasserstoffatom führte erstmals auf eine korrekte theoretische Vorhersage der gemessenen Linienspektren. Bei größeren Atomen klappte dies jedoch nicht, auch konnte das Bohr'sche Modell nicht alle (z. B. die magnetischen) Eigenschaften der Atome beschreiben. Die Suche nach einem Atommodell, das alle Eigenschaften für alle Atome zu erklären vermag, führt Ende der zwanziger Jahre des 20. Jahrhunderts zur Entwicklung des **Orbitalmodells** des Atoms, das bis heute Gültigkeit besitzt.

Beispiele

1. Am Anstoßpunkt eines Fußballfeldes liegt ein Kirschkern, sein Durchmesser beträgt 1 cm. Angenommen, dies wäre ein Atomkern, welchen Durchmesser hätte dann das gesamte Atom (bei gleichen Größenverhältnissen)?

   Lösung:
   Der Atomdurchmesser ist etwa 10 000-mal größer als der Kerndurchmesser (vgl. Rutherfords Streuversuche). Somit ergibt sich für das „Kirsch-Atom" ein Durchmesser von $1 \text{ cm} \cdot 10\,000 = 100 \text{ m}$. Die Elektronen der Atomhülle fliegen also im und über dem ganzen Fußballfeld herum.

2. Wenn ein Atomkern die Größe eines Einfamilienhauses in München hätte (etwa 10 m Durchmesser), wie groß wäre dann das ganze Atom (bei gleichen Größenverhältnissen)?

   Lösung:
   Wieder multiplizieren wir den angenommenen Kerndurchmesser mit dem Faktor 10 000 und erhalten eine Atomgröße von $10 \text{ m} \cdot 10\,000 = 100 \text{ km}$.

Wie man heute weiß, besitzt nicht nur das Atom, sondern auch der Atomkern eine innere Struktur, ist also aus weiteren Teilchen aufgebaut. Der Kern des kleinsten Atoms, des Wasserstoffatoms, besteht nur aus einem einzigen Teilchen, dem **Proton**. Es besitzt gleich große, aber entgegengesetzte Ladung wie das umkreisende Elektron; man sagt, das Proton ist einfach positiv geladen. Die Kerne aller schwereren Atome als dem Wasserstoffatom weisen neben den Protonen eine zweite Sorte von Kernbausteinen auf, das **Neutron**. Es ist elektrisch neutral und besitzt etwa die gleiche Masse wie das Proton.
Die Kernbausteine Proton und Neutron sind aber immer noch nicht die kleinsten Materieteilchen, denn sie sind ihrerseits wieder aufgebaut aus noch elementareren Bausteinen, den sogenannten **Quarks**, sodass wir nach heutigem Wissensstand sagen können:

Regel

> Die gesamte, natürlich vorkommende Materie ist aus Quarks und Elektronen zusammengesetzt. Man bezeichnet diese Bausteine als **Elementarteilchen**.

Periodensystem der Elemente (PSE)

Für viele Fragen, die sich mit dem Aufbau der Materie beschäftigen, ist es aber gar nicht notwendig, die Dinge auf der Ebene der Elementarteilchen zu betrachten. Die für unseren Alltag so wichtigen **chemischen Erscheinungen** lassen sich allesamt mit den Gesetzmäßigkeiten, die für die Elektronenhülle der Atome gelten, erklären. Man sagt deshalb auch, die Chemie ist die Physik der Atomhülle. Dabei ist die Bohr'sche Modellvorstellung vom Atombau für das grundlegende Verständnis sehr hilfreich.
Wir betrachten ein Atom also zunächst als Kern, der aus Protonen und Neutronen besteht sowie aus einer Hülle aus schalenartig auf Bahnen verteilten, umherfliegenden Elektronen. Die Masse des Atoms besteht im Wesentlichen aus der Masse der Protonen und Neutronen im Kern, die Anzahl der Protonen im Kern ordnet jedem Atom seine Zugehörigkeit zu einem chemischen Element zu.

Regel

> Alle chemischen Elemente sind im **Periodensystem der Elemente (PSE)** übersichtlich zusammengefasst. Sie sind aufsteigend nach der Anzahl der Protonen im Kern, der **Ordnungszahl**, angeordnet.

Das Periodensystem der Elemente findest du in deiner Physik-Formelsammlung abgedruckt.
Jedes chemische Element ist also durch eine feste Protonenzahl seines Atomkerns gekennzeichnet. Dagegen kann der Kern eine verschieden große Zahl von Neutronen besitzen. Atome mit gleicher Protonen-, aber unterschiedlicher Neutronen Zahl des Kerns heißen **Isotope** des bestreffenden Elements. Solche Atome sind

zwar verschieden schwer, haben aber die gleichen chemischen Eigenschaften, denn: Für die chemischen Eigenschaften eine Atoms ist die Anzahl der Elektronen in der Atomhülle entscheidend, und diese ist wegen der elektrischen Neutralität der Atome gleich der Anzahl der Protonen im Atomkern.

Beispielsweise haben Kohlenstoffatome (Abkürzung C) immer 6 Protonen im Kern, dazu in der Regel weitere 6 Neutronen, also insgesamt 12 Kernbausteine. Man nennt dies dann ein $^{12}_{6}$C-Atom. Es gibt aber gelegentlich auch Kohlenstoffatome mit 8 Neutronen, also insgesamt 14 Kernbausteinen, man nennt diese dann folgerichtig $^{14}_{6}$C-Atome.

Regel

> Die **Zusammensetzung eines Atomkerns** ist aus seiner Formelschreibweise $^{M}_{A}X$ ersichtlich. Darin bezeichnet X abkürzend den Atomkern und A die Zahl seiner Protonen; M gibt die Massen- oder Nukleonenzahl des Kerns an und berechnet sich als Summe $A + N$ aus Protonenzahl und Neutronenzahl N.

Da ein bestimmtes Atom durch seine Protonenzahl eindeutig festgelegt ist, lässt man den Index A manchmal auch weg und setzt nur die Massenzahl hinter den Formelbuchstaben für das Atom, man schreibt also C12 statt $^{12}_{6}$C oder C14 statt $^{14}_{6}$C. C12 und C14 sind verschiedene Isotope des chemischen Elements Kohlenstoff.

Aufgaben

1. Angenommen, ein Atomkern sei so groß wie ein Tennisball mit 8 cm Durchmesser, wie groß wäre dann etwa die Hülle des Atoms (bei gleichen Größenverhältnissen)?

2. Wie heißt das chemische Element mit der Ordnungszahl 12 und welche Information über das Atom hat man dadurch?

3. Wenn ein Atomkern die Größe eines Fußballes hätte (etwa 25 cm Durchmesser), wie groß wäre dann das ganze Atom (bei gleichen Größenverhältnissen)?

4. Die Erde hat einen Durchmesser von etwa 13 000 km. Welchen Durchmesser hätte die Erde, wenn es all die masselosen Zwischenräume von Atomkern zu Atomkern nicht gäbe und die Atome somit nicht „Hülle an Hülle“, sondern „Kern an Kern“ angeordnet wären (bei praktisch gleicher Masse)?

5. Wie viele Protonen befinden sich im Kern eines Eisenatoms?

6. Wie heißt das leichteste chemische Element und wie viele Protonen befinden sich im Kern?

7. Wasserstoff (H) hat ein Proton im Kern und üblicherweise kein Neutron. Es gibt aber die Isotope Deuterium $^{2}_{1}H$ und Tritium $^{3}_{1}H$.
Wie viele Neutronen haben diese Wasserstoffisotope im Kern?

1.2 Aufnahme und Abgabe von Energie

Kontinuierliches Spektrum

Wir sehen einen Gegenstand, wenn er entweder selbst leuchtet (also Licht aussendet) oder Licht aus einer anderen Quelle reflektiert, also beleuchtet wird. In jedem Fall aber muss es eine Lichtquelle geben; für unser Tageslicht ist das die Sonne. Sie gehört wie die Glühlampe zu den sogenannten **Temperaturstrahlern**, deren Licht infolge der Erhitzung von Atomen (in der Glühlampe z. B. der Atome im Wolframdraht der Glühwendel) aussenden. Je nachdem, wie stark der Strahler erhitzt wird, sehen wir ihn rötliches, gelbes oder sehr helles, weißes Licht aussenden (denke z. B. an die rot glühenden Bremsscheiben eines stark bremsenden Rennwagens oder an das gelbe Licht einer Kerzenflamme). Das Licht eines Temperaturstrahlers besitzt stets eine **Mischfarbe**, die sich aus allen Farben des Farbspektrums, wie du es z. B. vom Regenbogen her kennst, zusammensetzt. In dem Licht, das wir als weiß empfinden, sind alle Regensbogenfarben zu gleichen Anteilen enthalten. Man kann weißes Licht in diese Einzel- oder Spektralfarben zerlegen, indem man es beispielsweise durch ein keilförmiges Prisma aus Glas fallen lässt. Das hat zweierlei Gründe: Zum einen wird jeder Lichtstrahl beim Durchgang durch ein Prisma gebrochen, d. h. der Strahl verläuft in einer gegenüber der Einfallsrichtung abgelenkten Richtung weiter. Zum anderen hängt die Stärke dieser Brechung von der Farbe des Lichts ab; blaues Licht wird am stärksten gebrochen, rotes am geringsten.
Fängt man die gebrochenen Lichtstrahlen auf einem Schirm auf, sieht man dort die verschiedenen Farbanteile des Lichtes räumlich voneinander getrennt. Dieses Schirmbild nennt man ein **Spektrum**, bei Temperaturstrahlern besteht es aus kontinuierlich ineinander übergehenden Farbbändern von tiefem Rot bis zu Blauviolett.

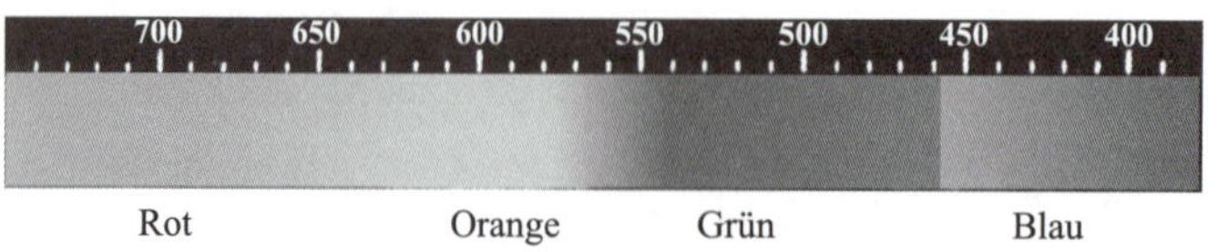

Spektralfarben können nicht nur mithilfe eines Glasprismas, sondern auch mittels eines sehr feinen Gitters (wie es etwa eine CD darstellt) erzeugt werden; es kehrt sich hier lediglich die Farbfolge auf dem Schirm um. Der Regenbogen selbst entsteht ebenfalls durch Brechung: Die Rolle des Prismas übernimmt hier jeder einzelne Regentropfen, der das weiße Sonnenlicht in die verschiedenen Spektralfarben bricht, die dann je nach Blickwinkel aus verschiedenen Bereichen des Himmels in unser Auge fallen.
Die Zahlenangaben in dem abgebildeten Spektrum geben die **Wellenlänge** des Lichts in der Längeneinheit Nanometer (nm), also einem Milliardstel eines Meters, an. Die Wellenlänge ist ein Maß für die Farbe des Lichts: Rotes Licht hat etwa eine Wellenlänge im Bereich von 650 nm, blaues Licht etwa im Bereich von 450 nm. Auch jenseits der blauen und roten Bereiche existieren weitere „Farben" des Lichts, die für unser Auge aber nicht sichtbar sind (sichtbarer Teil des Spektrums: ca. 400 nm bis 750 nm). Man bezeichnet den Bereich des Spektrums, der sich unmittelbar an den roten Teil anschließt als **infrarot**, den auf den blauviolettten Teil folgenden Bereich als **ultraviolett**. Wir halten fest:

Regel

> Licht lässt sich mit einem Prisma oder einem optischen Gitter in seine **spektralen Bestandteile** zerlegen. Der **sichtbare Bereich** des Spektrums umfasst die Lichtwellenlängen von 400 nm (blauviolett) bis 750 nm (rot).

Durch das Spektrum erhält man wesentliche Informationen über die Lichtquelle. Gelbes Licht etwa kann einerseits spektral reines Gelblicht von ca. 600 nm Wellenlänge sein oder aber andererseits auch eine Mischung aus rotem und grünem Licht (vergleiche additive Farbmischung in der Optik). Ein Prisma würde das Mischlicht aber wieder zerlegen können, das reingelbe dagegen nicht; die Lichtquellen können somit experimentell unterschieden werden.

Beispiele

1. Warum erscheint eine Zitrone im weißen Licht gelb?

   Lösung:
   Die Zitrone reflektiert die Komplementärfarbe von gelb, also blauviolett, sehr schlecht, die anderen Anteile des Spektrums wesentlich besser. Man kann sich das Spektrum auch zusammengemischt aus den Grundfarben vorstellen, dann ist klar, dass die Zitrone von einem roten, einem grünen und einem blauen Lichtstrahl nur den roten und den grünen reflektiert, damit erscheint sie in deren additiver Mischfarbe, also gelb.

2. Wie erscheint eine Zitrone in rotem, grünem bzw. blauem Licht?

   Lösung:
   In rotem Licht würde sie rot erscheinen, im grünen Licht grün und im blauen Licht schwarz (weil sie blaues Licht nicht reflektiert).

Diskretes Spektrum

Feuchtet man einen Metallstab mit Wasser an, taucht ihn kurz in Kochsalz, sodass einige Kristalle hängen bleiben, und hält diese Kochsalzkristalle anschließend in eine Kerzenflamme, dann leuchtet diese in sattem Gelb auf. Versucht man das gelbe Licht mit einem Prisma weiter zu zerlegen, scheitert man; vielmehr sieht man nur eine gelbe Linie bei einer Wellenlänge von etwa 589 nm auf dem Schirm (streng genommen sind es zwei gelbe Linien dicht nebeneinander).
Dieses Licht stammt von den Natriumatomen, die zusammen mit den Chloratomen im Kochsalz enthalten und chemisch gebunden sind. Natrium kann also zum Leuchten angeregt werden, sendet dabei aber nur Licht einer ganz bestimmten Farbe aus, die man „Natrium-D-Linie" nennt. Umgekehrt schluckt Natriumdampf, der mit weißem Glühlampenlicht durchleuchtet wird, gerade diese gelben Anteile bei 589 nm Wellenlänge aus dem weißen Licht heraus. Das Spektrum des Restlichtes zeigt an der Stelle eine schwarze Linie, dieses gelbe Licht fehlt also offensichtlich. Der Grund dafür ist folgender:
Licht überträgt Energie und muss sie folglich mit sich führen. Beispielsweise können wir die durch infrarotes Licht übertragene Energie unmittelbar als Wärme über den Temperatursinn unserer Haut empfinden; man bezeichnet Infrarotlicht daher auch als Wärmestrahlung; da jeder Temperaturstrahler auch Infrarotstrahlung aussendet, können wir ihn nicht nur sehen, sondern auch spüren (Heizstrahler, Glühlampe, Sonne). Je nach Farbe bzw. Wellenlänge ist das Licht energiereicher (blaues Licht) oder energieärmer (rotes Licht). Natrium kann, wie der Versuch zeigt, nur das gelbe Licht „seiner" Wellenlänge aufnehmen, also auch die Energie dieses Lichtes. Energiereicheres oder -ärmeres Licht kann dagegen passieren. Trifft nun eben dieses typische gelbe Licht auf ein Natriumatom, dann nimmt ein Elektron der Atomhülle diese Energieportion auf, es wird „angeregt". Wie wir in Abschnitt 1.1 erfahren haben, ist diese Energieaufnahme nach dem 2. Bohr'schen Postulat mit dem Wechsel des Elektrons von einer kernnahen auf eine kernfernere Schale verbunden. Kurz darauf regt sich das Elektron wieder ab, gibt also die aufgenommene Energie wieder in Form von gelbem Licht frei und kehrt dabei auf seine ursprüngliche Schale zurück. Weil das gelbe Licht in alle Richtungen und nicht nur in die ursprüngliche Strahlrichtung emittiert wird, erreicht den Schirm an der Gelbposition des Spektrums weniger Licht als bei Abwesenheit von Natriumdampf: Auf dem Schirm ist eine dunkle Linie bei der Wellenlängenposition 589 nm sichtbar.

Wasserstoffspektrum

Auch die Atome des einfachen Wasserstoffatoms emittieren und absorbieren nur bestimmte Farben. Ihr Emissionsspektrum sieht im sichtbaren Bereich so aus:

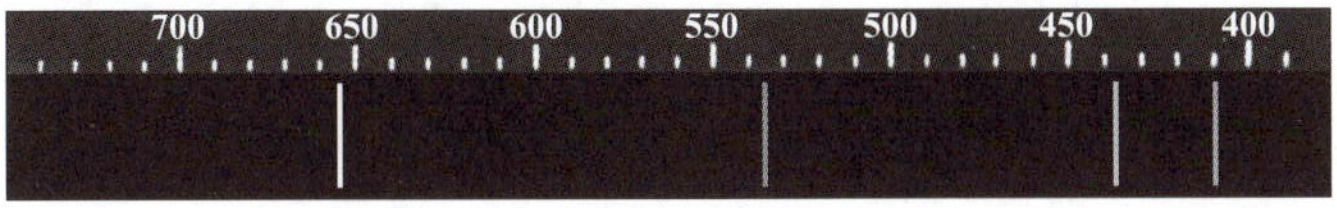

Erklärung: Das Elektron in der Hülle des Wasserstoffatoms kann aus seinem Grundzustand heraus nur bestimmte Energieportionen aufnehmen und dabei nach der Bohr'schen Modellvorstellung der Schalen auf eine andere Schale springen. Die erforderliche Energie entnimmt das Elektron dem Licht. Je nachdem, auf welche Schale es springt (auf die benachbarte, die übernächste, usw.), nimmt das Elektron eine kleinere oder größere Energieportionen auf, in jedem Fall aber eine ganz bestimmte, durch den Schalenabstand festgelegte Menge; man spricht auch von einer **diskreten** Energiemenge. Anschließend gibt das Elektron die Energie wieder als Licht von typischer Farbe ab (siehe Emissionsspektrum oben).
Man kann sich das so vorstellen, als würde man auf einer „energetischen" Treppe hüpfen, bei der jeder Stufe (mit unterschiedlicher Stufenhöhe) eine bestimmte Höhenenergie zugeordnet ist. Man springt ein oder mehrere Stufen nach oben und wieder auf die Ausgangsstufe zurück; je nach angesprungener Stufe wird dabei eine ganz bestimmte, durch den Höhenabstand der Stufen festgelegte Menge an Höhenenergie aufgebracht und anschließend wieder freigesetzt.
Die Zahl der Schalen, die das Elektron dabei überspringen kann, ist nur von der Größe der eingestrahlten Lichtenergie abhängig. Übersteigt die aufgenommene Energie einen bestimmten Wert, dann fliegt das Elektron davon und hinterlässt eine Lücke in der Atomhülle. Da jetzt die negative Ladung des verloren gegangenen Elektrons der Hülle fehlt, ist das zurückbleibende Atom einfach positiv geladen. Ein elektrisch geladenes Atom bezeichnet man als **Ion**, die Energie, die ein Elektron zum Verlassen des Atoms benötigt, heißt **Ionisierungsenergie**.

Regel

> Jedes Atom emittiert bzw. absorbiert Licht nur mit bestimmten Wellenlängen, die durch seine Schalenstruktur festgelegt sind. Das **diskrete Spektrum** (Linienspektrum) des Atoms kann auf einem Schirm entweder als **Emissionsspektrum** (einzelne farbige Linien) oder als **Absorptionsspektrum** (schwarze Linien in einem kontinuierlichen Weißlichspektrum) dargestellt werden.

Die folgende Abbildung demonstriert noch einmal den Unterschied zwischen dem kontinuierlichen Weißlichspektrum, wie es etwa beim Durchstrahlen eines Glasprismas entsteht, und dem diskreten Emissions- und Absorptionsspektrum eines Atoms (hier: Wasserstoff). Das Absorptionsspektrum kann man sich immer als „Negativ" des Emissionsspektrums vorstellen.

Weißlichtspektrum

Emissionsspektrum

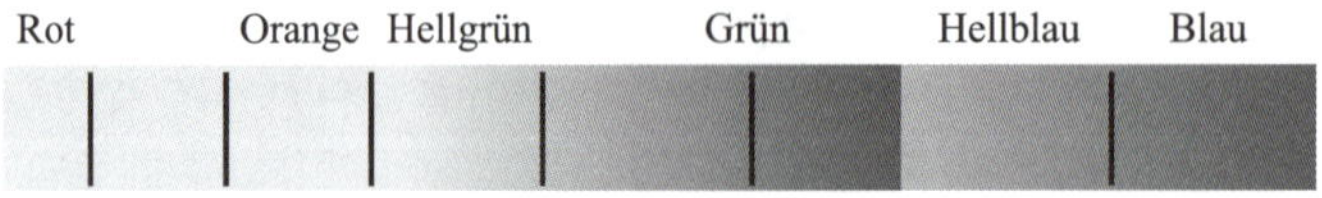

Absorptionsspektrum

Die Gestalt des Linienspektrums, also die Anzahl und Position der Linien, ist für jedes Atom einzigartig und somit charakteristisch; es gleicht dem „Fingerabdruck“ des Atoms. Man kann daher mithilfe der Messung von Linienspektren die chemische Zusammensetzung von Gasen ermitteln. Untersucht man in dieser Weise z. B. das Sonnenlicht, erhält man ein Absorptionsspektrum mit sehr vielen schwarzen Linien (ca. 22 000), den sogenannten **Fraunhofer'schen Linien**. Sie entstehen infolge der Absorption der kontinuierlichen Sonnenstrahlung durch die in der Sonnenatmosphäre (Photosphäre) enthaltenen chemischen Elemente.

Beispiel

Umkehrung der Natrium-Linie

Aus einer Natriumlampe tritt spektral reines, gelbes Licht aus und beleuchtet durch eine Bunsenbrennerflamme hindurch einen weißen Schirm. Bringt man mit einem Spatel etwas (natriumhaltiges) Kochsalz, so leuchtet die Bunsenbrennerflamme ebenso gelb, auf dem Schirm jedoch sieht man einen Schatten der Flamme.

Begründung: Die Natriumatome in der Flamme absorbieren das auf den Schirm gerichtete Gelblicht der Natriumlampe, geben es dann aber gleich wieder ab, allerdings in alle Richtungen gleichermaßen. Damit ist der Anteil des Gelblichts im Bereich hinter der Flamme geringer als außerhalb und der Bereich erscheint wegen des nur noch geringen Gelblichteinfalls (weitestgehend) als Schatten.

Welche Beobachtung erwartest du bei dem folgenden Experiment?
Das weiße Licht einer Bogenlampe (kontinuierliches Spektrum wie bei einer Glühlampe) wird mithilfe einer Linsenoptik durch eine Bunsenbrennerflamme mit Kochsalzspatel geschickt und dahinter nach Passieren einer Blende (die anderes Licht abschirmen soll) durch ein Prisma in seine spektralen Bestandteile zerlegt. Was erkennt man am Schirm?

Lösung:
Wiederum absorbieren die Natriumatome in der Flamme das Gelblicht im Spektrum und lassen das übrige Licht passieren, dieses wird weiter auf den Schirm geleitet. Das unmittelbar nach der Absorption wieder abgegebene gelbe Licht der Natriumatome hat nun keine Vorzugsrichtung mehr, sondern wird in alle Richtungen gleichermaßen abgestrahlt, also nur noch zu einem geringen Teil in Richtung Schirm. Deshalb „fehlt" die gelbe Linie im Spektrum, stattdessen erkennt man eine (fast) schwarze Linie.

Licht als Strom von Energiepaketen

Jede Linie in dem diskreten Spektrums eines Atoms ist einerseits durch seine Wellenlänge (Farbe) bestimmt, andrerseits als Folge eines Elektronenübergangs von einer energiereicheren auf eine energieärmere Schale in dem Atom entstanden. Die bei dem Übergang freigesetzte Energiemenge, die als Licht abgestrahlt wird, hängt also eindeutig mit der Wellenlänge dieser Strahlung zusammen. Man kann sich Licht daher als einen Strom von Teilchen vorstellen, die jeweils eine bestimmte, durch die Wellenlänge festgelegte Portion Energie enthalten. Die Lichtteilchen nennt man **Photonen**. Der Energieinhalt eines Photons ist umgekehrt proportional zu seiner Wellenlänge, je größer also die Wellenlänge eines Photons ist, desto kleiner ist seine Energie.
Die Photonenenergien sind so winzig klein, dass wir uns schwer tun, ihre Größe mit der üblichen Energieeinheit Joule auszudrücken. Man nimmt deshalb einen sehr kleinen Bruchteil eines Joules und führt hierfür einen eigenen Namen ein, das Elektronenvolt (eV).

Regel

> Die Energie von Photonen wird in **Elektronenvolt** (eV) angegeben.
> Für die Umrechnung zwischen Joule und Elektronenvolt gilt:
> $1\ \text{J} = 6{,}25 \cdot 10^{18}\ \text{eV}$ bzw. $1\ \text{eV} = 1{,}6 \cdot 10^{-19}\ \text{J}$

Wir erinnern uns: 1 Joule ist etwa die Energie, die man auf der Erde zum Heben einer Tafel Schokolade (m = 100 g) um 1 m benötigt. Teilt man 1 Joule in $6{,}25 \cdot 10^{18}$ gleich große Portionen, so hat jede die Energie 1 eV.
Ein Photon des blauen Lichtes der Wellenlänge 400 nm enthält etwa 3,1 eV, am anderen Ende des sichtbaren Bereichs mit 750 nm liegen die Photonen des roten Lichts mit jeweils etwa 1,66 eV Energie.

Beispiel

Die Wärmelampe einer Imbissbude hat eine Leistung von 100 W und sendet (hier der Einfachheit halber ausschließlich) Licht der Wellenlänge 750 nm aus, die Photonenenergie beträgt also jeweils etwa 1,66 eV.
Wie viele Photonen sendet die Lampe in jeder Sekunde aus?

Lösung:
Bei einer Leistung von $P = 100$ W wird in jeder Sekunde die Energie $E = 100$ J freigesetzt, das sind $E = 100\ \text{J} = 100 \cdot 6{,}25 \cdot 10^{18}\ \text{eV} = 6{,}25 \cdot 10^{20}\ \text{eV}$. Bei einer Photonenenergie von jeweils 1,66 eV beträgt die Zahl der Photonen pro Sekunde also:

$$n = \frac{6{,}25 \cdot 10^{20}\ \text{eV}}{1{,}66\ \text{eV}} \approx 3{,}77 \cdot 10^{20}$$

Fotoeffekt

Die Vorstellung, dass Licht sich aus Photonen bestimmter Energie und Wellenlänge zusammensetzt, ist sehr hilfreich, um das Ergebnis des folgenden Experiments, das den sogenannten Fotoeffekt demonstriert, zu verstehen (vgl. hierzu auch Abschnitt 4.3):
Eine negativ geladene Leiterplatte aus Zink wird bei Beleuchtung mit energiereichem UV-Licht (etwa aus einer Quecksilberdampflampe) entladen und schließlich positiv aufgeladen. Mit energieärmerem Licht (z. B. rot) gelingt dies auch bei hoher Intensität der Bestrahlung nicht.

Erklärung mit dem Photonenmodell: Die Leiterplatte wird entladen, indem die schwach gebundenen Elektronen des Metalls durch Stöße mit den einfallenden Photonen aus der Platte herausgeschlagen werden. Das kann nur funktionieren, wenn die jeweils von einem Photon auf ein Elektron übertragene Energie ausreichend groß ist (das Photon also eine genügend kleine Wellenlänge besitzt); denn nur dann kann das Elektron die Bindung an die Metallatome lösen. Das Elektron schluckt dabei die gesamte Energie des Photons, der nach der Auslösung noch übrige Teil dieser Energie bleibt als Bewegungsenergie des Elektrons erhalten. Die Grenzwellenlänge, oberhalb derer die Auslösung gebundener Elektronen nicht möglich ist, ist charakteristisch für das Plattenmaterial. Offenbar ist sie bei Zink kleiner als die Wellenlänge roten Lichts, aber größer als diejenige von UV-Licht.

Beispiel

In der folgenden Tabelle sind einige Werte für die Austrittsarbeit und die dazu umgekehrt proportionale Grenzwellenlänge bei Elektronen bestimmter Materialien angegeben. Vervollständige die Tabelle und gib jeweils an, ob mit sichtbarem Licht der Fotoeffekt ausgelöst werden kann.

Material	Auslösearbeit in eV	Grenzwellenlänge in nm	Im sichtbaren Bereich?
Natrium	2,28	543	
Kalium	2,25		
Rubidium		582	
Cäsium	1,94		
Gold	4,83		
Platin		219	
Wolfram	4,57		

Lösung:

Aus dem ersten Wertepaar lässt sich der (wegen der indirekten Proportionalität) konstante Produktwert berechnen:

$2{,}28\ \text{eV} \cdot 543\ \text{nm} = 1\,238\ \text{eV} \cdot \text{nm}$

Daraus wiederum lassen sich alle anderen Tabellenwerte berechnen, indem man diesen Produktwert durch den jeweils gegebenen Tabellenwert teilt:

$1\,238\ \text{eV} \cdot \text{nm} : 2{,}25\ \text{eV} = 550\ \text{nm}$, $1\,238\ \text{eV} \cdot \text{nm} : 582\ \text{nm} = 2{,}13\ \text{eV}$ usw.

Schließlich ist zu entscheiden, ob die Wellenlänge im sichtbaren Bereich von 400 nm bis 800 nm liegt. Die vollständige Tabelle sieht dann so aus:

Material	Auslösearbeit in eV	Grenzwellenlänge in nm	Im sichtbaren Bereich?
Natrium	2,28	543	Ja
Kalium	2,25	550	Ja
Rubidium	2,13	582	Ja
Cäsium	1,94	638	Ja
Gold	4,83	256	Nein
Platin	5,65	219	Nein
Wolfram	4,57	271	Nein

Röntgenspektren

Je kleiner die Wellenlänge des Lichts, desto größer ist die Energie seiner Photonen: Rotes Licht ist energiereicher als Infrarotlicht, blaues Licht energiereicher als rotes Licht, UV-Licht energiereicher als blaues Licht. Bewegen wir uns auf der Wellenlängenskala immer weiter hin zu kleineren Wellenlängen, gelangen wir zu einem Bereich des Spektrums, dessen Licht man als **Röntgenstrahlung** bezeichnet. Sie besitzt Wellenlängen zwischen 10 nm und 0,005 nm, ihre Photonenenergien liegen also im Bereich von 120 eV bis 240 keV.

Röntgenstrahlung entsteht in einer Röntgenröhre bei der plötzlichen Abbremsung schneller Elektronen in schweren Metallen, etwa Molybdän. Zuvor werden die negativ geladenen Elektronen in einem elektrischen Feld stark beschleunigt (zur Vermeidung von Stößen mit Gasatomen ist die Röhre evakuiert). Sie prallen dann auf die meist schräg geneigte Oberfläche des Bremsmaterials, das dabei erzeugte Röntgenlicht wird hauptsächlich in eine Vorzugsrichtung ausgestrahlt. Weil mehr als 99 % der Aufprallenergie nicht in Röntgenstrahlung umgesetzt werden, sondern als Abwärme die Anode heizen, ist eine gute Wasserkühlung notwendig.

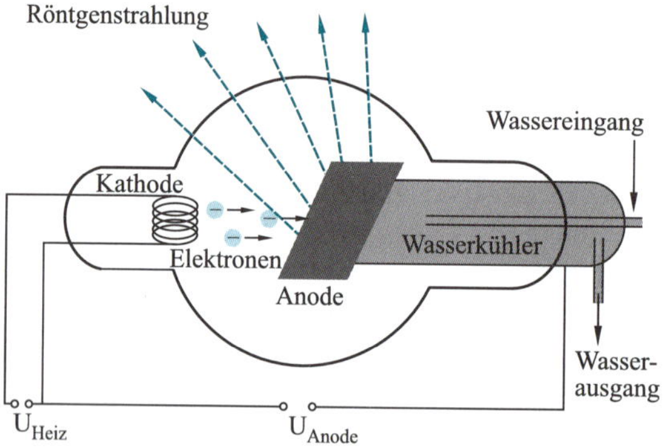

Bei der Abbremsung ist es möglich, dass ein Elektron seine gesamte Bewegungsenergie auf einmal verliert und als energiereiches Licht emittiert; es kann aber auch durch mehrere kleine Stöße abgebremst werden, bei denen dann jeweils energieärmeres Licht ausgesendet wird. Durch die beschleunigende Spannung an der Röntgenröhre ist die maximale Energie der Röntgenstrahlung festgelegt, es treten aber aus besagtem Grunde auch alle größeren Wellenlängen (also kleineren Energien) auf.

Die Grafik rechts zeigt ein typisches **Röntgenemissionsspektrum**. Es besteht aus zwei Spektren, die einander überlagert sind, dem

- **kontinuierlichen Bremsspektrum** mit einer kurzwelligen Grenzwellenlänge;
- **charakteristischen Linienspektrum** (hier sichtbar als zwei aufragende Spitzen), das typisch für das Anodenmaterial ist.

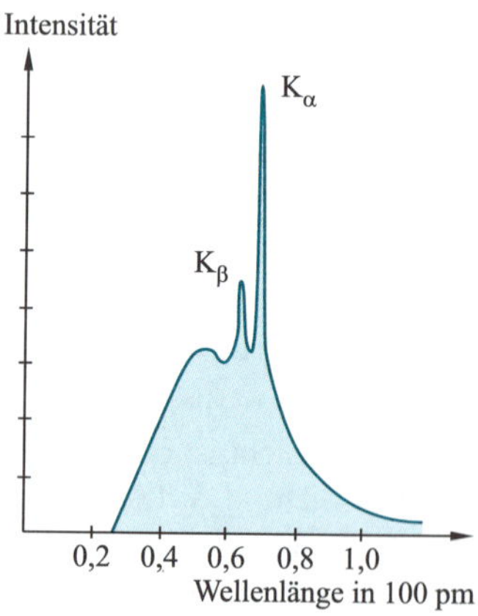

Das Linienspektrum entsteht wieder durch Elektronenübergänge zwischen den Schalen der Anodenatome. Im Gegensatz zu den sichtbaren Spektren finden die Übergänge hier aber auf den innersten Schalen statt.

Wird nämlich ein Elektron der inneren Schalen durch eines der beschleunigten Röhrenelektronen herausgeschlagen oder auf eine höhere Schale angehoben, wird die entstandene Lücke sofort von einem der äußeren Hüllenelektronen unter Aussendung eines Röntgenphotons aufgefüllt. Die in dem Diagramm angegebenen Bezeichnungen K_α und K_β der Linien verweisen auf die Art des Übergangs: Die K_α-Linie entsteht, wenn ein Elektron aus der zweitinnersten Schale eine Lücke der innersten Schale füllt, die K_β-Linie entsteht beim Übergang von der dritten auf die innerste Schale; sie besitzt folglich eine höhere Energie und damit eine kürzere Wellenlänge als die K_α-Linie.

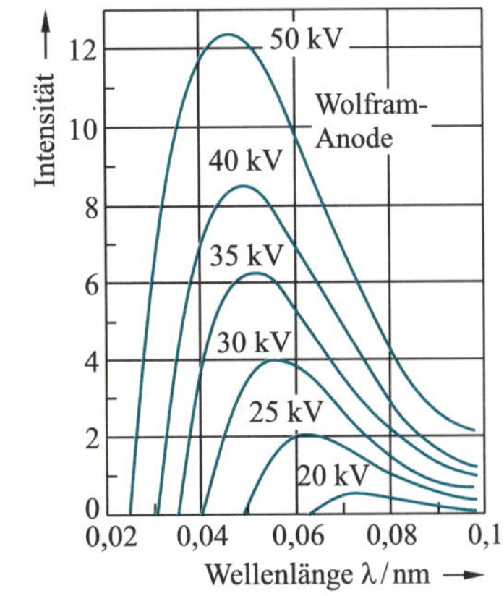

Wenn die angelegte Röhrenspannung nicht ausreicht, um die charakteristische Röntgenstrahlung zu erzeugen, dann entsteht lediglich das kontinuierliche Spektrum mit seiner kurzwelligen Grenzwellenlänge, wie hier an einer Wolframanode aufgenommen. Dabei sieht man die unterschiedlichen Grenzwellenlängen für verschiedene Beschleunigungsspannungen an der Röhre. Eine Besonderheit der Röntgenstrahlung, die sie für die Anwendung in Medizin und Technik so interessant macht, besteht darin, dass sonst undurchsichtige Stoffe wie etwa Körpergewebe des Menschen von Röntgenstrahlung ohne große Schwächung durchleuchtet werden. Der Grad der Schwächung hängt dabei vom durchleuchteten Gewebe ab, sodass durch die Röntgenstrahlung ein segensreiches bildgebendes Verfahren für die medizinische Diagnostik entstanden ist. Auch wird die Qualität von Schweißnähten oft mit Röntgenstrahlung gemessen, ohne das Messobjekt zu berühren oder zu zerstören. Auch für die Astronomie ist die Röntgenstrahlung hilfreich, da viele Sterne auch oder bevorzugt in diesem Wellenlängenbereich Strahlung aussenden und sich daher spektroskopisch untersuchen lassen.

Beispiel

Größere Bauteile aus Stahl (etwa bei Brückenstützen, Hochdruckbehältern) müssen manchmal vor Ort verschweißt werden. Um die Schweißnähte auf Lufteinschlüsse zu überprüfen, werden sie mit Röntgenstrahlung durchleuchtet.

Stahl besitzt eine Halbwertsdicke von etwa 0,50 mm, das bedeutet, dass eine Stahlschicht von dieser Dicke die Intensität der Röntgenstrahlung um die Hälfte schwächt; nach zwei Halbwertsdicken ist also noch ein Viertel der Strahlung vorhanden, nach drei Halbwertsdicken ein Achtel usw.

Welche Ausdehnung x muss ein Lufteinschluss (Luft schwächt die Strahlung praktisch nicht) in einer Schweißnaht von 8,00 mm Dicke mindestens haben, damit er auf einem Film erkennbar ist, der bei Intensitätszunahme von wenigstens 5 % eine sichtbar andere Schwärzung zeigt?

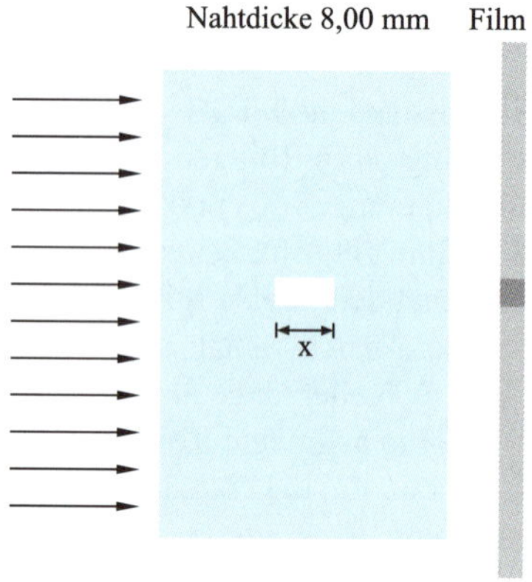

Lösung:
Die Nahtdicke von 8,00 mm entspricht 16 Halbwertsdicken, die Intensität der Strahlung wird also auf dem Film (ohne Lufteinschluss) um den Faktor $\frac{1}{2^{16}}$ kleiner sein als links von der Naht. Beim Lufteinschluss wird nur eine Stahlschicht von (8,00 mm – x mm) durchleuchtet, damit beträgt der Schwächungsfaktor nur

$$\frac{1}{2^{\frac{8{,}0\,\text{mm}-x\,\text{mm}}{0{,}50\,\text{mm}}}}=\frac{1}{2^{16-\frac{x}{0{,}50}}}=\frac{1}{2^{16-2x}}.$$

Da die Intensität hinter dem Lufteinschluss die übrige um 5 % übertreffen soll, muss für das Verhältnis der beiden Schwächungsfaktoren gelten:

$$\frac{\frac{1}{2^{16-2x}}}{\frac{1}{2^{16}}}=1{,}05 \quad\Leftrightarrow\quad 2^{16}=1{,}05\cdot 2^{16-2x}$$

Um diese Gleichung nach x aufzulösen, teilt man sie durch die linke Seite und logarithmiert beide Seiten mithilfe der Formel zum Basiswechsel beim Logarithmus (weil der Taschenrechner nur den natürlichen bzw. den Zehnerlogarithmus berechnen kann):

$$1=1{,}05\cdot 2^{-2x}$$

$$\Rightarrow\quad 2^{2x}=1{,}05$$

$$2x=\log_2 1{,}05$$

$$x=\frac{1}{2}\cdot\log_2 1{,}05=\frac{1}{2}\cdot\frac{\log_{10}1{,}05}{\log_{10}2}\approx 0{,}0352$$

Die Mindestdicke des Lufteinschlusses, die zu dessen Erkennen auf dem Film erforderlich ist, beträgt 0,035 mm.

Aufgaben 8. Bei der Erforschung ferner Sterne ist man ausschließlich auf das Licht angewiesen, das von den Sternen emittiert wurde und auf der Erde bei uns eintrifft. Auch das Sonnenspektrum liefert interessante Informationen über die Oberflächenschicht unseres Zentralgestirns, alle dort enthaltenen chemischen Elemente erkennt man im Spektrum an den fehlenden Farbanteilen, also an den Fraunhofer'schen Linien. Sie sind typisch für ein chemisches Element und somit ein eindeutiger Hinweis auf die Existenz des jeweiligen Stoffes.

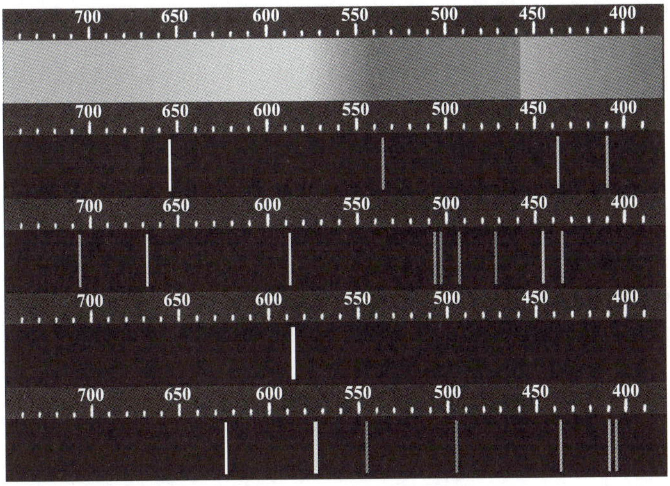

In der Abbildung sieht man oben ein Gitterspektrum von weißem Licht, wie es im Inneren eines Sternes entsteht. Darunter folgen die Emissionsspektren von Wasserstoff, Helium, Natrium und Quecksilber.

Untersuche die folgenden Spektren von fiktiven Sternen auf Fraunhoferlinien und schließe jeweils auf die dort in der Oberfläche vorhandenen chemischen Elemente.

a)

b)

c)

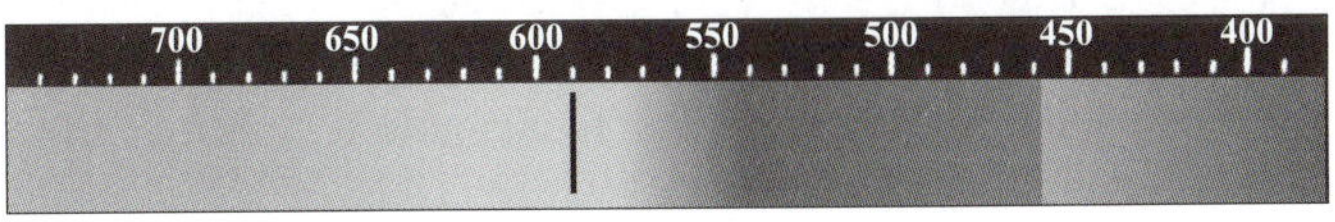

9. Welche Energie hat ein Photon des gelben Natriumlichtes (589 nm Wellenlänge)?

10. Welche Energie hat ein Photon des grünen Lichtes bei 530 nm Wellenlänge?

11. Fotoeffekt
Zum Auslösen eines Elektrons aus einer Kupferplatte ergibt sich für die Photonen eine Grenzwellenlänge von 256 nm.
a) Welche Energie hat ein Photon?
b) Werden zur Bestrahlung Photonen mit je nur 248 nm verwendet, bleibt die übrige Energie dem Elektron als Bewegungsenergie. Berechne sie!

12. Die Sonne strahlt mit einer Leistung von etwa 1 000 W pro Quadratmeter auf die Erde. In dieser Aufgabe soll die Anzahl der Photonen abgeschätzt werden, die bei Sonnenschein jede Sekunde auf jeden Quadratmeter der Erde treffen.
a) Nimm an, dass das Sonnenlicht nur aus dem sichtbaren Licht zwischen 400 nm und 750 nm Wellenlänge besteht. Berechne die mittlere Wellenlänge und daraus die mittlere Energie je Photon.
b) Wie viele Photonen mittlerer Energie treffen bei der genannten Strahlungsleistung auf einem Quadratmeter ein?

13. Die untere Grenzwellenlänge λ_G des Röntgenspektrums hängt von der Beschleunigungsspannung U ab, diese ist proportional zur Bewegungsenergie der fliegenden Elektronen und diese wiederum umgekehrt proportional zur Wellenlänge λ_G.
Lies aus dem Diagramm die Grenzwellenlängen ab und trage sie zusammen mit der zugehörigen Beschleunigungsspannung in eine Wertetabelle ein.

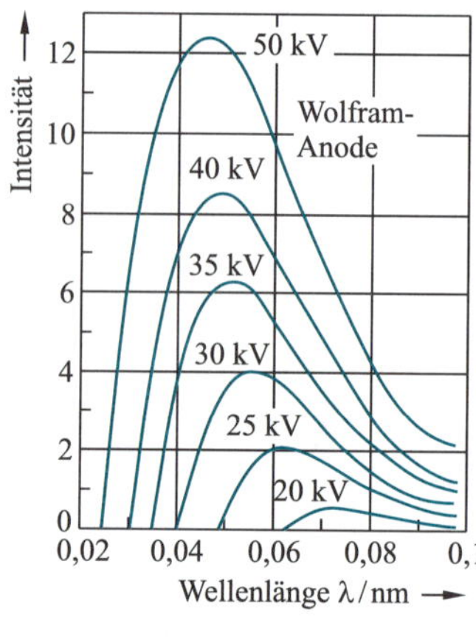

a) Woran erkennt man Wertepaare von umgekehrt proportionalen Größen allgemein?
b) Überprüfe die umgekehrte Proportionalität anhand der Wertetabelle.
c) Berechne die Grenzwellenlänge für 45 kV Beschleunigungsspannung und ergänze die zugehörige Kurve in dem Spektrum.

14. Wie ändert sich das Spektrum der Röntgenstrahlung, wenn die Beschleunigungsspannung nach und nach erhöht wird?

15. In der Abbildung siehst du die Röntgenaufnahme eines Kniegelenks. Dabei wird das Knie vor einen für Röntgenstrahlung empfindlichen Film positioniert und von der gegenüberliegenden Seite her durchstrahlt. Ungeschwächte Röntgenstrahlung färbt den Film schwarz. Entscheide, ob Knochengewebe oder Fleisch die Röntgenstrahlung stärker schwächen!

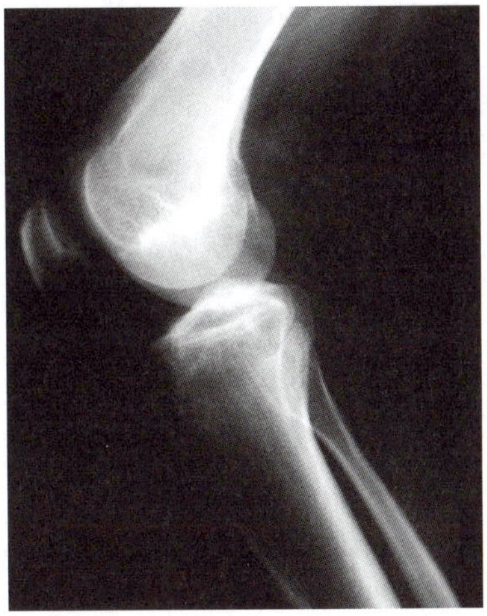

16. Beim Durchdringen einer Bleiplatte von 2,7 mm Dicke werden 50 % der auftreffenden Röntgenstrahlung absorbiert.

a) Welcher Bruchteil der Strahlung ist nach 5,4 cm Schichtdicke noch zu messen?

b) Welcher Bruchteil der Strahlung ist nach 8,1 cm Schichtdicke noch vorhanden?

c) Welche Schichtdicke ist notwendig, um wenigstens 99 % der Strahlung abzuschirmen?

1.3 Kernumwandlungen

Eine aus der Erfahrungswelt selbstverständliche Eigenschaft der Atomkerne, nämlich ihre Stabilität, ist bei genauerem Nachdenken zunächst recht überraschend: Die im Kern auf engstem Raum versammelten Protonen sind alle elektrisch positiv geladen und müssten sich deshalb mit enormer Kraft gegenseitig abstoßen (und tun dies auch). Trotzdem fallen sie nicht auseinander! Offenbar hält sie eine noch viel größere Kraft zusammen, die man **Kernkraft** nennt. Sie wirkt erst bei Unterschreitung eines (winzigen) Mindestabstandes, hat also eine sehr kurze Reichweite. Gelingt es, ein Proton des Kerns weiter als diesen Mindestabstand vom Restkern zu entfernen, dann wird es plötzlich abgestoßen.
Bei einigen schweren Atomkernen hat man beobachtet, dass sie instabil sind und unvermittelt in zwei Tochterkerne zerfallen. Bei diesem **spontanen Kernzerfall** entstehen aus einem chemischen Element (das ja durch die Anzahl der Protonen im Atomkern eindeutig bestimmt ist) zwei oder mehr Kerne von anderen chemischen Elementen. Die Tochterkerne haben weniger Protonen im Kern und somit

eine kleinere Ordnungszahl im PSE, sie sind auch wesentlich leichter als der Mutterkern. Die Hüllelektronen des Mutteratoms spielen bei diesen Umwandlungen keine Rolle, sie verteilen sich so auf die Tochterkerne, dass diese wieder elektrisch neutral sind.

Kernspaltung

Weitaus häufiger als der spontane tritt der **angeregte Kernzerfall** auf, bei dem ein besonders instabiler Kern durch Beschuss mit einem Kernzeilchen entsteht. Wird etwa eine Probe mit dem Uranisotop $^{235}_{92}U$ von einem umherfliegenden Neutron getroffen (das ja nicht elektrisch abgestoßen wird vom Urankern), dann nimmt dieser es auf und wird zu dem instabilen Kern $^{236}_{92}U$. Dieses eine Neutron im Kerngefüge sorgt dafür, dass dieser praktisch sofort in (meist) zwei Tochterkerne zerfällt. Das können etwa das Krypton $^{89}_{36}Kr$ und das Barium $^{144}_{56}Ba$ sein (oder auch viele andere Kombinationen). Addiert man in diesem Beispiel die Zahl der Kernbausteine, stellt man fest, dass wegen $89 + 144 = 233 < 236$ noch drei davon bei den Tochterkernen fehlen, aber keine Protonen $(36 + 56 = 92)$. Es fehlen also drei Neutronen. Diese fliegen einzeln und frei umher und können in der Probe dann die Spaltung weiterer Uranatome auslösen. Den Zerfallsvorgang kann man übersichtlich in Form einer **Reaktionsgleichung** aufschreiben:

$$^{236}_{92}U \rightarrow \, ^{89}_{36}Kr + \, ^{144}_{56}Ba + 3 \cdot \, ^{1}_{0}n$$

Darin wird das Neutron mit n bezeichnet und wie bei den Kernen mit den Angaben zur Massenzahl (hier 1) und zur Protonenzahl (hier 0) versehen.

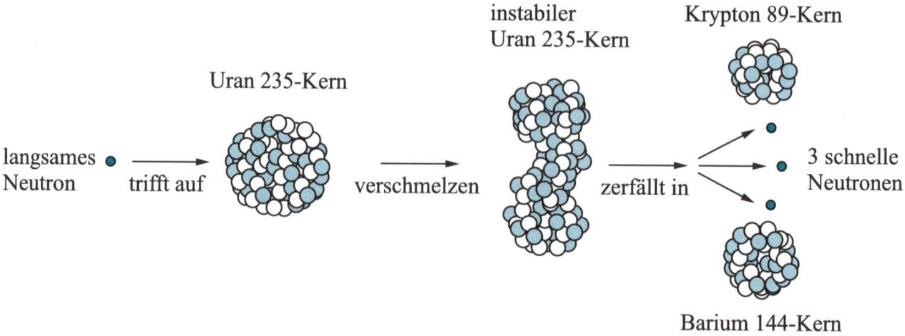

Eine **Kettenreaktion** kann beginnen: Es werden immer mehr Uranatome gespalten, dadurch noch mehr freie Neutronen erzeugt, die wiederum weiteres Uran spalten usw. Dabei ergeben Präzisionsmessungen, dass die bei einer Spaltung entstehenden Tochterkerne und Neutronen zusammen etwas leichter sind als der Mutterkern, es geht also ein wenig Masse „verloren". Auf Albert Einstein geht die bis heute oft bestätigte Theorie zurück, dass sich diese Masse in Energie umwandelt.

Tatsächlich wird bei der Kernspaltung sehr viel Energie frei. Bei den Kernkraftwerken wird dies in friedlicher Weise zur Umwandlung in elektrische Energie

ausgenutzt. Bei der Atombombe bedeutet diese plötzliche, enorme Energiefreisetzung ein unvorstellbares Zerstörungspotenzial (ungeachtet der Spätfolgen durch Radioaktivität, siehe nächstes Kapitel).
Für die Kernspaltung eignen sich nur ganz bestimmte Kerne, die aber grundsätzlich sehr schwere sein müssen.

Beispiel

Bei der Kernspaltung

$$^{236}_{92}\text{U} \rightarrow {}^{89}_{36}\text{Kr} + {}^{144}_{56}\text{Ba} + 3 \cdot {}^{1}_{0}\text{n}$$

wird je Kern eine Energie von etwa 200 MeV frei. In einem Kernkraftwerk wird bei einem Wirkungsgrad von 30 % eine elektrische Leistung von 1 500 MW erzeugt. Vereinfachend wird angenommen, dass ausschließlich diese eine Spaltungsreaktion stattfindet.

a) Berechne die Anzahl N der Kernspaltungen je Sekunde.

Lösung:
Eine abgegebene Leistung $P_{output} = 1\,500$ MW $= 1\,500\,000\,000$ W bedingt bei einem Wirkungsgrad von $\mu = 30\,\% = 0{,}30$ eine Primärleistung von

$$P_{input} = \frac{P_{output}}{0{,}30} = 5\,000 \text{ MW}.$$

Es müssen also in jeder Sekunde $E = 5\,000$ MJ Energie frei werden, das sind umgerechnet in Elektronenvolt $E = 5\,000 \text{ MJ} = 3{,}125 \cdot 10^{28}$ eV. Also müssen in jeder Sekunde

$$N = \frac{3{,}125 \cdot 10^{28} \text{ eV}}{200 \cdot 10^{6} \text{ eV}} = 1{,}5625 \cdot 10^{20}$$

Kerne zerfallen.

b) Welche Masse wird in diesem Kraftwerk jährlich „vernichtet"?

Lösung:
Die jährlich abgegebene Energie beträgt

$E_{output} = 1\,500 \text{ MW} \cdot 365 \cdot 24 \cdot 3\,600 \text{ s} = 4{,}7304 \cdot 10^{16}$ J.

Bei einem Wirkungsgrad von $\mu = 30\,\% = 0{,}30$ bedeutet dies einen jährlichen Aufwand an Primärenergie von

$$E_{input} = \frac{4{,}7304 \cdot 10^{16} \text{ J}}{0{,}30} = 1{,}5768 \cdot 10^{17} \text{ J}.$$

Nach der Einstein'schen Formel $E = m \cdot c^2$ ist

$$1{,}5768 \cdot 10^{17} \text{ J} = m \cdot \left(3 \cdot 10^{8} \frac{\text{m}}{\text{s}}\right)^2$$

und damit

$$m = \frac{1{,}5768 \cdot 10^{17}}{9{,}0 \cdot 10^{16}} \text{ kg} \approx 1{,}8 \text{ kg}.$$

Kernfusion

Neue Kerne können nicht durch die Spaltung eines sehr schweren Ausgangskerns, sondern umgekehrt auch durch Verschmelzen zweier leichter Kerne entstehen. Damit eine derartige Kernfusion zustande kommt, müssen sich die beiden Kerne so nahe kommen, dass die Kernkräfte zu wirken beginnen und die Oberhand über die abstoßenden elektrostatischen Kräfte der Protonen gewinnen. So können etwa zwei Kerne des Wasserstoffisotops Deuterium $^{2}_{1}H$ zu einem Kern des Heliumisotops $^{3}_{2}He$ verschmelzen, das überzählige Neutron wird freigesetzt.
Verblüffenderweise ist auch hier die Masse der Reaktionsprodukte leichter als die Mutterkerne zusammen und es wird Energie frei.

Regel

> Sowohl bei der Kernspaltung als auch bei der Kernfusion besitzen die Produktkerne zusammen genommen eine kleinere Masse als die Ausgangskerne der Reaktion. Die Differenz der Massen Δm wird nach der **Einstein'schen Formel** als Energie E freigesetzt:
>
> $$E = \Delta m \cdot c^2$$
>
> Darin ist c die Lichtgeschwindigkeit: $c = 300\,000\,000\,\frac{m}{s}$.

Da die Lichtgeschwindigkeit (und damit ihr Quadrat) eine unveränderliche Naturkonstante ist, drückt sich in der Einstein'schen Formel ein überraschendes, aber grundlegendes Naturgesetz aus:

Regel

> **Masse und Energie sind dem Wesen nach gleich.** Sie sind zwei Erscheinungsformen derselben physikalischen Größe und lassen sich ineinander in beiden Richtungen umwandeln.

Diese sogenannte **Äquivalenz** von Masse und Energie ist vielfach experimentell bestätigt. Der Energieerhaltungssatz besitzt weiterhin uneingeschränkte Gültigkeit, er schließt nun aber neben den Energien auch die bei einer Reaktion beteiligten Massen mit ein.
Obwohl bei der Kernfusion pro Reaktionsvorgang wesentlich mehr Energie frei wird als bei der Kernspaltung, ist die wirtschaftlich sinnvolle Nutzung der Kernfusion zur Erzeugung elektrischer Energie nach wie vor technisch nicht erreicht, denn die Reaktionsvoraussetzungen (Überwindung der elektrostatischen Abstoßung) sind nur sehr schwer und aufwendig herzustellen: Enorme Hitze und Verdichtung der Kerne bei höchstem Druck müssen gewährleistet sein, die Materialien für die verwendeten Behälter müssen sonst unüblichen Belastungen standhalten. Auf der **Sonne** hingegen herrschen diese ungemütlich hohen Temperaturen ohnehin vor und wegen der großen Masse der Sonne ist auch die Gravitation sehr stark, sodass im Inneren die Kerne auch entsprechend verdichtet werden und

Fusionsreaktionen (Wasserstoff zu Helium) „von selbst“ stattfinden. Dadurch verliert die Sonne zwar nach und nach einen Teil ihrer Masse, sendet aber über ihre Strahlung (kontinuierliches Lichtspektrum) sehr viel Energie ins All und zu uns auf die Erde.
Die Kernfusion ist prinzipiell auch bei schwereren Kernen denkbar, aber in diesem Fall hätte der entstehende Tochterkern dann etwas mehr Masse als die beiden Ausgangskerne zusammen, es würde in Bilanz keine Energie frei. Für die Energietechnik sind also nur die Fusion leichter und die Spaltung schwerer Kerne interessant.
Bereits im letzten Abschnitt wurde die Energieeinheit **Elektronenvolt** eingeführt, die auch bei den Kernreaktionen üblicherweise verwendet wird.

Beispiel

Der jährliche elektrische Energiebedarf einer Großstadt wie Hamburg liegt bei etwa $4{,}0 \cdot 10^{16}$ J.

a) Berechne den dafür notwendigen Energieaufwand, wenn man beim Kraftwerk einen Wirkungsgrad von 33 % annimmt.

Lösung:
Die abgegebene Energie von $4{,}0 \cdot 10^{16}$ J sind nur 33 % der Primärenergie, also ist deren Wert

$$\frac{4{,}0 \cdot 10^{16}\,\mathrm{J}}{0{,}33} \approx 1{,}2 \cdot 10^{17}\,\mathrm{J}.$$

b) Bei einer Kernspaltung werden etwa $2{,}0 \cdot 10^{8}$ eV an Wärmeenergie frei. Wie viele solche Spaltungsprozesse sind notwendig, um den Jahresbedarf einer Großstadt wie Hamburg zu decken?

Lösung:
Mit der Umrechnung $1\,\mathrm{J} = 6{,}25 \cdot 10^{18}\,\mathrm{eV}$ ergibt sich für die Zahl n der Spaltungen:

$$n \approx \frac{1{,}2 \cdot 10^{17}\,\mathrm{J} \cdot 6{,}25 \cdot 10^{18}\,\frac{\mathrm{eV}}{\mathrm{J}}}{2{,}0 \cdot 10^{8}\,\mathrm{eV}} \approx 3{,}8 \cdot 10^{27}$$

c) Welche Masse an (reinem) Uran 235 wird dabei verarbeitet (Masse eines Uranatoms: $3{,}9 \cdot 10^{-25}$ kg)?

Lösung:
Es müssen $3{,}8 \cdot 10^{27} \cdot 3{,}9 \cdot 10^{-25}\,\mathrm{kg} \approx 1{,}5$ t Uran gespalten werden.

d) Welche Masse an Steinkohle (Heizwert $3{,}2 \cdot 10^{7}\,\frac{\mathrm{J}}{\mathrm{kg}}$) wäre notwendig, um die erforderliche elektrische Energie bei gleichem Wirkungsgrad zu erzeugen?

Lösung:
Mit der geforderten Primärenergie aus Teilaufgabe a von $1{,}2 \cdot 10^{17}$ J und dem Heizwert von $3{,}2 \cdot 10^{7}\,\frac{\mathrm{J}}{\mathrm{kg}}$ erhält man für die Steinkohlemasse:

$$m_K = \frac{1{,}2 \cdot 10^{17}\,\mathrm{J}}{3{,}2 \cdot 10^{7}\,\frac{\mathrm{J}}{\mathrm{kg}}} \approx 3{,}8 \cdot 10^{9}\,\mathrm{kg}$$

e) Welcher Masse entspricht die nötige Primärenergie nach der Einstein-Formel?

Lösung:
Nach Einstein entspricht der Primärenergie die Masse

$$E = m_E \cdot c^2 \quad \Rightarrow \quad m_E = \frac{E}{c^2} = \frac{1{,}2 \cdot 10^{17}\,\text{J}}{\left(3{,}0 \cdot 10^8\,\frac{\text{m}}{\text{s}}\right)^2} \approx 1{,}3\,\text{kg}$$

f) Setze die erhaltenen Massen aus den Teilaufgabe c bis e zueinander ins Verhältnis.

Lösung:
Das Verhältnis Steinkohlenmasse zu Uranmasse ist

$$\frac{m_K}{m_U} = \frac{3{,}8 \cdot 10^9\,\text{kg}}{1{,}5 \cdot 10^3\,\text{kg}} \approx 2{,}5 \cdot 10^6,$$

das Verhältnis Uranmasse zur Einstein'schen Masse beträgt

$$\frac{m_U}{m_E} = \frac{1{,}5 \cdot 10^3\,\text{kg}}{1{,}3\,\text{kg}} \approx 1{,}1 \cdot 10^3.$$

Das Verhältnis Steinkohlenmasse zur Einstein'schen Masse lautet schließlich:

$$\frac{m_K}{m_E} = \frac{3{,}8 \cdot 10^9\,\text{kg}}{1{,}3\,\text{kg}} \approx 2{,}9 \cdot 10^9$$

Aufgaben

17. Wie viel Energie ergäbe die vollständige Umwandlung von 1 kg Masse?

18. Bei der Kernspaltung

$$^{236}_{92}\text{U} \rightarrow {}^{89}_{36}\text{Kr} + {}^{144}_{56}\text{Ba} + 3 \cdot {}^{1}_{0}\text{n}$$

wird je Kern eine Energie von etwa 200 MeV frei. In einem Kernkraftwerk wird bei einem Wirkungsgrad von 30 % eine elektrische Leistung von 1 000 MW erzeugt. Vereinfachend wird angenommen, dass ausschließlich diese eine Spaltungsreaktion statt.

a) Welche Masse m wird bei einer Spaltung „vernichtet"?
b) Welche Masse an Uran 235 wird jährlich umgewandelt, wenn in 1 kg Uran 235 etwa $2{,}56 \cdot 10^{24}$ Kerne enthalten sind?

19. Bei der Spaltung von 1 kg Uran 235 wird etwa 1 g der Masse in Energie umgewandelt.

a) Berechne diese Energiemenge nach der Einstein'schen Formel $E = \Delta m \cdot c^2$.
b) Wie viele Haushalte (Jahresbedarf etwa 5 000 kWh) lassen sich davon ein Jahr lang versorgen?

20. Die Sonne strahlt mit einer Leistung von maximal ca. 1400 Watt je Quadratmeter auf die Erdoberfläche, der Abstand Erde–Sonne beträgt etwa 150 Millionen km.

a) Welche Strahlungsleistung erzeugt die Sonne?
b) Welche Masse wird dabei jährlich in der Sonne zu Energie umgewandelt?

1.4 Strahlung radioaktiver Nuklide

Instabile Kerne, die spontan (also ohne äußere Einwirkung) unter Aussendung von Strahlung mit konstanter Rate zerfallen, bezeichnet man als **radioaktiv**. Solche Kerne sind natürlich vorhanden (z. B. Radium oder Polonium) oder können künstlich erzeugt werden (z. B. das Stickstoffisotop N17), je nachdem spricht man von natürlicher oder künstlicher Radioaktivität.

Strahlungsarten und Eigenschaften

Bei natürlicher Radioaktivität treten folgende drei Strahlungsarten auf:

- Die **α-Strahlung** besteht aus elektrisch positiv geladenen Heliumkernen $^{4}_{2}He^{2+}$, die in Luft eine einheitliche Reichweite von wenigen Zentimetern haben. Ein solches Teilchen enthält also zwei Protonen und zwei Neutronen.
- Bei der **β-Strahlung** handelt es sich um unterschiedlich schnelle Elektronen, also um elektrisch negativgeladene Teilchen. Sie besitzen eine Reichweite von bis zu einigen Metern in Luft.

Aufgrund ihrer elektrischen Ladungen lassen sich α- und auch β-Strahlung in elektrischen und wegen der Lorentzkraft auch in magnetischen Feldern ablenken. Dies gilt nicht für die dritte Strahlungsart:

- Die **γ-Strahlung** hat die gleichen Eigenschaften wie Röntgenstrahlung. Sie entstammt aber anders als diese keinen Elektronenübergängen in der inneren Atomhülle, sondern den Übergängen im Inneren des Atomkerns. γ-Strahlung ist also extrem kurzwelliges Licht, die Photonen sind sehr energiereich und durchdringen die meisten Stoffe fast ungeschwächt.

Während γ-Strahlung nur durch schwere Materialien wie z. B. Blei wirksam abgeschirmt werden können, werden β-Strahlen schon durch ein dünnes Holzbrett und α-Strahlen sogar durch Papier merklich geschwächt.

Beispiel

Blei hat bezüglich einer Gammastrahlung bestimmter Energie eine Halbwertsdicke von 2,75 cm, d. h., nach Durchdringen einer Bleischicht dieser Dicke ist die Intensität der Strahlung um die Hälfte geringer.

a) Welcher Bruchteil der Strahlung ist nach einer 5,5 cm bzw. 11 cm dicken Bleischicht noch vorhanden?

Lösung:
Die Länge 5,5 cm sind gerade zwei Halbwertsdicken, die ursprüngliche Intensität ist also nach Durchdringen dieser Strecke zweimal halbiert worden. Demnach ist noch ein Viertel der Strahlung vorhanden.

11 cm Blei entsprechen vier Halbwertsdicken und schirmen bereits so gut ab, dass nur noch $\frac{1}{2^4} = \frac{1}{16} = 6,25\ \%$ der ursprünglichen Intensität durchkommen.

b) Wie dick muss die Bleischicht sein, um mindestens 90 % bzw. 99,9 % der Strahlung abzuhalten?

Lösung:
Um auf 10 % Intensität abzusinken, muss für die Anzahl x der Halbwertsdicken gelten

$$\frac{1}{2^x} = \frac{1}{10} \quad \Rightarrow \quad 2^x = 10$$

Logarithmieren mithilfe der Formel zum Basiswechsel beim Logarithmus liefert

$$x = \log_2 10 = \frac{\ln 10}{\ln 2} \approx 3,32$$

Es sind folglich mindestens $3{,}32 \cdot 2{,}75\ \text{cm} \approx 9{,}14$ cm Blei notwendig.

Für eine zulässige Restintensität von nur 0,1 % ergibt sich analog:

$$\frac{1}{2^x} = \frac{1}{1000} \quad \Rightarrow \quad 2^x = 1000 \quad \Rightarrow \quad x = \log_2 1000 = \frac{\ln 1000}{\ln 2} \approx 9,97$$

Die erforderliche Mindestschichtdicke beträgt in diesem Fall $9{,}97 \cdot 2{,}75\ \text{cm} \approx 27{,}4$ cm.

Nachweis der Radioaktivität

Der Nachweis der Strahlung radioaktiver Stoffe beruht darauf, dass α-, β- und γ-Strahlen Atome ionisieren (also elektrisch aufladen), zu Lichtemissionen anregen und fotografische Filme schwärzen können.
Eines der ältesten Nachweisgeräte ist die **Nebelkammer**, in der sich sogenannter „übersättigter" Dampf befindet; die Substanz liegt also bei einer Temperatur im dampfförmigen Aggregatszustand vor, bei der sie unter gewöhnlichen Umständen bereits flüssig wäre. Bei einer Diffusionsnebelkammer wird dies dadurch erreicht, dass über einer stark gekühlten Bodenplatte eine beheizte Rinne mit einer geeigneten Flüssigkeit angebracht wird. In der Rinne wird dann Flüssigkeit verdampfen, der Dampf wird nach unten zu immer kühler und ist ab einer bestimmten Höhe über der Platte übersättigt (empfindliches Gebiet). Dies ist möglich, weil die Gasmoleküle zur Tröpfchenbildung kleine Teilchen benötigen, an die sie sich anlagern können (man nennt diese Teilchen Kondensationskeime).

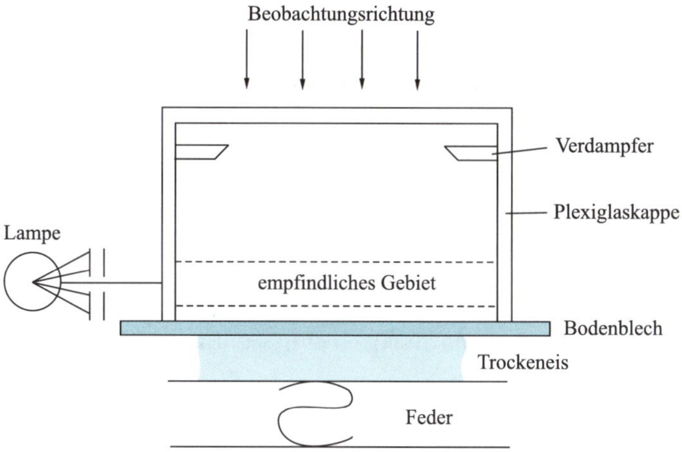

Fliegt nun ein α- oder β-Teilchen durch diesen übersättigten Dampf, bilden sich entlang der Flugbahn elektrisch geladene Gasteilchen (das Gas wird dort ionisiert), die ideale Kondensationskeime darstellen: Es entsteht eine Nebelspur, anhand derer man die Flugbahn des Strahlungsteilchens erkennt. (Nach dem gleichen Prinzip können wir die Bahn eines Flugzeugs anhand der Kondensstreifen am Himmel erkennen; die Kondensationskeime sind in diesem Fall die Abgasteilchen der Flugzeugtriebwerke.)
Da die elektrische Ladung der α- und β-Strahlen unterschiedliches Vorzeichen besitzen, werden die Strahlen bei Anlegen von z. B. Magnetfeldern verschieden abgelenkt, sodass sich auf diese Weise die Teilchenart bestimmen lässt. Heute dient die Nebelkammer nur noch zu Demonstrationszwecken.

Ein wichtiges Messgerät für Radioaktivität ist das **Geiger-Müller-Zählrohr**, das ionisierende Teilchen unabhängig von ihrer Art zählt. In der Mittelachse eines mit dem Minuspol einer Gleichspannungsquelle verbundenen Metallzylinders, der mit Argongas bei geringem Druck gefüllt ist, verläuft ein mit dem Pluspol verbundener Draht. Verschlossen ist der Zylinder auf der Messseite mit einem Glimmerfenster. Werden nun die Gasteilchen, etwa durch eintretende γ-Strahlung, ionisiert, dann werden sie entweder zum Draht oder zum Zylindermantel gezogen, dort wieder entladen und sorgen so für einen kurzen Stromstoß. Diese Stromstöße lassen sich messen oder auch zählen.

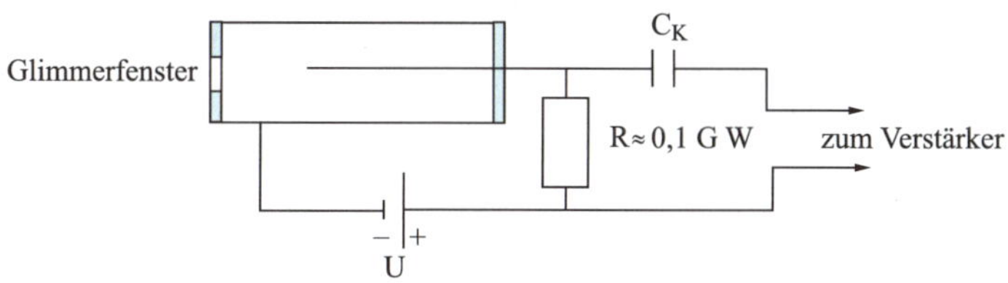

Weitere Nachweisgeräte sind die Blasenkammer (Teilchenspuren in einer erhitzten Flüssigkeit), Szintillationszähler (Messung von durch y-Strahlung ausgelösten Lichtblitzen) und fotografische Filme (Teilchenspuren in einer lichtempfindlichen Schicht mit gelösten Silberbromidkristallen).
Unabhängig vom verwendeten Nachweisgerät muss bei jeder Messung berücksichtigt werden, dass auch ohne Anwesenheit eines radioaktiven Stoffes ein gewisses Maß an Radioaktivität in der Messumgebung vorhanden ist. Dieser sogenannte **Nulleffekt** wird durch natürliche Strahlenquellen verursacht.

Beispiele

1. Bei einem radioaktiven Präparat misst man mit einem Zählrohr 596 Impulse in 6,0 Minuten. Ohne den Strahlkörper misst man in 60 Minuten 1 100 Impulse (Nullrate).
   Welche Zählrate (Impulse pro Minute) stellt man für das Präparat nach Abzug des Nulleffekts fest?

   Lösung:
   Bei einem Nulleffekt von 1 100 Impulsen pro Stunde oder 110 Impulsen pro 6,0 Minuten beträgt die Impulsrate des eigentlichen Präparates $596 - 110 = 486$ Impulse in 6,0 Minuten oder 81 Impulse pro Minute.

2. In einer Nebelkammer werden die Spuren von α-Teilchen nachgewiesen (siehe Abbildung).
   Welche Richtung hat das angelegte Magnetfeld?

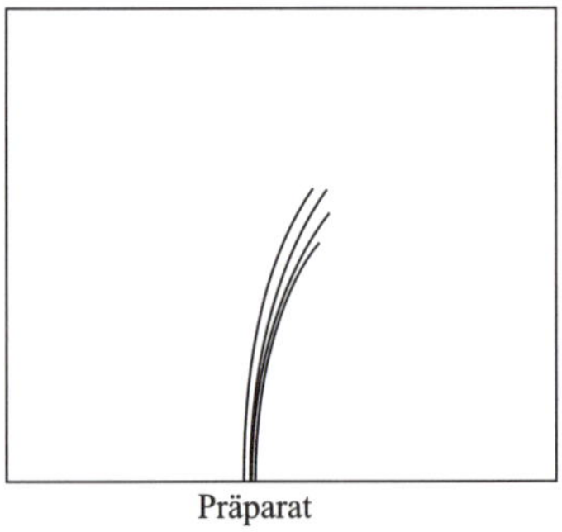

   Lösung:
   Die α-Teilchen sind positiv geladen und fliegen auf einer Rechtskurve, da wegen des Magnetfeldes die Lorentzkraft wirkt. Nach der Dreifingerregel der rechten Hand (Daumen zeigt in die technische Stromrichtung, also entlang der Teilchenbahn, der Zeigefinger in Richtung des Magnetfeldes und der Mittelfinger in Richtung der Lorentzkraft, hier also nach rechts) muss das Magnetfeld aus der Zeichenebene heraus gerichtet sein.

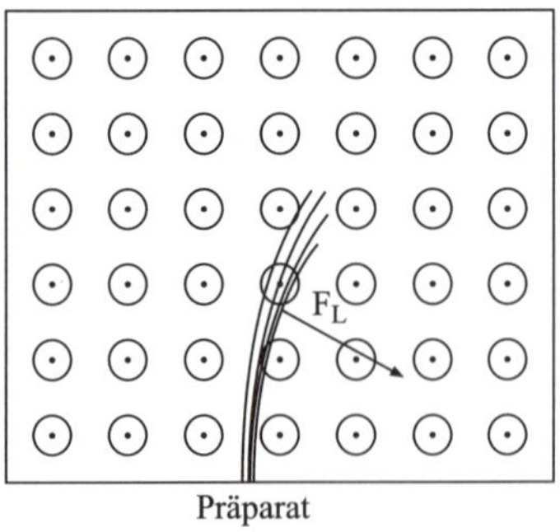

Zerfall radioaktiver Stoffe

Bei chemischen Reaktionen ist man gewöhnt, dass sie – wenn sie durch Vorhandensein aller „Zutaten" und die Erfüllung notwendiger Voraussetzungen (etwa Mindesttemperatur oder ähnliches) möglich sind – auch sofort ablaufen. Das ist bei radioaktiven Zerfällen grundsätzlich anders. Ein radioaktiver Kern – denken wir uns einen Alphastrahler wie Polonium 210 (kurz $^{210}_{84}Po$) – wird irgendwann einmal ein Alphateilchen, also einen Heliumkern (kurz $^{4}_{2}He^{2+}$), aussenden und dabei selbst zu einem Kern mit entsprechend verringerter Protonen- und Massenzahl, im Beispiel also zu Blei (auch Plumbum, kurz $^{206}_{82}Pb$). Die zugehörige Reaktionsgleichung ist

$$^{210}_{84}Po \rightarrow {}^{206}_{82}Pb + {}^{4}_{2}He.$$

Diese Kernreaktion kann sofort geschehen, aber auch erst viel später. Beim radioaktiven Zerfall gilt folgende wichtige Regel:

Regel

> **Radioaktive Atome altern nicht.** Das heißt: Die Wahrscheinlichkeit, dass das Atom zerfällt, ist in jeder Sekunde gleich groß.

An diese Vorstellung müssen wir uns erst gewöhnen, weil in unserer Erfahrungswelt alle Dinge altern; so ist etwa bei einer rüstigen hundertzehnjährigen Person der Tod binnen des nächsten Jahres wahrscheinlicher als bei einer gesunden dreißigjährigen Person. Auch wundert es uns bei einem alten Auto weniger als bei einem neuen, wenn es liegen bleibt. Bei radioaktiven Kernen ist das anders, sie altern nicht in diesem Sinne. Auch ein hundert Jahre alter Kern des Po210 hat die gleiche Zerfallswahrscheinlichkeit pro Sekunde wie ein „frisch" entstandener. Auch gibt es kein bekanntes Verfahren, diese Wahrscheinlichkeit zu beeinflussen, etwa durch Kompression, Erhitzen, Bewegung oder Ähnliches. Die Konstanz der Zerfallswahrscheinlichkeit für einen bestimmten radioaktiven Stoff erlaubt uns, die folgende, diesen Stoff charakterisierende Kenngröße festzulegen:

Regel

> Die Zeit, während der sich die Anzahl der radioaktiven Kerne einer ausreichend großen Probe halbiert, heißt **Halbwertszeit**. Sie wird in diesem Buch mit dem Formelbuchstaben T_H bezeichnet.

Beim Po210 dauert es beispielsweise 138 Tage, bis von einer Probe die Hälfte der Kerne zerfallen ist; die Halbwertszeit von Po210 beträgt also $T_H = 138$ d. Auch bei Betastrahlern – also radioaktiven Kernen, die unter Aussendung von β-Strahlen zerfallen – läuft dies so ab. So entsteht der Alphastrahler Po210 seinerseits durch einen Betazerfall aus Wismut 210 ($^{210}_{83}Bi$) mit einer Halbwertszeit von $T_H = 5$ d. Gammastrahlung tritt meist zusätzlich zu den beiden anderen Zerfalls-

arten auf, weil die entstehenden Kerne sich erst umstrukturieren müssen und dabei große Energieportionen in Form hochenergetischer γ-Photonen abgeben.
Die Zahl der verbliebenen, unzerfallenen Kerne eines radioaktiven Strahlers lässt sich mithilfe der Halbwertszeiten leicht bestimmen: Die Wahrscheinlichkeit für einen Po210-Kern, binnen 138 Tagen zu zerfallen, liegt bei 50 %. Die restlichen Kerne haben nun während der folgenden Frist von 138 Tagen wiederum 50 % Wahrscheinlichkeit zu zerfallen, d. h. von der Hälfte bleibt wiederum die Hälfte übrig, so dass nach $2 \cdot 138 = 276$ Tagen noch ein Viertel der Po210-Kerne vorhanden sind, nach $3 \cdot 138 = 276$ Tagen noch ein Achtel, nach $4 \cdot 138 = 552$ Tagen noch ein Sechszehntel und so weiter. Waren zu Beginn N_0 Kerne vorhanden, lässt sich die Zahl N der nach n Halbwertszeiten noch verbliebenen Kerne somit durch ein Potenzgesetz ausdrücken:

$$N = \underbrace{\frac{1}{2} \cdot \frac{1}{2} \cdot \ldots \cdot \frac{1}{2}}_{\text{n-mal}} \cdot N_0 = N_0 \cdot \left(\frac{1}{2}\right)^n$$

Da n über die Beziehung $n = \frac{t}{T_H}$ mit der Zerfallsdauer t zusammenhängt, gilt ganz allgemein:

Regel

Zerfallsgesetz
Bezeichnet N_0 die Anzahl der Kerne eines radioaktiven Stoffes mit der Halbwertszeit T_H zur Zeit $t = 0$, gilt für die Zahl der unzerfallenen Kerne N(t) nach der Zeit t:

$$N(t) = N_0 \cdot \left(\frac{1}{2}\right)^{\frac{t}{T_H}}$$

Für die Zerfallsrate, also die Anzahl der Zerfälle pro Sekunde, führt man einen eigenen Begriff ein:

Regel

Die Rate, mit der ein radioaktiver Stoff zerfällt, bezeichnet man als **Aktivität A**. Ihre zeitliche Entwicklung gehorcht dem gleichen Potenzgesetz wie das Zerfallsgesetz (A_0: Ausgangsaktivität):

$$A(t) = A_0 \cdot \left(\frac{1}{2}\right)^{\frac{t}{T_H}}$$

Die Aktivität besitzt die Einheit 1 Becquerel: $[A] = 1$ Bq.

Beispiele

1. Po210-Kerne haben eine Halbwertszeit von etwa 138 Tagen. Eine Probe wird zunächst am 1. Januar 2008 gemessen und zeigt eine Aktivität von 680 Zerfällen pro Minute. Einige Zeit später werden bei einer erneuten Messung an der Probe nur noch 455 Zerfälle pro Minute festgestellt. Wann wurde die zweite Messung vermutlich durchgeführt?
Was lässt sich grundsätzlich über die Zuverlässigkeit einer solchen Aussage bei längeren Zeitabständen zwischen den Messungen aussagen?

Lösung:
Zum Zeitpunkt t = 0 d beträgt die Aktivität $A(0\text{ d}) = 680\,\frac{1}{\text{min}}$, zum gesuchten Zeitpunkt t = t* gilt $A(t^*) = 455\,\frac{1}{\text{min}}$. Mithilfe des Zerfallsgesetzes für die Aktivität lässt sich t* berechnen:

$$\frac{A(t^*)}{A(0\text{ d})} = \left(\frac{1}{2}\right)^{\frac{t^*}{T_H}}$$

$$\Rightarrow \quad \frac{455\,\frac{1}{\text{min}}}{680\,\frac{1}{\text{min}}} = \left(\frac{1}{2}\right)^{\frac{t^*}{138\text{ d}}}$$

$$\frac{680}{455} = 2^{\frac{t^*}{138\text{ d}}}$$

$$\log_2 \frac{680}{455} = \frac{t^*}{138\text{ d}}$$

$$t^* = 138\text{ d} \cdot \frac{\ln\frac{680}{455}}{\ln 2} \approx 80\text{ d}$$

Die zweite Messung wurde vermutlich 80 Tage nach der ersten Messung, also am 21. März 2008, durchgeführt.

Die Anzahl der Zerfälle je Minute schwankt, es handelt sich um zufällige Ereignisse, und je seltener die Zerfälle werden, umso stärker wirken sich die Schwankungen über einen Messzeitraum aus. Beispielsweise spielen 5 Zerfälle mehr oder weniger pro Minute bei durchschnittlich 1 Million Zerfälle je Minute keine große Rolle, bei einer alten Probe mit nur noch durchschnittlich 3 Zerfällen je Minute dagegen schon. Vorhersagen werden daher bei schwach strahlenden Proben verhältnismäßig ungenau.

2. Kobalt 60 hat eine Halbwertszeit von 5,3 Jahren. Welcher Anteil der Aktivität zur Zeit der Entstehung ist nach 10,6 Jahren bzw. 21,2 Jahren noch zu erwarten?

Lösung:
10,6 Jahre sind gerade 2 Halbwertszeiten, das bedeutet, dass sich die Aktivität zweimal halbiert, also geviertelt hat. Die Restaktivität ist also noch

$$\left(\frac{1}{2}\right)^2 = \frac{1}{4} = 25\,\%.$$

Nach 21,2 Jahren oder 4 Halbwertszeiten beträgt die Restaktivität entsprechend

$$\left(\frac{1}{2}\right)^4 = \frac{1}{16} = 6{,}25\,\%.$$

Altersbestimmung mithilfe der Radioaktivität: C14-Methode

In der Natur gibt es zwar hauptsächlich das Kohlenstoffisotop ${}^{16}_{6}C$, aber auch das ebenfalls stabile ${}^{13}_{6}C$ und den Betastrahler ${}^{14}_{6}C$, der in der Atmosphäre immer wieder neu entsteht und eine Halbwertszeit von etwa 5 740 Jahren hat. Bei der C14-Methode geht man von der plausiblen Annahme aus, dass sich an der natürlichen Konzentration des C14 im Gesamtkohlenstoff über die Jahrtausende nichts geändert hat. Scheidet ein lebender Organismus (der sehr viel Kohlenstoff enthält) aus dem Stoffwechselkreislauf durch Tod aus, dann kommt kein frisches C14 mehr in den Körper und das vorhandene zerfällt nach und nach. Aus der Restaktivität lässt sich dann (unter Bezug auf die Aktivität von frischem Kohlenstoff) das Alter der Probe bestimmen. Mit der C14-Methode lässt sich das Alter organischer Substanzen im Bereich zwischen 1 000 und 10 000 Jahren recht genau bestimmen. Für neuere Proben verwendet man besser andere Verfahren, etwa die Tritium-Methode (Halbwertszeit dieses Wasserstoffisotops: 12,3 Jahre).

Beispiele

1. Wird aus dem Körper eines gerade verstorbenen Menschen (oder eines anderen Lebewesens) reiner Kohlenstoff entnommen, so befindet sich unter etwa $1{,}0 \cdot 10^{12}$ stabilen C12-Atomen im Mittel ein radioaktives C14-Atom. Damit ergibt sich für 1,00 g Kohlenstoff aus einer frischen Probe eine Aktivität von etwa 15 Zerfällen je Minute oder 0,25 Bq.
   Bei einer Probe 1,00 g Kohlenstoff, die man der Mumie des ägyptischen Pharaos Tutenchamun entnommen hat, lag die gegenwärtige Aktivität bei 10 Zerfällen pro Minute oder 0,17 Bq. Wie alt ist die Mumie unter den verwendeten Annahmen?

   Lösung:
   Die Restaktivität beträgt noch
   $$\frac{0{,}17\ \text{Bq}}{0{,}25\ \text{Bq}} = 0{,}6666 = 66{,}7\ \%$$
   der Ausgangsaktivität. Bei einer Halbwertszeit von 5 740 Jahren kann man für die Anzahl x der vergangenen Halbwertszeiten schreiben:
   $$\left(\frac{1}{2}\right)^{x} = 0{,}6666 \quad \Rightarrow \quad 2^{x} = 1{,}5 \quad \Rightarrow \quad x = \log_2 1{,}5 = \frac{\ln 1{,}5}{\ln 2} \approx 0{,}585$$
   Das Alter der Mumie beträgt somit ca. 0,585 Halbwertszeiten oder $0{,}585 \cdot 5\,740\ \text{a} \approx 3\,360\ \text{a}$.

2. Das Alter eines angeblich kostbaren Weines wird mit 60 Jahren angegeben. Welcher Bruchteil der Tritium-Aktivität von frischem Wein gleicher Sorte dürfte man etwa noch messen, wenn die Aussage richtig ist (Halbwertszeit von Tritium: 12,3 Jahre)?

   Lösung:
   60 Jahre sind etwa 5 Halbwertszeiten des Tritiums, also dürfte man noch $\left(\frac{1}{2}\right)^{5} = \frac{1}{32} \approx 3{,}1\ \%$ der Anfangsaktivität feststellen.

Strahlenschutz

Die Strahlung radioaktiver Stoffe kann wegen ihrer ionisierenden Wirkung biologische Schäden verursachen. Daher ist die Strahlenbelastung stets so niedrig wie möglich zu halten. Wenn sich eine Bestrahlung nicht ganz vermeiden lässt, müssen die folgenden Regeln beachtet werden.

1. Abstand möglichst groß wählen!

Die mit der gleichen Strahlungsleistung „ausgeleuchtete" Fläche ist bei doppeltem Abstand von der Strahlenquelle nur noch ein Viertel so groß, sie wird quadratisch mit dem Abstand kleiner.

Begründung mit dem Strahlensatz: Doppelter Abstand bedeutet doppelte Länge und doppelte Breite des Rechtecks, also vierfache Fläche.

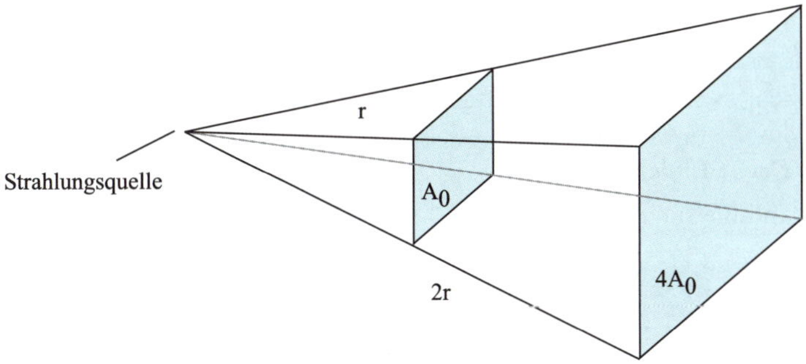

2. Bestrahlungszeit möglichst kurz halten!

3. Vermeidung von Inkorporation!

Alpha- und auch Betastrahler lassen sich leicht abschirmen und schädigen den Körper von außen praktisch nicht. Gelangen sie aber über die Atemwege oder über die Speiseröhre in den Körper, dann können sie mit ihrer sehr großen Ionisationswirkung einen sehr großen Schaden anrichten!

4. Abschirmung!

Beton- und Bleiwände können in den Fällen, in denen sich ein kurzer Abstand nicht vermeiden lässt, die Strahlung merklich schwächen.

Zusammenfassung

- Atome können **Licht emittieren** und **absorbieren**. Dabei wechseln die Hüllenelektronen zwischen den möglichen Schalen des Atoms und geben dadurch Energie ab oder nehmen sie auf.
- Die Energieabgabe und -aufnahme erfolgen **diskret** (portionsweise) durch Aussenden von **Photonen**, aus denen sich der Lichtstrom zusammensetzt. Jedes Photon besitzt eine **Wellenlänge**, die ein Maß für die Farbe des Lichts darstellt. Je größer die Wellenlänge eines Photons ist, desto kleiner ist seine Energie. Als Teilchen kann das Photon mit anderen Teilchen wie dem Elektron zusammenstoßen. Ein solcher Stoßvorgang liegt dem **Fotoeffekt** zugrunde.
- Das von einem angeregten Atom ausgesandte Licht erzeugt auf einem Schirm ein für das Atom charakteristisches Linienspektrum, das **Emissionsspektrum**. Durchstrahlt man ein Gas mit Licht aus einem kontinuierlichem Spektralbereich (z. B. Weißlicht), so misst man am Auffangschirm ein **Absorptionsspektrum**, in dem die charakteristischen Linien der Gasatome als schwarze Linien auftreten (**Fraunhofer'sche Linien**).
- **Röntgenstrahlung** ist eine sehr energiereiche Form von Licht (Faustregel: die Röntgenphotonen besitzen die rund tausendfache Energie der Photonen sichtbaren Lichts). Sie wird beim Abbremsen schneller Glühelektronen einer Röntgenröhre erzeugt. Das Röntgenspektrum setzt sich aus der **kontinuierlichen Bremsstrahlung** mit kurzwelliger Grenzwellenlänge und einem für das Anodenmaterial **charakteristischen Linienspektrum** zusammen.
- Röntgenstrahlung ermöglicht aufgrund ihrer speziellen Eigenschaften zahlreiche **Anwendungen** in Medizin, Technik und Wissenschaft.
- Atomkerne unterliegen **Kernumwandlungen**: Schwere Kerne können spontan oder durch Anregung zerfallen (Kernspaltung), leichte Kerne zu einem einzigen Kern verschmelzen (Kernfusion). In beiden Fällen wird Energie frei, die sich nach der Einstein'schen Formel $\mathbf{E = \Delta m \cdot c^2}$ aus der Differenz Δm der Massen der Produkt- und der Ausgangskerne berechnet.
- **Radioaktive** Stoffe senden mit konstanter Rate α-, β- oder γ-Strahlen aus, die sich in speziellen Geräten wie dem Geiger-Müller-Zählrohr nachweisen lassen. Durch die Radioaktivität nimmt die Zahl der Atomkerne exponentiell ab (Zerfallsgesetz). Eine wichtige, für den Stoff charakteristische Kenngröße ist hierbei die **Halbwertszeit** des Zerfalls.
- Radioaktivität kann in vielen Bereichen **sinnvoll genutzt** werden (z. B. Altersbestimmung fossiler Materialien, Anwendungen in Medizin und Technik). Aufgrund der schädlichen biologischen Wirkung der einzelnen Strahlungsarten müssen beim Umgang mit radioaktiven Stoffen unbedingt strenge Regeln zum **Strahlenschutz** eingehalten werden.

Aufgaben

21. Mit dem Zählrohr wird aus nächster Nähe eine Po210-Probe gemessen, es ergeben sich 430 Impulse pro Minute. Dabei kann man davon ausgehen, dass die Hälfte der austretenden Strahlung das Zählrohr trifft und zur Messung beiträgt. Der Nulleffekt wird mit 35 Impulsen angenommen.

a) Wie viele Zerfälle pro Minute gibt es im Po210?

b) Welche Aktivität A(0 d) hat das Po210-Präparat zunächst?

c) Welche Aktivität A(138 d) hat die Probe nach 138 Tagen?

d) Wie viele (ganze) Halbwertszeiten dauert es, bis die Restaktivität A(t) nur noch weniger als 0,1 % der Ausgangsaktivität beträgt?

22. Der Alphastrahler Radon 220 (kurz $^{220}_{86}\text{Rn}$) ist mit einer Halbwertszeit von $T_H = 55$ s recht kurzlebig.

a) Nach welcher Zeit ist die Aktivität der Probe auf den 32-sten Teil abgeklungen?

b) Welches Element entsteht bei dem Zerfall (siehe PSE!)?

23. Die Halbwertszeit des Alphastrahlers Radium 226 (kurz $^{226}_{88}\text{Ra}$) beträgt 1 600 Jahre. Ergänze die folgende Wertetabelle, bestimme das Tochterelement mithilfe des PSE und trage den Graphen der Aktivität in Abhängigkeit von der verstrichenen Zeit in ein Koordinatensystem ein.

Zeit in a	0	1 600	3 200	4 800	6 400	8 000	9 600
A in Bq				140			

24. Das Diagramm zeigt die zeitliche Entwicklung der Aktivität von Radium 224 (Halbwertszeit 3,6 d) und Radon 222 (Halbwertszeit 3,8 d).

a) Ordne die Graphen den beiden Alphastrahlern richtig zu.

b) Bestimme anhand des PSE jeweils die entstehenden Tochterkerne.

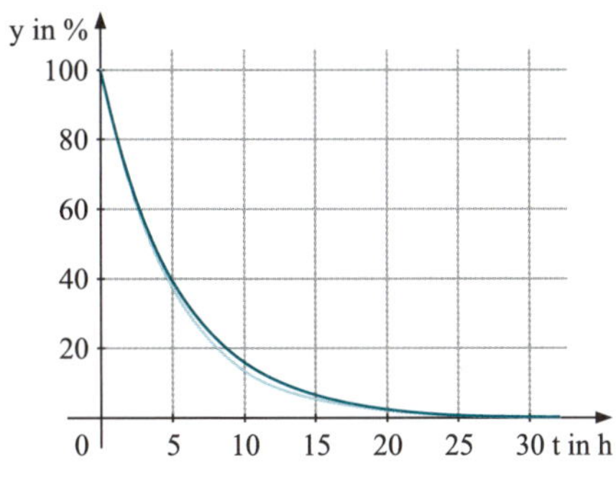

25. Im Diagramm rechts ist der zeitliche Verlauf der Aktivität einer radioaktiven Substanz dargestellt. Bestimme grafisch die Halbwertszeit der Substanz.

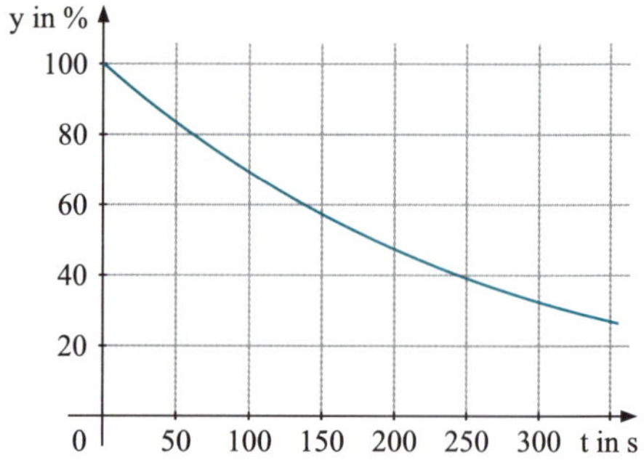

✱ **26.** Polonium 210 hat eine Halbwertszeit von 138 Tagen, Cobalt 60 eine Halbwertszeit von 5,3 Jahren. Eine Mischprobe enthält beide Substanzen, von denen das Po210 eine Aktivität von 1 000 Bq hat und das Co60 eine von 250 Bq. Wie lange dauert es, bis die Aktivitäten der beiden Substanzen den gleichen Wert erreicht haben?

✱ **27.** Unter welchen Voraussetzungen kann es sein, dass die Aktivität eines radioaktiven Präparates zunächst ansteigt?

✱ **28.** Unter welchen Umständen können 100 radioaktive Kerne eine Aktivität von 200 Bq erzeugen?

29. Der Kohlenstoffanteil einer alten Holzprobe zeigt eine Aktivität von 23 Bq.
a) Welche Aktivität hätte dieses Material vor 5 740 Jahren, welche vor 11 480 Jahren gehabt?
b) Wie lange dauert es bei einer solchen Probe, bis die Aktivität auf den sechzehnten Teil abgeklungen ist?

30. Entnimmt man einem gerade erst verstorbenen Organismus eine Kohlenstoffprobe von 1,00 g, dann hat sie eine C14-Aktivität von etwa 13 Bq. Bei einer Mumie stellt man bei einer entsprechenden Probe noch 8,4 Bq fest.
Wie alt ist sie?
Löse die Aufgabe grafisch mithilfe des abgebildeten t-A-Diagramms.

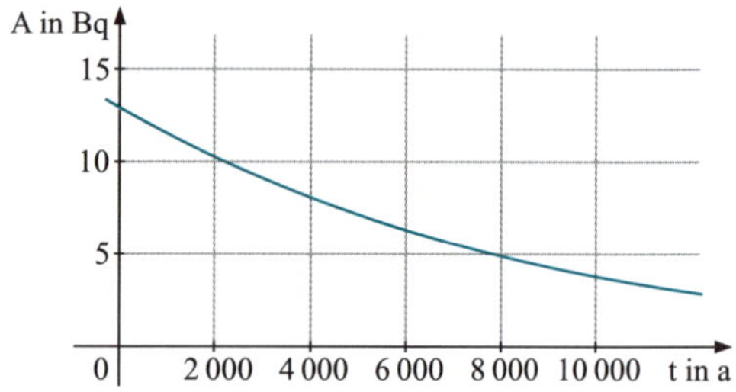

31. In der Graphik ist die Aktivität einer C14-Probe im zeitlichen Ablauf dargestellt. Welche Restaktivität stellt man nach 10 000 Jahren fest, welche nach 20 000 Jahren? (Grafische Lösung!)

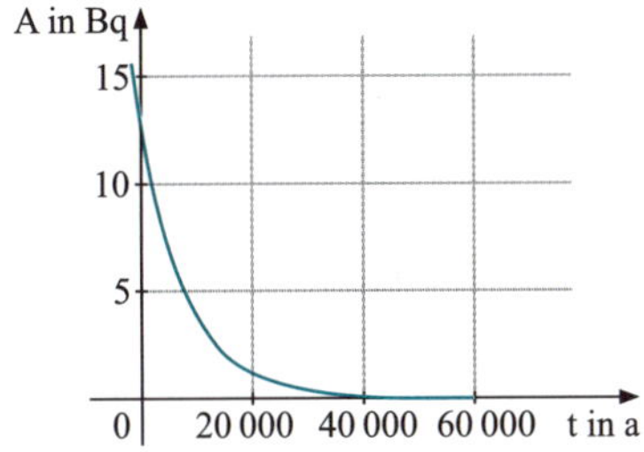

32. Simulation des radioaktiven Zerfalls mit dem Computer

Mit einem Tabellenkalkulationsprogramm wie Excel lässt sich der radioaktive Zerfall sehr leicht simulieren. Schreibt man dabei die Anzahl der Ausgangskerne und die Halbwertszeit in bestimmte Zellen, auf die dann in der Tabelle fest Bezug genommen wird, dann kann man mit einer Änderung (z. B. der Halbwertszeit) die ganze Tabelle in Windeseile neu berechnen lassen.

a) Lege eine Exceltabelle wie die folgende an:

Arial 10

A5 = =A4+$F$1

	A	B	C	D	E	F
1	N(0)=	1000000	T 1/2=	5740	Schrittweite t	100
2						
3	t	N(t)				
4	0	1000000				
5	100	987997				
6	200	976138				
7	300	964421				
8	400	952845				

Arial 10

B5 = =$B$1*(0,5)^(A5/$D$1)

	A	B	C	D	E	F
1	N(0)=	1000000	T 1/2=	5740	Schrittweite t	100
2						
3	t	N(t)				
4	0	1000000				
5	100	987997				
6	200	976138				
7	300	964421				

Schreibe in das Feld B1 die Ausgangszahl der radioaktiven Kerne, in das Feld D1 die Halbwertszeit (ohne Einheit) und in Zelle F1 die Schrittweite für die Zeit (in der gleichen fiktiven Einheit wie die Halbwertszeit). In der ersten Spalte folgt darunter die vergangene Zeit t in den vorgegebenen Schritten, in der zweiten Spalte die übrige Zahl radioaktiver Kerne (ganzzahlig gerundet).

Hinweise zu den Formeln:

- **Zelle A5:** = A4 + $F$1. Das Dollarzeichen „$" bedeutet, dass zu dem Zellenwert der Zeile darüber (hier A4) der feste Bezugswert aus F1 addiert wird. Das bleibt dann auch in den anderen Zeilen immer „F1" und ändert sich beim Kopieren nicht mit.
- **Zelle B5:** = $B$1*(0,5)^(A5/$D$1) in der Restkernspalte bezieht sich wiederum fest auf die Ausgangszahl im Feld B1, die dann multipliziert wird mit einer Potenz von 0,5.

Im Exponent steht dabei der aktuelle Bruchteil der Halbwertszeit (aktuelle Zeit, hier A5, geteilt durch Halbwertszeit, fest bezogen aus Zelle D1). Wenngleich dir Brüche als Hochzahlen noch nicht bekannt sind, ergeben sie sich in sinnvoller Weise aus den Rechenregeln für Potenzen. Sie dürfen hier also getrost verwendet werden.
Speichere diese Tabelle zunächst ab!

b) Kopiere in die in Teilaufgabe a vorbereitete Exceldatei die Formeln der beiden Spalten in etwa 400 Zeilen. Nach welcher Zeit hat sich die Anzahl der Kerne etwa halbiert?

c) Nach welcher Zeit ist etwa ein Zehntel der Kerne noch vorhanden, wann der hundertste Teil?

d) Verändere die Halbwertszeit auf den Wert von Tritium (12,3 Jahre), die Zeitintervalle auf 1 Jahr und lies ab, nach welcher Zeit die Tritiumaktivität auf 80 % bzw. 0,1 % abgesunken ist!

33. Radon ist ein unsichtbares und geruchloses Edelgas, das sich im Inneren von Häusern ansammelt und zur natürlichen Strahlenbelastung des Menschen beiträgt. Entscheidend ist dabei das Radonisotop $^{222}_{86}\text{Rn}$, das durch α- und β-Zerfall in das stabile Bleiisotop $^{206}_{82}\text{Pb}$ übergeht (Halbwertszeit für den α-Zerfall: $T = 3{,}8\ \text{d}$).

a) Bestimme, nach wie vielen α- und β-Zerfällen Rn222 in Pb206 übergegangen ist.

b) Rn222 geht selbst durch einen α-Zerfall aus einem Mutterkern hervor. Stelle die Zerfallsgleichung für die Entstehung von Rn222 auf.

c) Überlege, wie die erhöhte Radonkonzentration in Räumen, vor allem in Kellerräumen, zustande kommen könnte, und erläutere kurz, warum die Strahlenbelastung durch Radon für den Menschen besonders gefährlich ist. Gib eine einfache Maßnahme an, wie man diese Strahlenbelastung verringern kann.

2 Kinematik und Dynamik geradliniger Bewegungen

2.1 Bewegungsgesetze

Aus dem Physikunterricht der früheren Jahrgangstufen kennst du bereits die Begriffe **Kraft** und **Bewegung**. Wirkt auf einen Körper eine konstante Kraft, ändert sich seine Bewegungsrichtung, seine Geschwindigkeit oder beides; man sagt er wird **beschleunigt**. Wirkt auf ihn dagegen keine Kraft, bleibt er in Ruhe bzw. bewegt sich mit unveränderter Geschwindigkeit weiter.

Regel

Eine **Kraft F** lässt sich als Produkt aus der zu beschleunigenden Masse m und der wirkenden Beschleunigung a schreiben:

$F = m \cdot a$

Die Einheit der Kraft ist 1 Newton: $[F] = 1\,N$

Die Kraft kann ganz verschiedenen Ursprungs sein, es kann sich z. B. um eine elektrische, magnetische oder elastische Kraft (Federkraft) handeln. Durch jede dieser Kräfte erfährt ein Körper nach dem Kraftgesetz eine Beschleunigung, die umso kleiner ist, je größer seine Masse ist. Eine Kraft, die dir alltäglich begegnet, ist die **Gewichtskraft** (auch Schwerkraft oder Gravitationskraft genannt). Die Beschleunigung, die sie hervorruft, heißt **Erdbeschleunigung g** (auch als Ortsfaktor bezeichnet, weil sich die Größe von g an den verschiedenen Orten auf der Erdoberfläche geringfügig unterscheidet).

Beispiel

Auf der Erde wiegt ein Körper rund sechsmal so viel wie auf dem Mond. Die Erdbeschleunigung auf der Erde wird mit $9{,}8\,\frac{m}{s^2}$ angenommen.

a) Berechne die Gewichtskraft, die eine 100 g-Tafel Schokolade auf der Erde bzw. auf dem Mond besitzt.

Lösung:
Auf der Erde gilt $a = g$, sodass nach dem Kraftgesetz folgt:

$F_{G,\,Erde} = m \cdot g$

$F_{G,\,Erde} = 0{,}1\,kg \cdot 9{,}8\,\frac{m}{s^2} = 0{,}98\,N$

Auf dem Mond wirkt nur ein Sechstel der Kraft:

$F_{G,\,Mond} = \frac{1}{6} \cdot 0{,}98\,N \approx 0{,}16\,N$

b) Wird man von einer Tafel Schokolade schneller auf dem Mond oder auf der Erde satt? Begründe deine Antwort.

Lösung:
Man wird überall gleich satt. Auch wenn die Tafel auf dem Mond leichter ist als auf der Erde, besitzt sie unverändert die Masse 100 g, d. h. die Anzahl aller Atome und Moleküle, aus denen die Schokolade besteht, ist gleich groß und daher auch ihr Sättigungseffekt.

Wir betrachten nun die **geradlinige** Bewegung, der Körper (z. B. ein Auto oder eine rollende Kugel) bewegt sich also in Vorwärts- oder Rückwärtsrichtung. Beide Bewegungstypen (mit und ohne Krafteinwirkung) lassen sich dann durch einheitliche **Bewegungsgesetze** ausdrücken. Darunter versteht man formale Beziehungen zwischen den physikalischen Größen t: betrachtete Zeitspanne, s: zurückgelegter Weg, v: Geschwindigkeit und a: Beschleunigung.

Regel

Bei der **geradlinigen Bewegung eines Körpers mit konstanter Beschleunigung** gilt für
- die Geschwindigkeit:
  $v = v_0 + a \cdot t$
- den zurückgelegten Weg:
  $s = v_0 \cdot t + \frac{1}{2} a \cdot t^2$

v_0 bezeichnet die Anfangsgeschwindigkeit des Körpers.
Die Einheit der Geschwindigkeit ist $[v] = 1\frac{m}{s}$, die der Beschleunigung $[a] = 1\frac{m}{s^2}$.

Eine Beschleunigung von $a = 1\frac{m}{s^2}$ bedeutet, dass die Geschwindigkeit um jeweils $1\frac{m}{s}$ in jeder Sekunde zunimmt. Negative Beschleunigungen bedeuten Abbremsen (oder „Verzögerung"), negative Geschwindigkeiten eine Bewegung in entgegengesetzter Richtung. Häufig wird für die Geschwindigkeit die Einheit $[v] = 1\frac{km}{h}$ verwendet, es sei daher an die Umrechnung beider Einheiten erinnert:

$$1\frac{m}{s} = \frac{1\,000\text{ m}}{1\,000\text{ s}} = \frac{3{,}6}{3{,}6} \cdot \frac{1\,000\text{ m}}{1\,000\text{ s}} = 3{,}6 \cdot \frac{1\,000\text{ m}}{3\,600\text{ s}} = 3{,}6\frac{km}{h}$$

Wird der Körper aus der Ruhe heraus beschleunigt ($v_0 = 0$), vereinfacht sich die Formel für die Geschwindigkeit zu $v = a \cdot t$, die Formel für den Weg zu $s = \frac{1}{2} a \cdot t^2$.
Wirkt keine Kraft, so ist $a = 0$ und man erhält die Bewegungsgesetze für die **geradlinig gleichförmige Bewegung**: Die Geschwindigkeit ist konstant $v = v_0$ und für den zurückgelegten Weg folgt $s = v_0 \cdot t$ bzw. $s = v \cdot t$.

Beispiel

Ein Auto legt insgesamt 240 km zurück. Auf den ersten 180 km fährt es mit 80 km/h, auf der restlichen Strecke mit 120 km/h.
Wie lange dauert die Fahrt einschließlich 10 Minuten Pause?

Lösung:
Es gilt $s = v \cdot t \Rightarrow t = \frac{s}{v}$. Der erste Streckenteil dauert daher

$$t_1 = \frac{s_1}{v_1} = \frac{180\,\text{km}}{80\,\frac{\text{km}}{\text{h}}} = 2{,}25\,\text{h},$$

der zweite

$$t_2 = \frac{s_2}{v_2} = \frac{240\,\text{km} - 180\,\text{km}}{120\,\frac{\text{km}}{\text{h}}} = \frac{60\,\text{km}}{120\,\frac{\text{km}}{\text{h}}} = 0{,}5\,\text{h}.$$

Die gesamte Fahrzeit beträgt mit 10 Minuten Pause 2 h 55 min.

Aus den beiden allgemeinen Bewegungsgesetzen kann eine dritte Formel hergeleitet werden, in der die Zeitspanne t gar nicht mehr auftaucht:

$$v^2 = v_0^2 + 2a \cdot s$$

Diese Beziehung ist dann wichtig, wenn man die Zeitspanne t nichts weiß, dafür aber zwei der drei Größen a, v, und s kennt.

Beispiel

Leite aus den beiden Bewegungsgesetzen der geradlinig, konstant beschleunigten Bewegung die Formel $v^2 = v_0^2 + 2a \cdot s$ her, indem du die Zeit t aus beiden Gleichungen eliminierst.

Lösung:
Löst man die erste der beiden Gleichungen $v = v_0 + a \cdot t$ nach t auf, ergibt sich

$$t = \frac{v - v_0}{a}.$$

Setzt man diesen Ausdruck für t in die zweite Gleichung $s = v_0 \cdot t + \frac{1}{2} a \cdot t^2$ ein, erhält man:

$$s = v_0 \cdot \frac{v - v_0}{a} + \frac{1}{2} a \cdot \frac{(v - v_0)^2}{a^2}$$

Diese Gleichung formen wir um, indem wir mit 2a multiplizieren, den Klammerterm $(v - v_0)$ ausklammern, zusammenfassen, die 3. binomische Formel anwenden und nach v^2 auflösen:

$$2a \cdot s = 2v_0 \cdot (v - v_0) + (v - v_0)^2$$

$$2a \cdot s = (v - v_0) \cdot (2v_0 + (v - v_0))$$

$$2a \cdot s = (v - v_0) \cdot (v + v_0)$$

$$2a \cdot s = v^2 - v_0^2$$

$$v^2 = v_0^2 + 2a \cdot s$$

Unterliegt ein Körper ausschließlich der Gewichtskraft und wird er durch keine Vorrichtung zurückgehalten (z. B. Abstützung durch eine Tischplatte, Lager usw.), dann bezeichnet man seine geradlinige, beschleunigte Bewegung als **freien Fall**. Die wirkende Beschleunigung ist die Erdbeschleunigung, $a = g$.

Aufgaben

34. Ein Auto ($m = 1\,800$ kg) beschleunigt mit $a = 2{,}4\,\frac{m}{s^2}$. Berechne seine Zugkraft.

35. Ein Auto mit $m = 1\,800$ kg soll von der Geschwindigkeit $v = 90\,\frac{km}{h}$ zum Stillstand gebracht werden. Welche Bremskraft muss es besitzen, wenn

a) 50 s Bremszeit zur Verfügung stehen bzw.

b) 50 m Bremsweg zur Verfügung stehen?

36. Eine Luftgewehrkugel mit $m = 5{,}0$ g wird durch die komprimierte Luft mit konstant 200 N beschleunigt. Wie schnell fliegt sie beim Verlassen des Laufes von 50 cm Länge?

37. Hier siehst du einen DB-Fahrplanauszug für die Bahnstrecke von Wertheim nach Tauberbischofsheim (bei einer Aufenthaltsdauer von weniger als einer Minute im Bahnhof wird nicht zwischen Ankunft- und Abfahrtszeit unterschieden; natürlich bleibt der Zug dennoch kurz stehen – für uns gilt hier: alle Zeitangaben beziehen sich auf die Abfahrt!):

Von Schrozberg bis Crailsheim gilt neben dem DB-Tarif auch der RegioTarif Schwäbisch Hall
Kostenlose Fahrradmitnahme zwischen Schrozberg und Crailsheim. Dies ermöglicht Ihnen der Landkreis

km			Zug	RB 19531 Mo-Fr 1	7845 78805 2	RB 19533 Mo-Fr 1	Sa RB 19535	So
			von					
0	**Wertheim**	802	3			5 29	6 07	
5	Reicholzheim					5 34	6 12	
8	Bronnbach (Tauber)					5 37	6 15	
12	Gamburg (Tauber)					5 47	6 20	
14	Niklashausen					5 49	6 23	
19	Hochhausen (Tauber)					5 54	6 28	
24	**Tauberbischofsheim**		○			6 00	6 33	
	Tauberbischofsheim					6 00	6 33	
26	Dittigheim					6 03	6 36	
27	Distelhausen					6 05	6 38	
31	**Lauda**	780	3 ○			6 10	6 42	

Berechne für den Zug RB 19535 um 6.07 Uhr ab Wertheim

a) die einzelnen Durchschnittsgeschwindigkeiten in km/h zwischen den Haltestellen bis nach Tauberbischofsheim;

b) die Durchschnittsgeschwindigkeit für die ganze Strecke bis nach Tauberbischofsheim.

✱ **38.** Eine eingleisige Eisenbahnstrecke soll um ein Ausweichgleis minimaler Länge L ergänzt werden. Die Züge fahren in diesem Bereich in der einen Richtung stets mit 60 km/h, in der anderen Richtung mit 45 km/h; es gibt Züge mit 300 m oder 240 m Länge.
Berechne die notwendige Mindestlänge L des Ausweichgleises für den Fall,
a) dass sich gleich lange Züge begegnen können;
b) dass sich grundsätzlich nur verschieden lange Züge begegnen.

39. Ein Autofahrer fährt mit 90 km/h auf der Landstraße, als ihm ein Lkw mit 30 m Länge und 70 km/h begegnet. Wie lange kann seine Tochter auf der Rückbank mit starrem Blick nach links durch das Fenster den Lkw sehen?

40. Ein Fußgänger läuft mit $v_F = 5\,\frac{km}{h}$ an den Gleisen der S-Bahn entlang; dabei begegnet ihm alle 18 Minuten eine S-Bahn, alle 21 Minuten überholt ihn eine. Berechne die Geschwindigkeit des S-Bahn-Zuges und den S-Bahn-Takt.

Hinweis: Überlege zunächst, mit welcher Geschwindigkeit der Fußgänger die Gegenzüge und die Züge in gleicher Richtung wahrnimmt. Du erhältst zwei Gleichungen für zwei Unbekannte (Abstand der Züge, Zuggeschwindigkeit), das du lösen musst.

41. Während einer monotonen Autobahnfahrt bei konstanter Geschwindigkeit von 120 km/h begegnen einem Pkw-Fahrer stündlich 580 Lkw, während er 100 Lkw in der gleichen Zeit überholt. Alle Lkw sind gleich lang und fahren im gleichen Abstand mit gleicher Geschwindigkeit hintereinander her. Berechne die Lkw-Geschwindigkeit und ihren Abstand.

42. Der Moderator im „Aktuellen Sportstudio" interviewt „live" einen Fußballtrainer in Brasilien, der scheinbar eine „lange Leitung" hat und erst auffallend spät auf die Fragen zu antworten beginnt. Die Liveschaltung erfolgt dabei über einen Satelliten, der von Studio und Trainer jeweils ca. 40 000 km entfernt ist; die Übertragung der Funksignale geschieht mit Lichtgeschwindigkeit (300 000 km/s). Schätze die übertragungsbedingte Verzögerung ab.

✱ **43.** Ein Bergwanderer und sein Hund brechen um 9.45 Uhr zum 10,8 km entfernten Gipfelkreuz auf. Die Geschwindigkeit des Mannes beträgt $v_{Wanderer} = 1\,\frac{m}{s}$, der Hund läuft mit $v_{Hund} = 3\,\frac{m}{s}$ wesentlich schneller und rennt immer bis zum Gipfel, von dort wieder zurück zum Herrchen, dann wieder zum Gipfel und so weiter, bis beide oben ankommen.
a) Wann kommen beide oben an?
b) Wie weit ist der Hund gelaufen?
c) Wie lang war die vierte Etappe des Hundes vom Wanderer zum Gipfel und zum Herrchen zurück?

* **44.** Dackel Waldi startet zusammen mit seinem Herrchen und läuft dem in 11 km Entfernung gleichzeitig in Gegenrichtung startenden Frauchen entgegen ($v_{Waldi} = 4\,\frac{m}{s}$, $v_{Herrchen} = 1\,\frac{m}{s}$, $v_{Frauchen} = 1{,}2\,\frac{m}{s}$). Dort angekommen, wendet er unverzüglich und läuft wieder zum Herrchen, dann wieder zum Frauchen und so weiter, bis sich alle drei treffen.

a) Wie weit ist das Herrchen bis zum Treffpunkt unterwegs?

b) Wie weit ist der Hund bis dahin gelaufen?

45. Ein Radrennfahrer fährt eine Rennetappe von insgesamt 178 km. Den ersten Abschnitt von 2 h bewältigt er mit durchschnittlich $v_1 = 8\,\frac{m}{s}$; dann kommen 32,5 km Bergstrecke, für die im Mittel nur $v_2 = 6{,}5\,\frac{m}{s}$ zu erwarten sind.
Mit welcher Durchschnittsgeschwindigkeit muss er den letzten Abschnitt fahren, um den Streckenrekord von 7,5 Stunden brechen zu können?

46. Wie lange braucht ein Funksignal (Lichtgeschwindigkeit 300 000 km/s) bis zum Mars und zurück (Abstand 100 000 000 km)?

47. Mit Lasern lassen sich sehr kurze Lichtblitze von manchmal nur etwa $\frac{1}{10^{12}}$ s erzeugen, die Lichtgeschwindigkeit ist $3{,}0 \cdot 10^8\,\frac{m}{s}$.
Wie lang ist das „Lichtpaket“ eines solchen Laserimpulses?

48. Ein Auto benötigt für 240 km, die er zum Teil mit 80 km/h und zum Teil mit 120 km/h durchfährt, genau 2 h 25 min.
Wie groß ist die Teilstrecke mit 80 km/h?

49. Ein Auto fährt mit 80 km/h und wird von einem anderen Auto mit 90 km/h überholt. Beide Fahrzeuge sind 4 m lang, zur Sicherheit wird zum Aus- und Einscheren jeweils ein Abstand von 25 m eingehalten.
Wie lange dauert der Überholvorgang und welche Strecke legt der schnellere Wagen dabei zurück?

50. Grüne Welle
An Hauptverkehrsstraßen in Städten werden die Ampeln oft so geschaltet, dass ein Fahrzeug mit angemessener Geschwindigkeit im Idealfall ohne Anhalten durch die Stadt fahren kann. Zwei aufeinander folgende Ampeln haben einen Abstand von 750 m, die erste schaltet 55 Sekunden früher als die zweite, die Grünphasen dauern jeweils 20 Sekunden.
In welchem Geschwindigkeitsbereich „schwimmt man auf der grünen Welle“, wenn durch lang dauernde Rotphasen ausgeschlossen ist, dass ein Raser an der nächsten Ampel die vorherige Grünphase erwischt?

✱ 51. Ein Eilzug nähert sich von Z (Zugspitze) aus mit $v_Z = 180\,\frac{km}{h}$ der Einfahrt E eines Tunnels in 980 m Entfernung; dessen Länge beträgt bis zur Tunnelausfahrt A genau $\overline{EA} = 40$ m. An einer Stelle M im Tunnel (Abstand $\overline{MA} = x$ vom Ausgang A) befindet sich ein flüchtiger Bankräuber, der nun kurzerhand entscheiden muss, ob er bei seiner Eigengeschwindigkeit $v_M = 3{,}6\,\frac{km}{h}$ noch rechtzeitig vor Eintreffen des Zuges den Tunneleingang E bzw. den Tunnelausgang A erreichen kann. Wegen der Enge des Tunnels ist es für den Täter verhängnisvoll, wenn er den Tunnel vor dem Eintreffen des Zuges an seinem Aufenthaltsort nicht verlassen könnte.

a) Zu welcher Entscheidung rätst du (als ihm wohl gesonnener Komplize), wenn $x = 2{,}0$ m beträgt?
b) Würde er es auch in der Gegenrichtung bis nach draußen schaffen?
c) Wie lautet dein Rat, wenn M so liegt, dass $x = 38{,}0$ m beträgt?
d) Würde er es diesmal in der Gegenrichtung bis nach draußen schaffen?
e) Gibt es Werte für x, so dass er es in beide Richtungen schaffen könnte?
f) Löse die Aufgaben a bis e für einen sportlicheren Täter mit $v_M = 7{,}2\,\frac{km}{h}$.
g) Wie beurteilst du die Lage des langsameren Ganoven ($v_M = 3{,}6\,\frac{km}{h}$) für die Fälle a bis e, wenn ein ICE mit $v_Z = 288\,\frac{km}{h}$ herannaht?

52. Ein Wagen durchfährt eine Strecke von 250 m und steigert dabei seine Geschwindigkeit von anfangs $30\,\frac{m}{s}$ auf schließlich $45\,\frac{m}{s}$. Wie groß ist die Beschleunigung? Wie lange dauert die Fahrt durch diesen Streckenabschnitt?

53. Ein Auto beschleunigt von zunächst $6\,\frac{m}{s}$ innerhalb 5 s auf einer Strecke von 40 m. Wie groß ist die Beschleunigung?

54. Beim Bremsmanöver eines Güterzuges auf einer Strecke von 800 m wird dessen Geschwindigkeit von 60 km/h auf 40 km/h verringert. Wie lange dauert dieser Vorgang?

55. Ein Güterzug beschleunigt in 40 s von 50 km/h auf 60 km/h. Wie groß ist seine Beschleunigung und wie lang ist die Beschleunigungsstrecke?

56. Ein Personenzug beschleunigt aus dem Stand 150 s lang mit $a = 0{,}2\,\frac{m}{s^2}$. Berechne die Geschwindigkeit des Zuges in km/h.

57. Eine Lokomotive beschleunigt aus dem Stand heraus mit $a = 0{,}65\,\frac{m}{s^2}$. Wie lange dauert es, bis sie die Geschwindigkeit $v = 72\,\frac{km}{h}$ erreicht hat?

58. Ein Wagen wird bei gleichmäßiger Bremswirkung auf einer Strecke von 500 m während einer Dauer von 25 s auf die Geschwindigkeit $12\,\frac{m}{s}$ gebracht.
a) Welche Beschleunigung wirkt?
b) Wie groß ist die Ausgangsgeschwindigkeit?

59. Bremsweg und Anhalteweg
Ein Autofahrer fährt mit 50 km/h Geschwindigkeit durch eine Ortschaft. 30 m vor seinem Fahrzeug läuft plötzlich eine Katze auf die Straße, die er als aufmerksamer Fahrer sofort bemerkt. Dennoch benötigt er etwa 1,0 Sekunden als Reaktionszeit („Schrecksekunde"), um die Bremse zu betätigen. Diese wirkt auf trockener Straße mit der (idealen) Verzögerung $a = -7{,}5\,\frac{m}{s^2}$.
a) Wird das Auto noch vor der Katze zum Stillstand kommen?
b) Wie wäre die Lage bei regennasser Fahrbahn, wenn dadurch die Bremswirkung auf $a = -4{,}5\,\frac{m}{s^2}$ verringert wäre?
c) Welches Schicksal würde der Katze blühen, wenn der Pkw mit leicht überhöhten 60 km/h auf trockener Straße unterwegs wäre?

60. Ein Auto bremst mit einer Verzögerung von $a = 6{,}5\,\frac{m}{s^2}$ und rollt noch 45 m weit. Wie groß ist die Ausgangsgeschwindigkeit und wie lange dauert das Bremsmanöver?

61. Eine Verkehrsampel schaltet nach der Grünphase zunächst für 3 Sekunden auf Gelb und anschließend auf Rot.
a) Wie weit fährt ein Auto mit innerorts zulässigen Geschwindigkeit von 50 km/h während 1,0 Sekunden Reaktionszeit, bis der Fahrer auf das veränderte Ampellicht reagieren kann?
b) Wie weit fährt der Wagen anschließend noch, wenn mit einer Verzögerung von $a = -5{,}0\,\frac{m}{s^2}$ gebremst wird?
c) Wie lang ist der gesamte Anhalteweg des Autos?
d) Das Auto befinde sich jetzt beim Umschalten der Ampel auf Gelb gerade um den Anhalteweg von der Haltelinie an der Kreuzung entfernt. Könnte der Fahrer bei gleichbleibender Geschwindigkeit noch rechtzeitig die Haltelinie passieren?
e) Welche Entscheidung (Bremsen oder Weiterfahren) ist dem Fahrer 50 m bzw. 20 m vor der Haltelinie zu empfehlen, wenn die Ampel gerade auf Gelb umschaltet?

62. Zwei Autos starten gleichzeitig aus dem Stand, der langsamere Wagen mit $a_{langsam} = 1{,}0\,\frac{m}{s^2}$ hat dabei 10 m Vorsprung vor dem schnelleren Fahrzeug mit $a_{schnell} = 1{,}2\,\frac{m}{s^2}$.
Nach welcher Strecke holt der schnelle Wagen den anderen ein?

63. Ein Achterbahnwagen fährt (ohne Bremse, Reibung und eigenen Antrieb) ein Gefälle hinunter, das sehr steil beginnt und nach unten hin immer flacher wird.
a) Wie verändert sich die Geschwindigkeit im Laufe der Fahrt?
b) Wie verändert sich die Beschleunigung im Laufe der Fahrt?

64. Wie weit fliegt ein frei fallender Körper in der sechsten Sekunde?

65. Ein Körper fällt frei und passiert zwei senkrecht übereinander liegende Punkte von 16 m Abstand in einem zeitlichen Abstand von 1 s.
a) Aus welcher Höhe wurde der Körper fallengelassen?
b) Welche Geschwindigkeit hat der Körper am oberen Punkt?
c) Welche Geschwindigkeit hat er am unteren Punkt?

Hinweis: Rechne mit $g = 10\frac{m}{s^2}$.

66. Ein Ball wird aus 1,8 m Höhe senkrecht auf den Boden geschleudert und springt anschließend 5 m hoch. Berechne seine Ausgangsgeschwindigkeit, mit der er geworfen worden ist (Energieverluste werden nicht berücksichtigt; $g = 10\frac{m}{s^2}$).

67. Ein Ball wird senkrecht hochgeworfen und hat in 24 m Höhe noch eine Restgeschwindigkeit von $2\frac{m}{s}$.
a) Welche Startgeschwindigkeit hatte er?
b) Wie hoch wird er insgesamt steigen?
c) Wie lange dauert es bis zur Rückkehr auf dem Boden?

68. Ein Körper fällt aus einer Höhe von 1 000 m frei nach unten; zur gleichen Zeit wird ihm ein anderer Gegenstand von unten aus mit $v_0 = 200\frac{m}{s}$ entgegen geschossen. Nach welcher Zeit und in welcher Höhe treffen sie sich?

2.2 Darstellung von Bewegungsabläufen

Bewegungen, deren Verlauf durch die Bewegungsgesetze beschrieben wird, kann man veranschaulichen, indem man sie grafisch in einem Koordinatensystem darstellt. Darin ist auf der waagerechten Achse die Zeit t aufgetragen, auf der senkrechten Achse der zurückgelegte Weg s bzw. die Geschwindigkeit v. Zu jedem Zeitpunkt t zeichnet man dann den zugehörigen s- oder v-Wert ein und erhält so ein **Zeit-Weg-Diagramm** bzw. ein **Zeit-Geschwindigkeit-Diagramm**.

Beispiel

Ein Körper bewegt sich geradlinig mit der konstanten Geschwindigkeit $v = 4\,\frac{m}{s}$. Zeichne das Zeit-Geschwindigkeit-Diagramm und das Zeit-Weg-Diagramm für eine Zeitspanne von 0 bis 8 s.

Lösung:

Die Geschwindigkeit ist konstant, zu jedem Zeitpunkt muss man also den gleichen v-Wert in das t-v-Diagramm einzeichnen. Verbindet man die Punkte, ergibt sich eine Gerade parallel zur t-Achse:

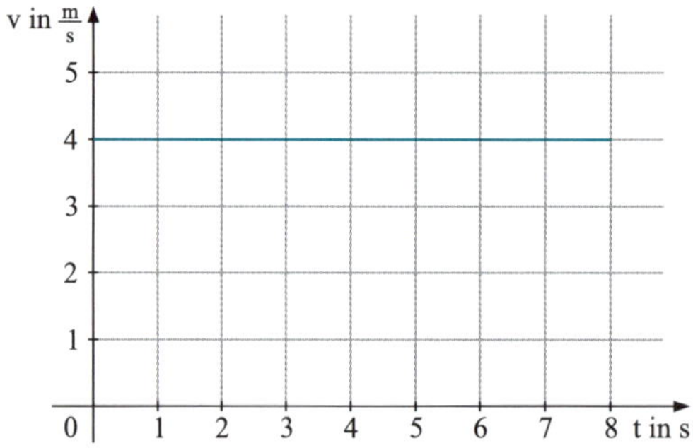

Das Bewegungsgesetz für den zurückgelegten Weg lautet hier $s = 4\,\frac{m}{s} \cdot t$. Um das Zeichnen des t-s-Diagramms zu vereinfachen, legt man zunächst eine Wertetabelle an:

t in s	0	1	2	3	4	5	6	7	8
s in m	0	4	8	12	16	20	24	28	32

Der Weg in Metern hat also immer den vierfachen Betrag wie die Zeit in Sekunden. Der zugehörige Graph ist eine Gerade durch den Koordinatenursprung:

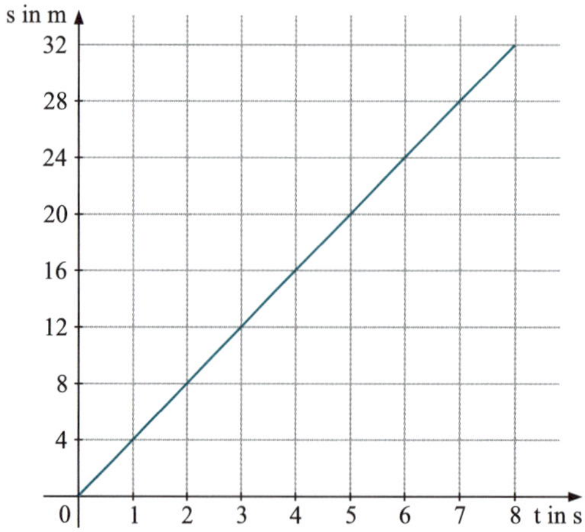

Die im Beispiel gefundene Form der Bewegungskurven gilt ganz allgemein:

Regel

> Die **geradlinige Bewegung mit konstanter Geschwindigkeit** besitzt typische Bewegungsdiagramme:
> - Die **t-v-Kurve ist eine Parallele zur t-Achse**, deren Abstand durch den Betrag der Geschwindigkeit bestimmt ist.
> - Die **t-s-Kurve ist immer eine Gerade**, die umso steiler verläuft, je größer die Geschwindigkeit ist.

Beträgt etwa im Beispiel die Geschwindigkeit nur $2\frac{m}{s}$, besitzen im Zeit-Weg-Diagramm die s-Werte nur noch den doppelten Betrag (in m) der t-Werte (in s), die gerade verläuft flacher.
Was ist aber, wenn der sich bewegende Körper, z. B. ein Auto, plötzlich anhält und in entgegengesetzte Richtung weiterfährt? Auch dieser Bewegungsverlauf lässt sich eindeutig im Bewegungsdiagramm ablesen: Die Umkehrung der Bewegungsrichtung bedeutet, dass die Geschwindigkeit jetzt negativ gezählt wird. Daraus folgt, dass im t-v-Diagramm die Parallele unterhalb der Zeitachse verläuft und im t-s-Diagramm die Gerade nicht mehr in Richtung zunehmender Zeit ansteigt, sondern fällt.

Beispiel

Ergänze die Bewegungsdiagramme aus dem vorigen Beispiel für den Fall, dass der Körper nach 8 s seine Bewegungsrichtung umkehrt und mit gleich großer Geschwindigkeit sich für 4 s Richtung Ausgangspunkt zurückbewegt. Beschreibe den gesamten Bewegungsablauf in eigenen Worten.

Lösung:
Die Geschwindigkeit im Zeitintervall [8 s; 12 s] beträgt nun $v = -4\frac{m}{s}$.

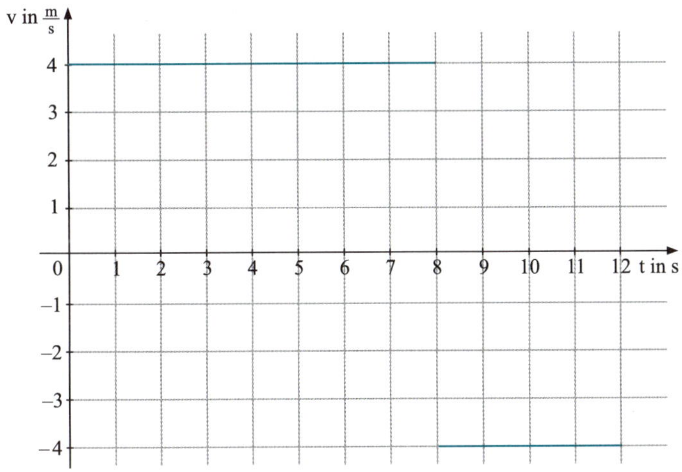

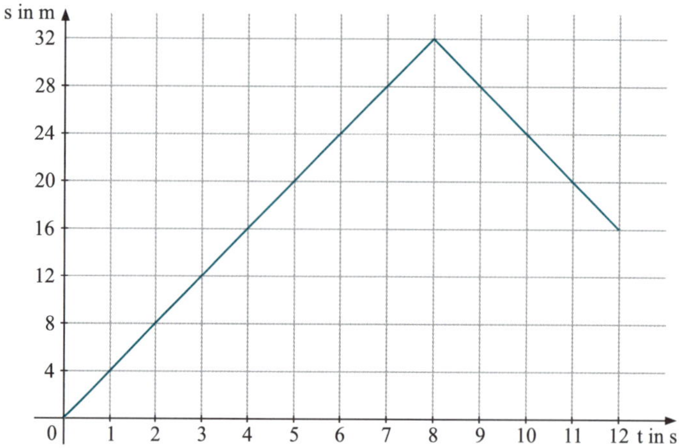

Das Zeit-Weg-Diagramm verdeutlicht, dass man zwischen dem Ort, an dem sich der Körper befindet, und den Weg, den er zurückgelegt hat, unterscheiden muss: Zum Zeitpunkt der Umkehr ist der Körper am Ort s = 32 m, nach 12 s am Ort s = 16 m. Der seit der Umkehr zurückgelegte Weg ist die Differenz der beiden Ortswerte, beträgt also 32 m – 16 m = 16 m.
Die gesamte Bewegung lässt sich somit in folgender Weise zusammenfassen: Der Körper setzt sich zum Zeitpunkt t = 0 s mit der Geschwindigkeit $v = 4\,\frac{m}{s}$ vom Startort s = 0 m in Bewegung, kehrt zum Zeitpunkt t = 8 s die Bewegungsrichtung unter Beibehaltung des Geschwindigkeitsbetrags um und erreicht zum Zeitpunkt t = 12 s den Ort s = 16 m. Vom Start bis zum Ziel hat der Körper den Weg 32 m + 16 m = 48 m zurückgelegt.

Mithilfe eines Bewegungsdiagramms lassen sich wichtige Kennzeichen eines Bewegungsablaufs auch ohne Rechnung schnell und unkompliziert beschreiben: Handelt es sich um eine Vorwärts- oder Rückwärtsbewegung? Wie unterscheiden sich einzelne Bewegungsabschnitte in der Geschwindigkeit? Welche Wegdifferenzen werden zurückgelegt? Bewegungsdiagramme eignen sich auch sehr gut, um sich einen ersten Überblick über eine Problemstellung zu verschaffen. Die anschließende Berechnung exakter Werte fällt mithilfe einer entsprechenden Skizze leichter.

Beispiele

1. Ein Lkw startet um 8.00 Uhr in München und fährt mit gleichbleibender Geschwindigkeit von 70 km/h in Richtung des 150 km entfernten Salzburg. Um 8.20 Uhr startet in Salzburg ein Pkw und fährt dem Lkw mit 120 km/h entgegen.
   Wann und wo treffen sich die Fahrzeuge? Löse das Problem grafisch und rechnerisch!

Lösung:

Zeichnerische Lösung:

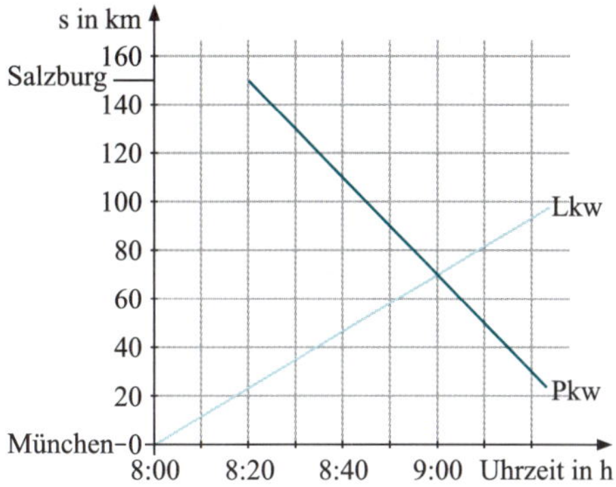

Wir stellen beide Bewegungen in einem t-s-Diagramm dar. Die Startpunkte für beide Kurven sind bekannt. Da die Geschwindigkeiten konstant sind, sind die Kurven Geraden. Wir benötigen daher noch jeweils einen weiteren Kurvenpunkt, dann sind die Kurven eindeutig bestimmt: Nach einer Stunde hat der Lkw 70 km zurückgelegt, die Kurve durchläuft also den Punkt (9:00 Uhr; 70 km). Der Pkw fährt in einer Stunde 120 km weit, er ist also um 9:20 Uhr am Ort $s = 30$ km angekommen. Der Schnittpunkt beider Kurven gibt Treffpunkt und -zeit der beiden Fahrzeuge an: Sie begegnen sich um 9:00 Uhr 70 km von München entfernt.

Rechnerische Lösung:

Die Fahrzeiten von Lkw und Pkw bis zum Aufeinandertreffen zum Zeitpunkt T betragen:

$$t_{Lkw} = T - T_{Start,Lkw} = T - 8\text{ h}$$

$$t_{Pkw} = T - T_{Start,Pkw} = T - 8\text{ h }20\text{ min} = T - 8\tfrac{1}{3}\text{ h}$$

Sie legen dabei nach dem Bewegungsgesetz für die geradlinig gleichförmige Bewegungen folgende Strecken zurück:

$$s = v \cdot t \quad \Rightarrow \quad \begin{cases} s_{Lkw} = v_{Lkw} \cdot t_{Lkw} = 70\,\frac{\text{km}}{\text{h}} \cdot (T - 8\text{ h}) & (*) \\ s_{Pkw} = v_{Pkw} \cdot t_{Pkw} = 120\,\frac{\text{km}}{\text{h}} \cdot \left(T - 8\tfrac{1}{3}\text{ h}\right) \end{cases}$$

Beide Strecken zusammen ergeben gerade die Entfernung beider Städte, sodass gilt:

$$s_{Lkw} + s_{Pkw} = 150\text{ km}$$

$$\Rightarrow \quad (T - 8\text{ h}) \cdot 70\,\frac{\text{km}}{\text{h}} + \left(T - 8\tfrac{1}{3}\text{ h}\right) \cdot 120\,\frac{\text{km}}{\text{h}} = 150\text{ km}$$

$$T \cdot 70\,\frac{\text{km}}{\text{h}} - 560\text{ km} + T \cdot 120\,\frac{\text{km}}{\text{h}} - 1\,000\text{ km} = 150\text{ km}$$

$$T \cdot 190\,\frac{\text{km}}{\text{h}} = 1\,710\text{ km}$$

$$T = 9\text{ h}$$

T eingesetzt in (*) ergibt $(9\text{ h} - 8\text{ h}) \cdot 70\,\frac{\text{km}}{\text{h}} = 70\text{ km}$, d. h. um 9 Uhr treffen sich die beiden Fahrzeuge 70 km von München entfernt.

2. Beantworte zu den im Bild gezeigten Diagrammen die Fragen: Welches der Fahrzeuge 1 und 2 ist schneller? Welches der beiden Fahrzeuge ist bis zum Treffpunkt weiter gefahren? Welches der beiden Fahrzeuge ist bis zum Treffpunkt länger unterwegs?

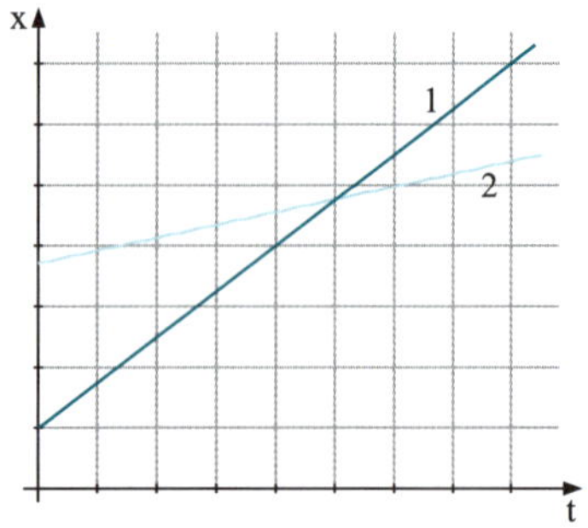

Lösung:
Fahrzeug 1 ist schneller, weil die Gerade steiler ist. Bis zum Treffpunkt ist Fahrzeug 1 auch weiter gefahren ($\Delta x_1 > \Delta x_2$), aber beide waren gleich lang unterwegs ($t_1 = t_2$).

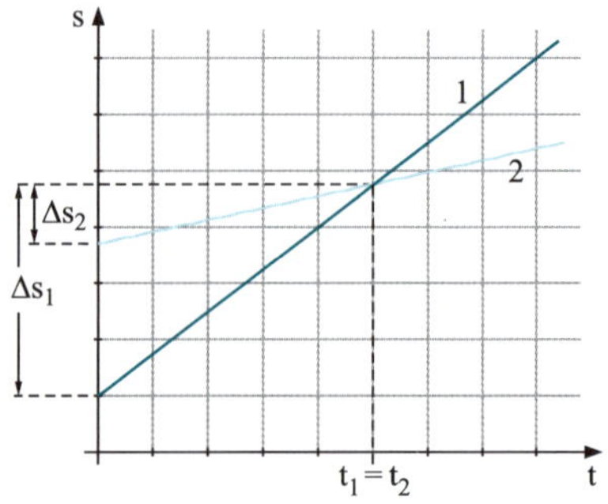

3. Ergänze das zweite Diagramm:

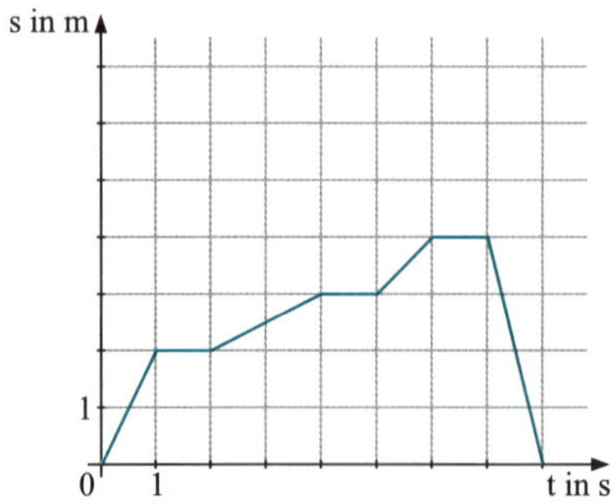

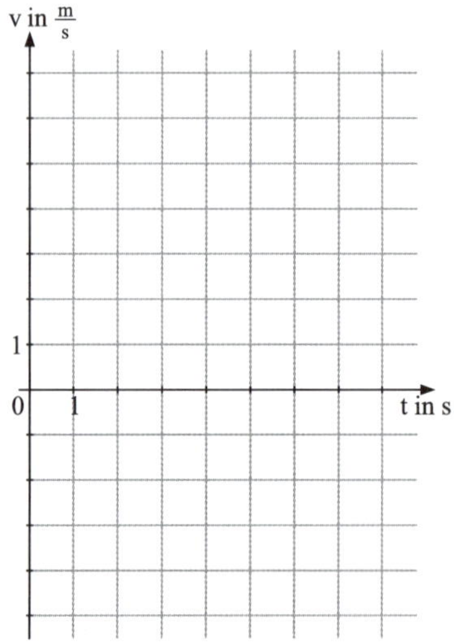

Lösung:

Die Kurve im t-s-Diagramm besteht aus lauter Geradenabschnitten. In den Zeitintervallen, in denen diese parallel zur t-Achse verlaufen, ruht der Körper, $v = 0\frac{m}{s}$.

Die anderen Geschwindigkeiten erhält man, indem man für jeden Geradenabschnitt das Zeit-Weg-Gesetz für die geradlinig gleichförmige Bewegung anwendet und dabei die Bewegungsrichtung beachtet:

$s = v \cdot t \Rightarrow v = \frac{s}{t}$

Für den 1. bzw. 7.Abschnitt folgt z. B.

$v_1 = \frac{2\,m}{1\,s} = 2\frac{m}{s}$ bzw.

$v_7 = \frac{-4\,m}{1\,s} = -4\frac{m}{s}$.

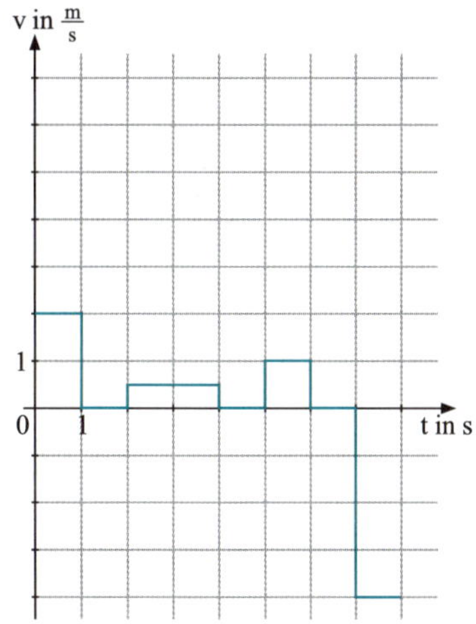

Bisher haben wir die Diagramme betrachtet, bei denen sich ein Körper mit konstanter Geschwindigkeit bewegt. Auch die beschleunigte Bewegung lässt sich grafisch veranschaulichen, wobei wiederum zwei charakteristische Kurvenformen auftreten:

Regel

Die **geradlinige Bewegung mit konstanter Beschleunigung** besitzt typische Bewegungsdiagramme:

- Die **t-a-Kurve ist eine Parallele zur t-Achse**, deren Abstand durch den Betrag der Beschleunigung bestimmt ist.
- Die **t-v-Kurve ist immer eine Gerade**, die umso steiler verläuft, je größer die Beschleunigung ist.

Zu dem Zeit-Weg- und dem Zeit-Geschwindigkeit-Diagramm kommt nun also das **Zeit-Beschleunigung-Diagramm** hinzu.

Das t-s-Diagramm ist für $a \neq 0\frac{m}{s^2}$ keine Gerade mehr, sondern eine Parabel. Das Bewegungsgesetz $s = \frac{1}{2}a \cdot t^2$ kann man sich aber anhand des t-v-Diagramms noch einmal verständlich machen, wenn man die mittlere Geschwindigkeit der Bewegung zu Hilfe nimmt:

Beschleunigt der Körper aus dem Ruhezustand, dann ändert sich die Geschwindigkeit gemäß $v = a \cdot t$. Nach einer Zeit t_0 hat der beschleunigte Körper folglich die Geschwindigkeit $v_0 = a \cdot t_0$, nach der halben Zeit $t = \frac{1}{2} t_0$ wegen der konstanten Beschleunigung auch die halbe Geschwindigkeit, also $v = \frac{1}{2} v_0$. Im Bild ist das t-v-Diagramm dargestellt.

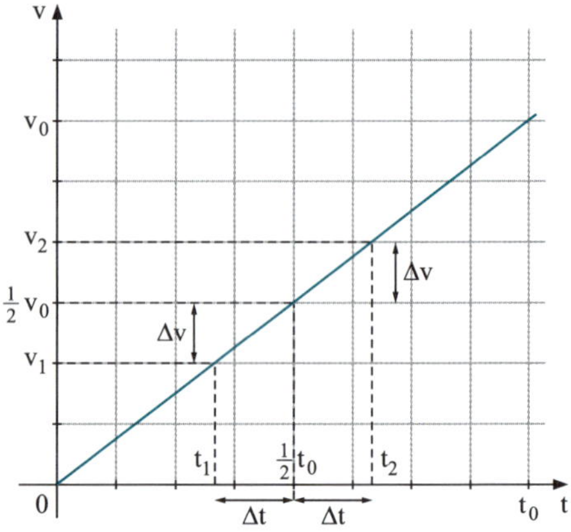

Betrachten wir nun je einen Zeitpunkt gleich weit vor bzw. nach diesem Augenblick $t = \frac{1}{2} t_0$; die feste, aber beliebig große Zeitdifferenz nennen wir Δt:

$$t_1 = t - \Delta t$$

$$t_2 = t + \Delta t$$

Da die Beschleunigung konstant ist, gilt $\Delta v = a \cdot \Delta t$, d. h., die Geschwindigkeit ist jeweils um den gleichen Betrag Δv kleiner bzw. größer als $\frac{1}{2} v_0$:

$$v_1 = \frac{1}{2} v_0 - \Delta v$$

$$v_2 = \frac{1}{2} v_0 + \Delta v$$

Für die mittlere Geschwindigkeit der beschleunigten Bewegung folgt dann:

$$\bar{v} = \frac{1}{2} \cdot (v_1 + v_2)$$

$$= \frac{1}{2} \cdot \left(\frac{1}{2} v_0 - \Delta v + \frac{1}{2} v_0 + \Delta v\right)$$

$$= \frac{1}{2} v_0$$

Das bedeutet, dass der Körper die gleiche Strecke in der gleichen Zeit zurücklegen kann, wenn er sich mit der konstanten Geschwindigkeit $\bar{v} = \frac{1}{2} v_0$ bewegt. Für diese Strecke gilt dann:

$$s_0 = \bar{v} \cdot t_0 = \frac{1}{2} v_0 \cdot t_0$$

Darin können wir nun $v_0 = a \cdot t_0$ einsetzen:

$$s_0 = \frac{1}{2} a \cdot t_0 \cdot t_0 = \frac{1}{2} a \cdot t_0^2$$

Da wir den Zeitpunkt t_0 beliebig gewählt haben, können wir den Index „0“ weglassen und erhalten das Zeit-Weg-Gesetz der konstant beschleunigten Bewegung:

$$s = \frac{1}{2} a \cdot t^2$$

Beispiel

Zwei Autos starten gleichzeitig von der Startlinie. Der schnellere Fahrer hat bei einer Beschleunigung von $a_1 = 2\,\frac{m}{s^2}$ nach 20 s bereits 80 m Vorsprung.

a) Welche Beschleunigung hat der andere?

Lösung:

Einerseits ist $s_1 = \frac{1}{2}a_1 \cdot t^2$ und $s_2 = \frac{1}{2}a_2 \cdot t^2$, andererseits ist die Differenz dieser Strecken bekannt, nämlich $s_1 - s_2 = 80$ m. Daher folgt:

$$80\text{ m} = \frac{1}{2}t^2 \cdot (a_1 - a_2) = \frac{1}{2} \cdot (20\text{ s})^2 \cdot (a_1 - a_2) = 200\text{ s}^2 \cdot (a_1 - a_2)$$

$$\Rightarrow \; a_1 - a_2 = \frac{80\text{ m}}{200\text{ s}^2} = 0{,}4\,\frac{m}{s^2}$$

Daraus ergibt sich für die Beschleunigung des langsameren Autos:

$a_2 = a_1 - 0{,}4\,\frac{m}{s^2} = 2\,\frac{m}{s^2} - 0{,}4\,\frac{m}{s^2} = 1{,}6\,\frac{m}{s^2}$

b) Stelle die Bewegung der Autos in einem t-v-Diagramm dar. Ermittle grafisch die Geschwindigkeiten der Autos nach 20 s.

Lösung:

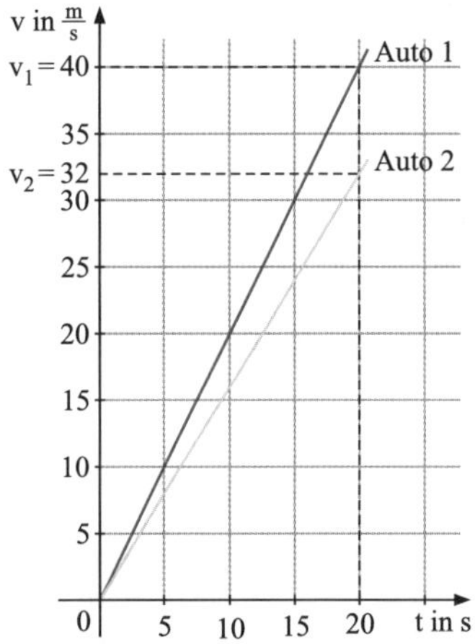

Die Autos besitzen nach 20 s die Geschwindigkeiten $v_1 = 40\,\frac{m}{s}$ und $v_2 = 32\,\frac{m}{s}$.

Zusammenfassung

- Um einen Körpers zu **beschleunigen**, also seinen Bewegungszustand zu ändern, ist eine **Kraft** F nötig. Diese ist bei gleicher Beschleunigung a umso größer, je größer die Masse m des Körpers ist:
  $F = m \cdot a$ Kraftgesetz
- Für die **geradlinige Bewegung mit konstanter Beschleunigung** gelten folgende **Bewegungsgesetze**:
  $v = v_0 + a \cdot t$ Zeit-Geschwindigkeit-Gesetz
  $s = v_0 \cdot t + \frac{1}{2} a \cdot t^2$ Zeit-Weg-Gesetz
  $v^2 = v_0^2 + 2a \cdot s$ Weg-Geschwindigkeit-Gesetz
- Unter dem **freien Fall** eines Körpers versteht man seine geradlinig beschleunigte Bewegung unter ausschließlichem Einfluss der Erdbeschleunigung $a = g$.
- **Bewegungsabläufe** lassen sich in **Diagrammen**, in denen je zwei der vier Größen t, s, v und a gegeneinander aufgetragen sind, übersichtlich darstellen. Die häufigsten Diagrammtypen sind t-s, t-v und t-a-Diagramme.

Aufgaben

69. Beantworte zu den beiden folgenden Diagrammen die Fragen:
Welches der Fahrzeuge 1 und 2 ist schneller?
Welches der beiden Fahrzeuge ist bis zum Treffpunkt weiter gefahren?
Welches der beiden Fahrzeuge ist bis zum Treffpunkt länger unterwegs?

a) 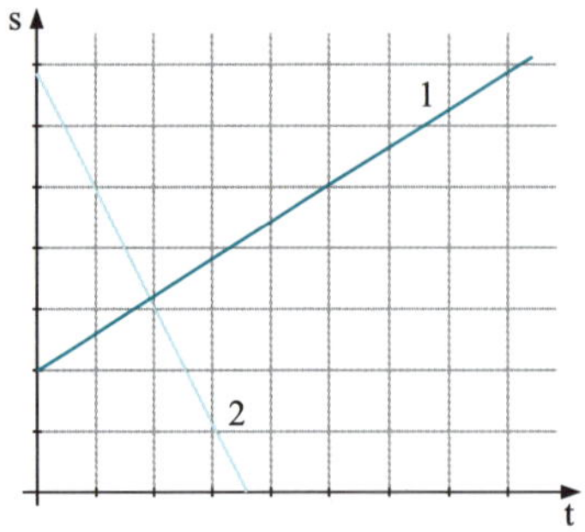

b) 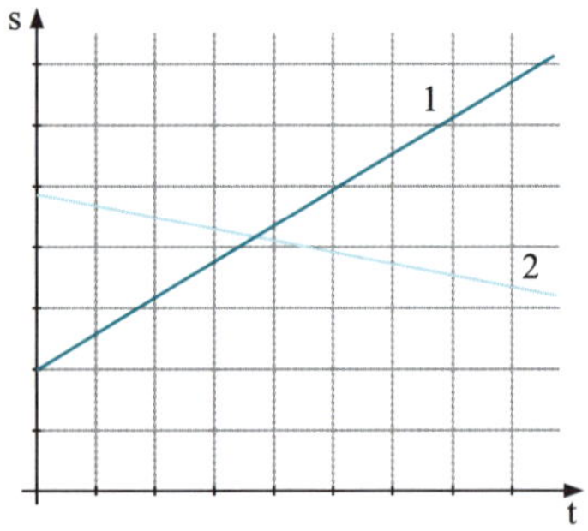

70. Zeichne ein Zeit-Weg- sowie ein Zeit-Geschwindigkeit-Diagramm für eine Bewegung mit
a) der Geschwindigkeit $1{,}5\,\frac{m}{s}$.
b) der Anfangsgeschwindigkeit $1\,\frac{m}{s}$ und der Beschleunigung $a = 0{,}5\,\frac{m}{s^2}$.
c) der Anfangsgeschwindigkeit $4\,\frac{m}{s}$ und der Beschleunigung $a = -2{,}5\,\frac{m}{s^2}$.

71. Berechne die Geschwindigkeiten und fertige anschließend ein Zeit-Geschwindigkeits-Diagramm an.

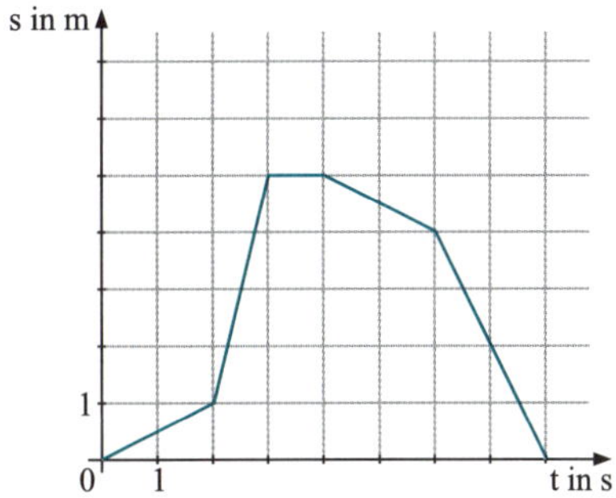

72. In der Abbildung siehst du einen Ausschnitt aus dem Netzübersichtsplan einer städtischen S-Bahn mit den Linien A, B und C. Für alle drei Linien gilt, dass die Fahrt zwischen zwei benachbarten Stationen stets 3 Minuten dauert, beim Umsteigen muss 7 Minuten auf den Anschlusszug gewartet werden. Der Fahrpreis beträgt pro Stationsabstand 1,50 €.
Bestimme den kürzesten und den billigsten Weg vom Start S zum Ziel Z.

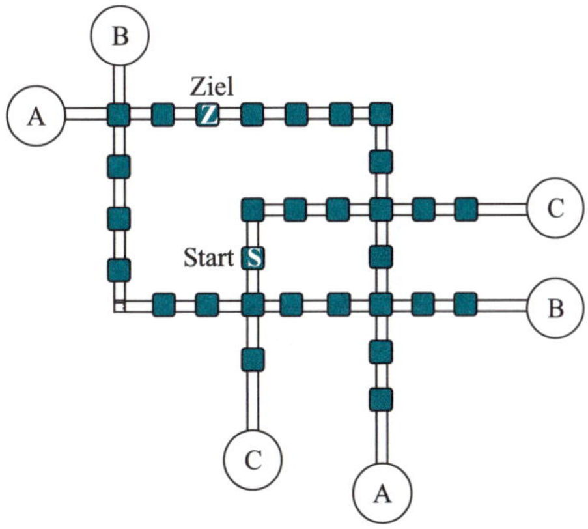

73. Ordne die Ampelmännchen jeweils richtig zu (dabei soll positive Geschwindigkeit eine Bewegung nach rechts bedeuten).

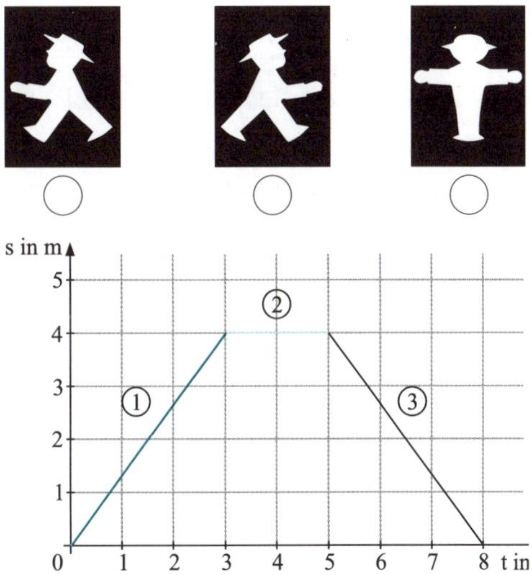

74. Der aus Paris kommende Nachtzug EN 263 verlässt Stuttgart Hbf. um 0.20 Uhr und fährt über Plochingen, Göppingen und Geislingen zunächst nach Ulm Hbf. und dann weiter bis Wien Westbf. An jedem Zwischenhalt sind Ankunfts- und Abfahrtszeit angegeben:

km		Zug	RB 19386	EN 263
			1	2.
		von		Paris Est
0	**Stuttgart** Hb (247 m)	7	0 01	0 20
	Stuttgart Hb (tief) S 790.4-5,790.6	3	|	|
3	S-Bad Cannstatt S 784,786,790.2-3	3	0 07	|
13	Esslingen (Neckar) S	3	0 15	|
22	Plochingen S 760	4 ○	0 22	0 34
	Plochingen	4	0 23	0 35
27	Reichenbach (Fils)		0 27	|
31	Ebersbach (Fils)		0 32	|
36	Uhingen		0 36	|
39	Faurndau		0 40	|
42	**Göppingen**	4 ○	0 43	0 46
	Göppingen	4		0 47
46	Eislingen (Fils)			|
48	Salach			|
50	Süßen	○		|
	Süßen			|
53	Gingen (Fils)			|
56	Kuchen			|
58	Geislingen (Steige) West			|
61	**Geislingen (Steige)** (469m)	3 ○		0 58
	Geislingen (Steige)	3		1 00
67	Amstetten (Württ) (582m) 758			|
71	Urspring			|
73	Lonsee			|
76	Westerstetten			|
82	Beimerstetten			|
94	**Ulm** Hbf (478m) 751, 755, 757, 980	○		1 23
96	**Neu-Ulm** 756, 975,980	3 ○		1 29
		nach		Wien Westbf

a) Berechne die Durchschnittsgeschwindigkeiten des Zuges auf den Teilstrecken und stelle den Fahrplan in ein Zeit-Ort-Diagramm sowie einem Zeit-Geschwindigkeits-Diagramm dar (Beschleunigungen werden nicht berücksichtigt).

b) Berechne die Durchschnittsgeschwindigkeit für die Gesamtstrecke Stuttgart-Ulm.

75. Ergänze jeweils das zweite Diagramm (bei den Diagrammen a und c ist $s(t=0)=0$, bei f und g ist $v(t=0)=0$ vorausgesetzt):

a)

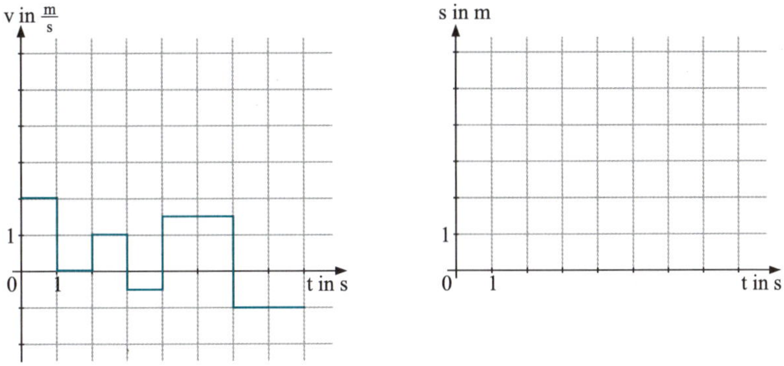
v in $\frac{m}{s}$
1
0
1
t in s
s in m
1
0
1
t in s

b)

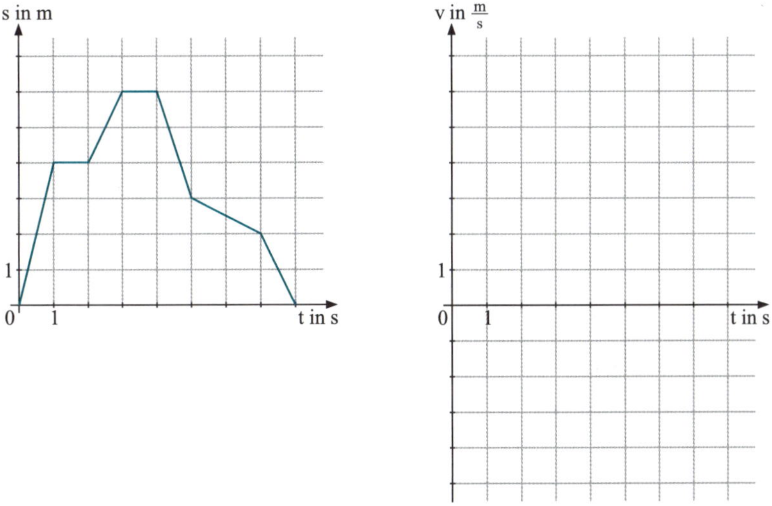
s in m
1
0
1
t in s
v in $\frac{m}{s}$
1
0
1
t in s

c)

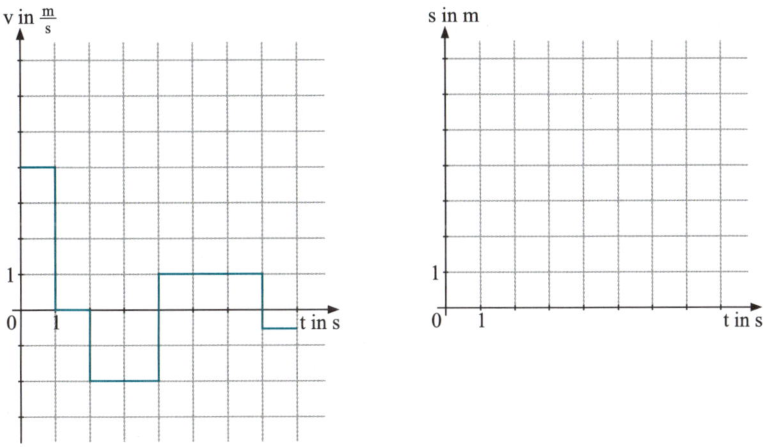
v in $\frac{m}{s}$
1
0
1
t in s
s in m
1
0
1
t in s

d)

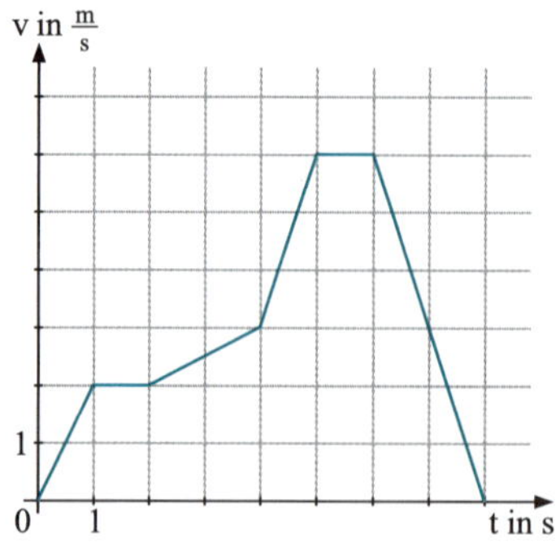
v in $\frac{m}{s}$
1
0
1
t in s

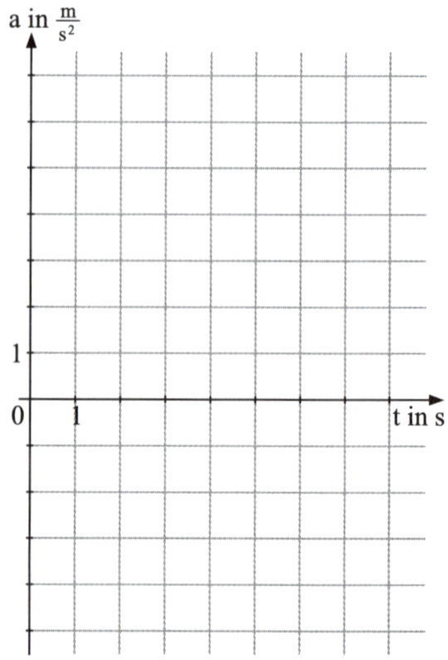
a in $\frac{m}{s^2}$
1
0
1
t in s

e)

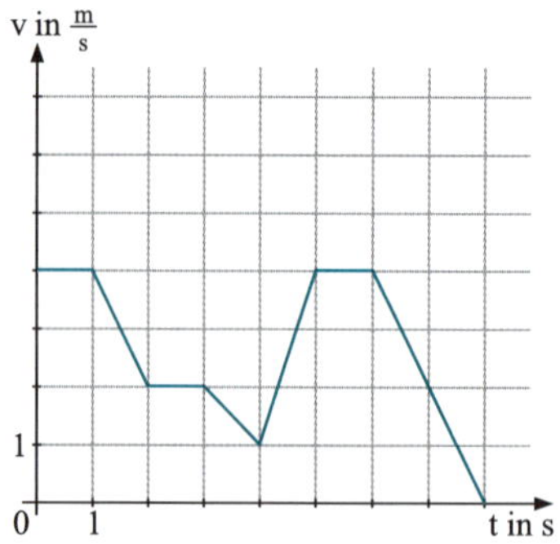
v in $\frac{m}{s}$
1
0
1
t in s

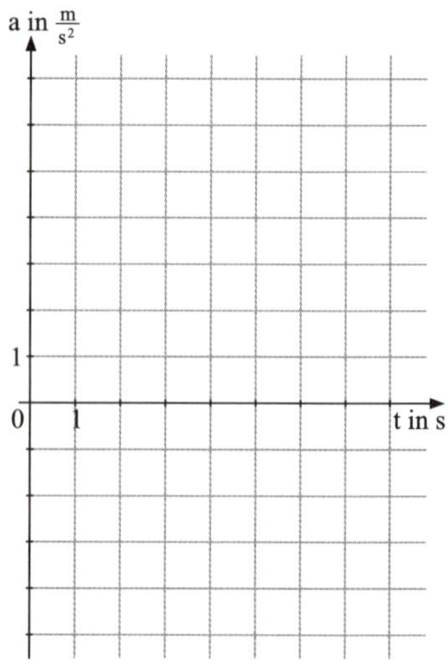
a in $\frac{m}{s^2}$
1
0
1
t in s

f)

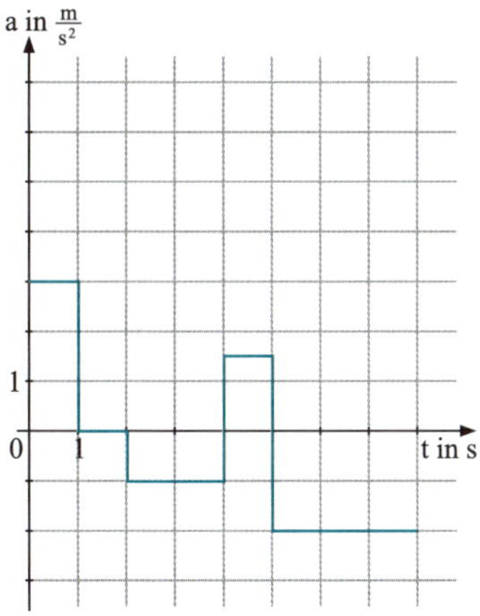

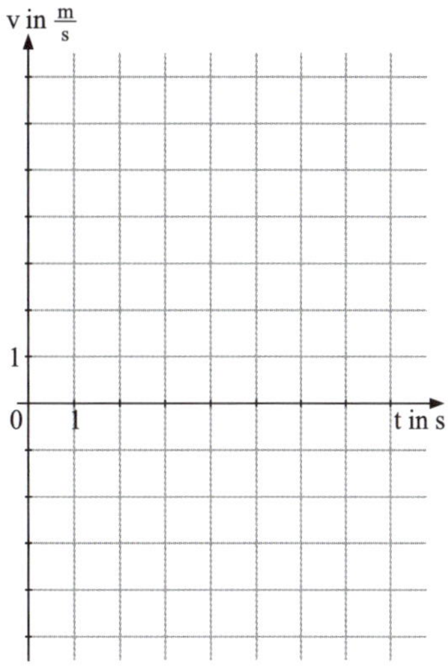

g)

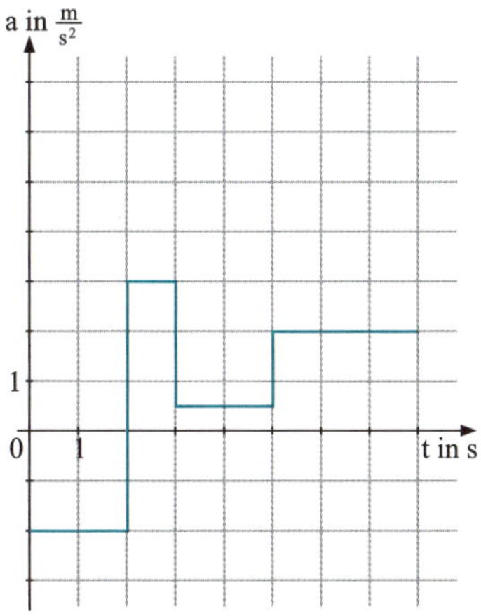

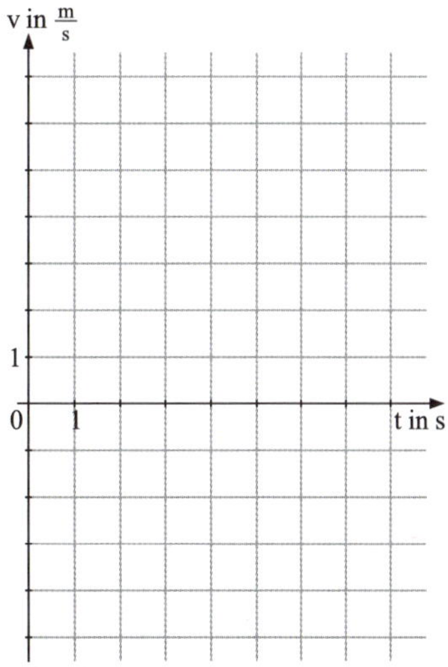

76. Ein Schwimmer möchte einen 20 m breiten Kanal geradlinig überqueren und schwimmt stets senkrecht zum Ufer mit der Geschwindigkeit $v_S = 1\,\frac{m}{s}$ los. Die Fließgeschwindigkeit des Wassers ist $v_W = 0{,}7\,\frac{m}{s}$.

a) Bestimme zeichnerisch, wie weit der Schwimmer abgetrieben wird.

b) Bestimme zeichnerisch den Winkel, unter dem er schwimmen müsste, damit er nicht abgetrieben wird, sondern genau gegenüber dem Startpunkt ankommt.

3 Newton'sche Mechanik

3.1 Die Newton'schen Gesetze

Die Newton'schen Gesetze (1687 von dem englischen Mathematiker und Naturwissenschaftler Isaac Newton veröffentlicht) bilden die Grundlage der gesamten klassischen Mechanik.

Regel

1. **Das Trägheitsgesetz**
   Ein Körper bleibt in Ruhe oder bewegt sich mit gleichbleibender Geschwindigkeit geradeaus weiter, wenn keine (resultierende) Kraft auf ihn wirkt.
2. **Kraftgesetz (Dynamische Grundgleichung)**
   Durch eine Kraft wird der Bewegungszustand eines Körpers geändert, indem er in Richtung dieser Kraft beschleunigt wird. Die Beschleunigung ist dem Betrag der einwirkenden Kraft direkt und der Körpermasse umgekehrt proportional:
   $F = m \cdot a$
3. **Wechselwirkungsgesetz**
   Die (Kraft-)Wirkungen zweier Körper sind stets gleich groß und von entgegengesetzter Richtung (**„actio gegengleich reactio“**).

Beispiel

Ein Körper der Masse m wird durch Einwirkung der Kraft F beschleunigt. Gib die Änderung der Beschleunigung an, wenn bei

a) gleich bleibender Masse die Kraft verfünffacht wird;
b) bei gleich bleibender Kraft die Masse verdreifacht wird;
c) bei doppelter Masse die Kraft vervierfacht wird;
d) bei halber Masse die Kraft versechsfacht wird.

Lösung:

a) Nach dem Kraftgesetz gilt:
   $F = m \cdot a \quad \Rightarrow \quad a = \frac{F}{m}$
   Verfünffacht man die Kraft, dann ist $a_1 = \frac{5 \cdot F}{m} = 5a$.
b) Die Beschleunigung wird auf ein Drittel verkleinert: $a_2 = \frac{F}{3 \cdot m} = \frac{1}{3}a$.
c) Hier gilt: $a_3 = \frac{4 \cdot F}{2 \cdot m} = 2a$.
d) Die Beschleunigung wächst auf das Zwölffache: $a_4 = \frac{6 \cdot F}{0{,}5 \cdot m} = 12a$.

Das Trägheits- und das Kraftgesetz hast du bereits früher kennen gelernt. Von entscheidender Bedeutung ist dabei der Zusammenhang zwischen den Begriffen „Kraft" und „Änderung des Bewegungszustands": **Die physikalische Kraft ist die Ursache jeder Bewegungsänderung.** Beachte, dass dabei die Art der Kraft für die Bewegungsänderung unerheblich ist; egal, ob es sich um eine elektrische, magnetische, elastische oder die Gewichtskraft handelt, in jedem Falle gilt das Kraftgesetz. Dass die Aussagen der Newton'schen Gesetze nicht selbstverständlich sind, zeigen folgende Beispiele:

Beispiele

1. Um mit dem Fahrrad auf einer ebenen Straße die Geschwindigkeit konstant zu halten, muss fortwährend in die Pedale getreten werden.
   Wie steht das in Einklang mit dem Trägheitsgesetz?

   Lösung:
   Nach dem Trägheitsgesetz fährt das Fahrrad mit konstanter Geschwindigkeit, wenn keine Kraft wirkt. Dies ist aber hier nicht der Fall, denn aufgrund der Reibungskräfte (Luftwiderstand, Rollreibung) wird das Fahrrad gemäß dem Kraftgesetz fortwährend abgebremst. Um die Geschwindigkeit aufrecht zu erhalten, müssen diese Reibungsverluste durch Pedaltreten kompensiert werden, sodass insgesamt keine resultierende Kraft am Fahrrad angreift.

2. Ein Fallschirmspringer gleitet bei geöffnetem Schirm mit konstanter Geschwindigkeit in Richtung Erdboden. Wieso wird er nicht schneller, obwohl er der konstanten Erdbeschleunigung und damit dem Kraftgesetz unterliegt?

   Lösung:
   Auch hier muss die gesamte am Springer angreifende Kraft berücksichtigt werden: Durch den erheblichen (hier erwünschten) Luftwiderstand des geöffneten Fallschirms ist eine bestimmte Zeit nach dem Absprung ein Kräftegleichgewicht zwischen der beschleunigenden Erdanziehungskraft und der bremsenden Luftreibungskraft erreicht, sodass ab diesem Zeitpunkt keine resultierende Kraft auf den Springer wirkt und er daher nach dem Trägheitsgesetz mit konstanter Geschwindigkeit fällt. (Auch *ohne* Fallschirm stellt sich ein Gleichgewicht ein. Beim menschlichen Körper wird dies bei etwa 200 km/h erreicht, *mit* Fallschirm ist die maximale Fallgeschwindigkeit natürlich deutlich kleiner).

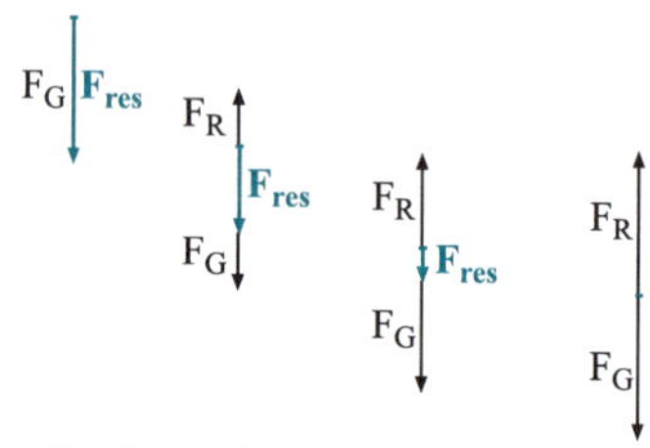

Bereits an diesen Beispielen wird klar, wie wichtig der Vektorcharakter der Kraft für die Mechanik ist: Nicht nur der **Betrag**, sondern auch die **Richtung** einer Kraft entscheiden über deren Wirkung. Das spielt vor allem bei der Addition von Kräften zu einer **Ersatzkraft** eine Rolle, die nach den Regeln der **Pfeiladdition** durchgeführt wird (vgl. Band 1, Kapitel 1.3 und 2.1). Besitzt insbesondere die Ersatzkraft den Betrag 0 N, so bedeutet das, dass die angreifenden Kräfte so gerichtet sind, dass sich ihre Pfeile zu null addieren. Sie kompensieren sich also gegenseitig in ihrer Wirkung, der Körper gehorcht dem Trägheitsgesetz.

Die Vektoreigenschaft der Kraft kommt speziell beim **Wechselwirkungsgesetz** zum Ausdruck. Es besagt, dass eine Kraft nie alleine auftritt, sondern immer eine gleich große Gegenkraft hervorruft. Anders ausgedrückt: Übt der Körper 1 auf den Körper 2 die Kraft $\vec{F}_{1 \to 2}$ aus, so übt dieser auf den Körper 1 die gleichgroße Gegenkraft aus:

$$\vec{F}_{2 \to 1} = -\vec{F}_{1 \to 2}$$

Dieses Wirkprinzip ist dir im Alltag (unbewusst) schon oft begegnet:

- Wenn du mit der Hand auf den Tisch schlägst, spürst du deutlich den Schlag. Deine Hand erfährt eine Kraft entgegen ihrer Bewegungsrichtung, die sie abbremst und zum Stillstand bringt. Je stärker du schlägst, desto stärker die Gegenkraft.
- Du spürst dein Eigengewicht. Wenn du eine schwere Tasche trägst, spürst du die Gewichtszunahme deutlich. Diese Kraft übt der Boden als Reaktion auf die Gewichtskraft, die auf deinen Körper wirkt, aus. Ohne diese Gegenkraft würdest du buchstäblich im Boden versinken.
- Wenn du Fahrrad fährst und beschleunigen möchtest, trittst du in die Pedale. Dabei wird über die Kurbel, die Kette und den Hinterreifen eine Kraft auf die Straße entgegen der Fahrtrichtung ausgeübt; du „schiebst" quasi die Straße nach hinten. Als Reaktion wird das Fahrrad nach vorne beschleunigt.
- Beim Schwimmen drückst du mit den Armen und Beinen das Wasser nach hinten (du bewegst deine Arme von vorne nach hinten). Nach dem Wechselwirkungsgesetz wird drückt das Wasser dich mit gleicher Kraft nach vorne.

Beispiel

Warum werden die Insassen eines Autos beim Beschleunigen in die Rückenlehnen der Fahrzeugsitze gedrückt, beim Bremsen nach vorne in die Gurte? Begründe deine Antwort mithilfe der drei Newton'schen Gesetze.

Lösung:
Beschleunigen oder Bremsen (= negative Beschleunigung) bewirkt nach dem *Kraftgesetz* eine Bewegungsänderung des Autos samt all seiner starr verbundenen Teile. Die Insassen, aber auch lose auf der Hutablage oder dem Rücksitz liegende Gegenstände, sind nicht starr mit dem Auto verbunden, sodass sie zunächst keiner Kraftwirkung unterliegen. Sie bewegen sich folglich nach dem *Trägheitsgesetz* mit unveränderter Geschwindigkeit in der ursprünglichen Richtung weiter: beim Beschleunigen relativ zum Auto nach hinten,

beim Bremsen relativ zum Auto nach vorne. Diese Trägheitsbewegung wird aber sofort behindert, es kommt das *Wechselwirkungsgesetz* ins Spiel: Es tritt eine Gegenkraft auf, die in geringem Maße durch die Sitze, mit denen die Insassen aufgrund ihrer Gewichtskraft durch Reibungskräfte verbunden sind, in stärkerem Maße durch die Rückenlehne (Beschleunigen) bzw. den Sicherheitsgurt (Bremsen) erzeugt wird (actio gegengleich reactio!). Diese Gegenkraft wirkt während der gesamten Beschleunigungsphase und hört erst auf, wenn nach der Beschleunigung Auto und Insassen wieder eine gemeinsame konstante Geschwindigkeit besitzen.

Aufgaben

77. Auf schnee- oder eisbedeckter Fahrbahn reagiert das Auto schlechter auf Brems- und Lenkversuche. Erkläre das mit dem Trägheitssatz.

78. In einem a-F-Diagramm werden Ursprungsgeraden dargestellt. Für welche physikalische Größe steht deren Steigung?

79. Luftgewehrkugeln lassen sich wegen ihrer geringen Masse schon durch eine kleine Kraft stark beschleunigen. Beispielsweise genügen $F = 0{,}6\ \text{N}$ für eine Beschleunigung von $a = 24\ \frac{\text{m}}{\text{s}^2}$. Welche Masse hat die Kugel?

80. Zwei Schüler mit den Massen $m_1 = 50\ \text{kg}$ und $m_2 = 80\ \text{kg}$ sitzen auf Experimentiertischen der Physiksammlung (die Tische werden als reibungsfrei, in alle Richtungen fahrbar und masselos angenommen). Sie stoßen sich mit $F = 20\ \text{N}$ ab. Die Abstoßung findet bis zu einem Abstand von 0,5 m statt.

a) Vergleiche die Beschleunigungen der beiden Schüler.
b) Wie lange dauert diese Abstoßungsphase?
c) Welchen Weg legt jeder der beiden Schüler während dieser Abstoßungsphase zurück?
d) Welche Geschwindigkeiten erreichen die beiden Schüler?

81. Zieht man an einer Rolle Toilettenpapier langsam, so rollt sie sich ab; zieht man daran schnell, wird ein einzelnes Blatt an der Perforation abgerissen. Erkläre dies mithilfe der Newton'schen Gesetze.

82. Ein (reibungsfrei gelagerter) Wagen der Masse $m_W = 1{,}8\ \text{kg}$ steht auf einer ebenen Tischfläche und wird durch die Gewichtskraft eines Massestückes $m_K = 1{,}2\ \text{kg}$ über ein Seil und eine Rolle beschleunigt.

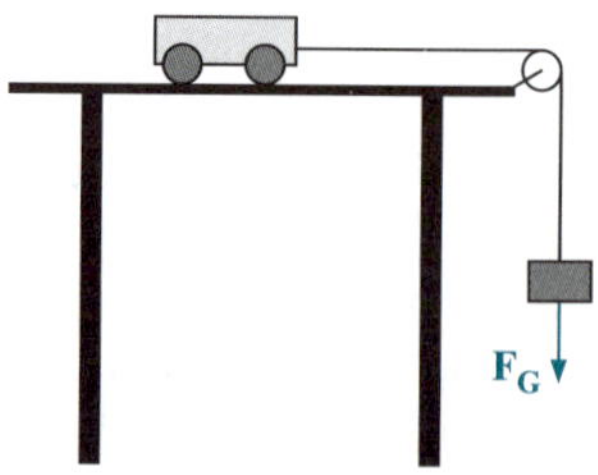

a) Berechne die Beschleunigung von Körper und Wagen.

b) Berechne die Beschleunigung bei sonst gleichem Versuchsaufbau auf dem Mond ($g_{Mond} = \frac{1}{6} g_{Erde}$).

c) Wie viel Masse müsste man vom Wagen wegnehmen und auf das Hängegewicht auflegen, damit der dann leichtere Wagen in der ersten Sekunde mindestens 5,0 m zurücklegt?

3.2 Eindimensionale Bewegungen

Bewegungen mit konstanter Beschleunigung

Die geradlinigen Bewegungen mit konstanter Beschleunigung haben wir ausführlich im Abschnitt 2 besprochen. Wir haben dort die Bewegungsgesetze kennen gelernt, die einen Zusammenhang zwischen dem Ort eines bewegten Körpers, seiner Geschwindigkeit, der Beschleunigung und der für die Bewegung benötigten Zeit herstellen. Die Newton'schen Gesetze weisen die Kraft als Ursache aller Bewegungsänderungen aus. Mithilfe des Kraftgesetzes lassen sich alle Bewegungen beschreiben, solange uns die angreifenden Kräfte bekannt sind. So lassen sich das s-v-Gesetz und das t-s-Gesetz, das wir in Abschnitt 2 nur mithilfe des Umwegs über die Durchschnittsgeschwindigkeit erklären konnten, elegant aus dem Kraftgesetz herleiten:
Erfährt ein (zunächst ruhender) Körper der Masse m die konstante Beschleunigung a, so wirkt auf ihn die konstante Kraft $F = m \cdot a$. Geschieht dies über eine Beschleunigungsstrecke s, dann wird die Beschleunigungsarbeit

$$W = F \cdot s = m \cdot a \cdot s$$

verrichtet. Am Ende der Beschleunigungsstrecke hat der Körper die Geschwindigkeit v und die kinetische Energie $E = \frac{1}{2} m \cdot v^2$. Es gilt daher:

$$m \cdot a \cdot s = \frac{1}{2} m \cdot v^2 \quad \Leftrightarrow \quad a \cdot s = \frac{1}{2} v^2 \quad \Rightarrow \quad v^2 = 2a \cdot s$$

Setzen wir darin die Beziehung $v = a \cdot t$ ein, folgt weiter:

$$a^2 \cdot t^2 = 2a \cdot s \quad \Rightarrow \quad s = \frac{a^2 \cdot t^2}{2a} = \frac{1}{2} a \cdot t^2$$

Beispiele

1. Ein Auto (Masse 1,5 t) beschleunigt von 36 km/h auf 72 km/h in 4,0 s.
   a) Berechne die Beschleunigung a.
   b) Mit welcher Kraft F wird beschleunigt?
   c) Berechne die Beschleunigungsstrecke s mithilfe eines Energieansatzes.
   d) Welche Beschleunigungsarbeit W ist längs dieser Strecke s nötig?

Lösung:

a) Nach Umrechnen der gegebenen Größen zu $m = 1\,500$ kg, $v_0 = 36\,\frac{km}{h} = 10\,\frac{m}{s}$ und $v = 72\,\frac{km}{h} = 20\,\frac{m}{s}$ ergibt sich:

$$v = v_0 + a \cdot t \quad \Rightarrow \quad a = \frac{v - v_0}{t} = \frac{\left(20\,\frac{m}{s} - 10\,\frac{m}{s}\right)}{4{,}0\,s} = 2{,}5\,\frac{m}{s^2}$$

b) $F = a \cdot m = 1\,500\,kg \cdot 2{,}5\,\frac{m}{s^2} = 3\,750\,N$

c) Längs der Beschleunigungsstrecke s wird die Beschleunigungsarbeit $W = F \cdot s = m \cdot a \cdot s$ verrichtet. Um diesen Betrag wird die Bewegungsenergie des Autos erhöht, sodass gilt:

$$E_{nachher} - E_{vorher} = W$$

$$\frac{1}{2}m \cdot v^2 - \frac{1}{2}m \cdot v_0^2 = m \cdot a \cdot s$$

$$\frac{1}{2} \cdot (v^2 - v_0^2) = a \cdot s$$

$$s = \frac{v^2 - v_0^2}{2a} = \frac{\left(20\,\frac{m}{s}\right)^2 - \left(10\,\frac{m}{s}\right)^2}{2 \cdot 2{,}5\,\frac{m}{s^2}} = \frac{300\,\frac{m^2}{s^2}}{50\,\frac{m}{s^2}} = 60\,m$$

c) Die verrichtete Beschleunigungsarbeit berechnet sich zu $W = F \cdot s = 3\,750\,N \cdot 60\,m = 225\,kJ$.

Bewegungen bei veränderlicher Beschleunigung

Bei den bisher betrachteten Fragestellungen waren die Kraft und damit auch die Beschleunigung konstant. Da Kräfte Vektorcharakter besitzen (vgl. Abschnitt 3.1), können sich im Allgemeinen sowohl der Betrag als auch die Richtung einer Kraft während eines Bewegungsvorgangs ändern. Im Fall der Richtungsänderung resultiert eine nicht geradlinige und somit im einfachsten Fall eine zweidimensionale Bewegung, auf die wir im nächsten Abschnitt eingehen.

Die **Änderung des Kraftbetrags unter Beibehaltung der Richtung** kann auf verschiedene Weise erfolgen: Entweder ist die angreifenden Kraft selbst nicht zeitlich oder räumlich konstant, oder zu einer konstanten Kraft addieren sich eine oder mehrere weitere nicht konstante Kräfte. Je nachdem, ob die zusätzliche Kraft in oder entgegen der bereits vorhandenen Kraft gerichtet ist, verstärkt oder vermindert sie die Kraftwirkung. Die resultierende Gesamtkraft ergibt sich wieder als Ersatzkraft aus der Pfeiladdition der beteiligten Kräfte.

Regel

> Greifen an einen Körper mehrere paarweise gleich- oder entgegengesetzt gerichtete Kräfte an, so führt der Körper eine geradlinige Bewegung unter dem Einfluss der resultierenden Ersatzkraft aus. Besitzt mindestens eine der Teilkräfte einen veränderlichen Betrag, so gilt dies auch für die Ersatzkraft.

Eine der wichtigsten zusätzlichen Kräfte, die in der realen Alltagswelt auftritt, ist die **Reibungskraft** F_R. Sie ist immer der die Bewegungsänderung verursachenden Kraft F entgegen gerichtet und verringert somit den Betrag der beschleunigenden Gesamtkraft F_{res}. In vielen Fällen darf sie vernachlässigt werden, weil sie klein gegenüber F ist; manchmal ist sie aber auch die bestimmende Kraft und führt zur vollständigen Kompensation von F, sodass $F_{res} = 0$ N gilt. Als Beispiel hierfür hast du im Abschnitt 3.1 die Luftreibung beim freien Fall kennengelernt, wie sie beim Fallschirmsprung auftritt.

Beispiel

Bewerte den Einfluss der Reibung in den folgenden Bewegungsvorgängen:

a) Gleiten und Bremsen beim Schlittschuhlaufen

Lösung:
Solange man in gerade Richtung fährt, gleitet der Schlittschuh auf einem dünnen Wasserfilm über das Eis und die Reibung ist vernachlässigbar. Beim Bremsen stellt man den Schuh quer zur Fahrrichtung und erhöht dadurch die Reibung schlagartig: die Reibung wird zur bestimmenden Bremskraft und führt zum Stillstand der Bewegung.

b) Gehen außerhalb und innerhalb eines Schwimmbeckens

Lösung:
Beim gehen außerhalb des Schwimmbeckens ist, wenn man von starken Gegenwinden absieht, die Luftreibung vernachlässigbar. Das Gehen im Wasser ist ungleich anstrengender, weil das Wasser sehr viel zäher als Luft ist, die Wasserverdrängung also deutlich mehr Kraftaufwand erfordert. Für eine konstante Gehgeschwindigkeit muss die Muskelkraft die Verdrängungskraft kompensieren.

c) Rennfahren mit dem Fahrrad und mit dem Rennwagen

Lösung:
Beim Radrennfahren ist es wichtig, eine möglichst große Geschwindigkeit zu erzielen; Fahrer und Rennrad werden daher so positioniert und ausgestattet, dass sie einen minimalen Luft- und Rollwiderstand besitzen (aerodynamischer Helm, Radverkleidung, geduckte Sitzposition, harte, dünne Reifen).
Beim Autorennfahren, etwa in der Formel 1, ist zwar auch die erreichbare Endgeschwindigkeit wichtig, aufgrund der großen Motorleistungen ist man hier aber nicht auf die Minimierung des Luftwiderstands angewiesen. Im Gegenteil: Bedeutender ist die optimale Bodenhaftung des Rennwagens, um möglichst stabile End- und Kurvengeschwindigkeiten zu erzielen. Dies wird durch speziell gestaltete Front- und Heckflügel am Formel-1-Wagen erreicht, die die Luftströmung in einen großen Anpressdruck auf Vorder- und Hinterachse, den sogenannten „Abtrieb“ umwandeln.

Ein wichtiges Beispiel für eine Kraft, deren Betrag selbst veränderlich ist, ist die **elastische Kraft**. Sie wird auch Feder- oder Spannkraft genannt, weil die Bewegung eines Massestücks an einer Feder durch die elastische Kraft beschrieben wird. Dabei gilt das Hooke'sche Gesetz:

Regel

Gesetz von Hooke

Deformiert man einen elastischen Körper, so ist die hierfür nötige Kraft proportional zur Auslenkung:

$F = D \cdot s$

Die Proportionalitätskonstante D heißt **Federhärte**.

Betrachten wir einen Körper der Masse m, das an einer Feder der Federhärte D hängt. Beim Anhängen des Körpers an die Feder wird diese ein Stück gedehnt, bis sich Gewichtskraft und Federkraft kompensieren; dann befindet sich das Massestück in seiner „Ruhelage". Lenkt man nun den Körper weiter nach unten aus, ist die Federkraft nach oben größer als die Gewichtskraft nach unten; beim Loslassen wirkt eine resultierende Kraft nach oben. Umgekehrt wirkt eine resultierende Kraft nach unten, solange sich der Körper oberhalb der Ruhelage befindet. **Der Körper wird immer in die der Auslenkung entgegengesetzte Richtung beschleunigt**, man bezeichnet die Federkraft daher auch als **Rückstellkraft**. Im Newton'schen Kraftgesetz geht die Federkraft deshalb mit einem Minuszeichen ein. Man erhält für die Beschleunigung:

$$-D \cdot s = m \cdot a \quad \Rightarrow \quad a = -\frac{D}{m} \cdot s$$

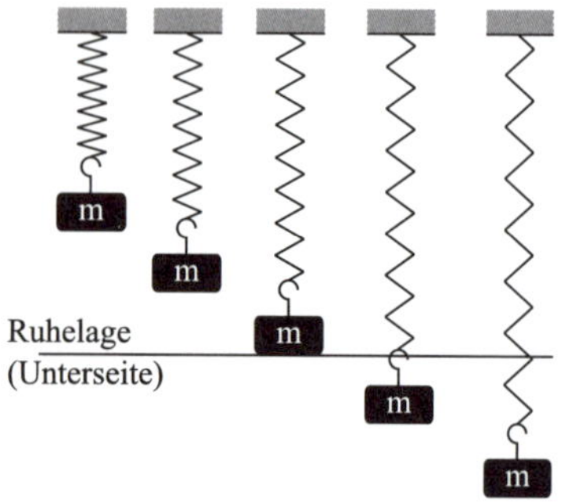

Schauen wir uns die Gesamtbewegung des Massekörpers an, wenn wir ihn einmal auslenken und dann sich selbst überlassen: Hebt man das Massestück aus der Ruhelage, zieht eine resultierende Kraft nach unten. Diese wird mit zunehmender Annäherung an die Ruhelage immer kleiner und schließlich in der Ruhelage wieder null.

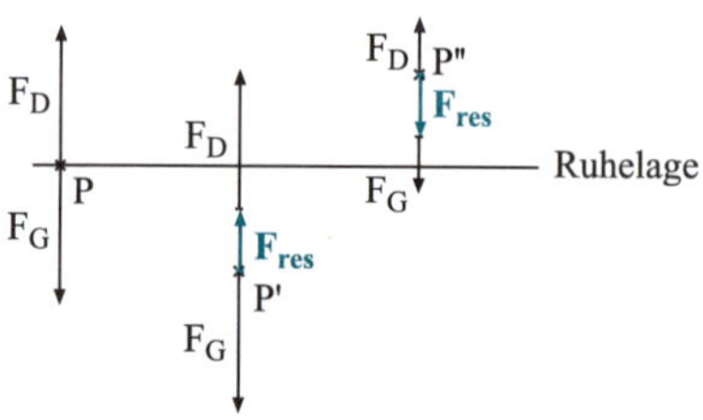

Jetzt kommt das Trägheitsgesetz ins Spiel: Da momentan keine Kraft wirkt, bewegt sich der Körper mit unveränderter Geschwindigkeit weiter. Die Federauslenkung wird größer und damit auch die Rückstellkraft, was bei gleichbleibender Gewichtskraft zu einer Gesamtkraft nach oben führt. Die Bewegung nach unten,

die beim Nulldurchgang mit maximaler Geschwindigkeit erfolgt ist, wird daher abgebremst, am unteren Umkehrpunkt gestoppt und nach oben fortgeführt, bis am Nulldurchgang der Ausgangszustand erreicht ist und der Vorgang sich wiederholt.
Solche periodischen Bewegungen, bei denen die Kraft proportional zur Auslenkung ist (die also dem Hooke'schen Gesetz unterliegen), heißen **harmonische Schwingungen**. Sie sind in der Physik von zentraler Bedeutung.

Beispiele

1. Eine Schraubenfeder hat die Federhärte $D_1 = 20\,\frac{N}{cm}$, eine zweite die Federhärte $D_2 = 15\,\frac{N}{cm}$. Welche Feder ist „härter“?

   Lösung:
   Um die erste Feder um 1 cm auszulenken, benötigt man 20 N, bei der zweiten Feder sind 15 N nötig. Die erste Feder ist also härter.

2. An eine Schraubenfeder der Federhärte $40\,\frac{N}{cm}$ wird ein Massestück gehängt. Die Feder wird dabei um 5,0 cm ausgelenkt, bis der Körper die Ruhelage erreicht. Welche Masse besitzt der Körper?

   Lösung:
   Auf den Körper wirkt die Gewichtskraft, die in der Ruhelage durch die Federkraft ausgeglichen wird. Für die Kraftbeträge gilt dann:

   $$F_G = F_{Feder} \quad \Leftrightarrow \quad m \cdot g = D \cdot s \quad \Leftrightarrow \quad m = \frac{D \cdot s}{g} = \frac{40\,\frac{N}{cm} \cdot 5{,}0\,cm}{9{,}81\,\frac{m}{s^2}} \approx 20{,}4\,kg$$

3. Überlege, warum sich schwingende Pendel als Uhren eignen.
   Wieso muss man solche Pendeluhren aufziehen?

   Lösung:
   Ein Pendel, das man ein wenig aus seiner Ruhelage auslenkt, führt harmonische Schwingungen aus. Schwingungen sind zeitlich periodische Vorgänge, d. h., der Pendelkörper kehrt nach einer Schwingung stets zum Ausgangspunkt zurück und vollführt dann die nächste Schwingung. Die Zeitdauer für eine Schwingung ist im Idealfall, wenn also keine Reibungsverluste auftreten, immer gleich; diese sogenannte Periodendauer eignet sich daher als Zeiteinheit, das schwingende Pendel damit als Zeitmesser („Uhr“). In der Praxis treten in den beweglichen Teilen der Uhr immer Reibungsverluste auf. Um diese auszugleichen, muss Energie zugeführt werden, z. B. die Lageenergie von Pendeluhrgewichten.

Eine andere Kraft, die nicht konstant, sondern von der Lage des beschleunigten Körpers abhängt, ist die **Gravitationskraft**. Sie wird durch das von Newton gefundene Gravitationsgesetz beschrieben:

Regel

Gravitationsgesetz

Zwei Körper mit der den Massen m_1 und m_2 ziehen sich mit einer Kraft an, die umgekehrt proportional zum Quadrat ihres Abstands r ist:

$$F_{Gr} = \gamma \cdot \frac{m_1 \cdot m_2}{r^2}$$

Die Proportionalitätskonstante γ heißt **Gravitationskonstante**. Sie ist eine Naturkonstante und besitzt den Wert $6{,}673 \cdot 10^{-11} \frac{m^3}{kg \cdot s^2}$

Die Gravitationskraft wird durch die Massen selbst hervorgerufen, daher unterliegen ihr alle Körper. Sie wirkt – etwa im Gegensatz zur elektrischen Kraft zwischen zwei gleichnamigen Ladungen – immer anziehend und ist allgegenwärtig: Nahe der Erdoberfläche ist sie identisch mit der Gewichtskraft $F_G = m \cdot g$, sie ist aber genauso verantwortlich für die Bewegung der Sterne und Planeten.

Beispiel

Der Erdradius beträgt rund 6 370 km. Bestimme mithilfe des Gravitationsgesetzes die Masse der Erde.

Lösung:

Wir wissen, dass ein Körper der Masse m die Gewichtskraft $m \cdot g$ besitzt, die gleich der Gravitationskraft auf diesen Körper an der Erdoberfläche sein muss, also:

$$\gamma \cdot \frac{m \cdot m_{Erde}}{r^2} = m \cdot g \quad \Rightarrow \quad m_{Erde} = \frac{g \cdot r^2}{\gamma} = \frac{9{,}81 \frac{m}{s^2} \cdot (6{,}37 \cdot 10^6 \text{ m})^2}{6{,}673 \cdot 10^{-11} \frac{m^3}{kg \cdot s^2}} = 5{,}97 \cdot 10^{24} \text{ kg}$$

Aufgaben

83. Ein Auto (Masse 1,8 t) beschleunigt bei Windstille von 72 km/h auf 144 km/h in gemessenen 10,0 s.

a) Mit welcher Kraft F wird beschleunigt?
b) Berechne die nötige Beschleunigungsarbeit W.
c) Welche Leistung muss der Motor für den Beschleunigungsvorgang aufbringen?
d) Braucht das Fahrzeug bei gleicher Leistung für die Beschleunigung aus dem Stand auf 72 km/h mehr, weniger oder gleich viel Zeit? Begründe deine Antwort in Worten und bestätige sie durch Rechnung.
e) Wie ändern sich Beschleunigungszeit, Kraft, Beschleunigungsstrecke, Arbeit und Leistung, wenn der gleiche Beschleunigungsvorgang bei starkem Gegenwind wiederholt wird? Begründe deine Antwort.

84. Eine wichtige Aussage der Mechanik lautet: „Alle Körper fallen gleich schnell." Begründe sie mithilfe der Newton'schen Gesetze.

85. Eine Holzkugel und eine gleich große Eisenkugel fallen gleichzeitig über eine Tischkante. Begründe, welche Kugel zuerst den Boden erreicht. Bewerte die Größe des Zeitunterschieds.

86. Eine Luftgewehrkugel wird mit $v_0 = 180\,\frac{m}{s}$ senkrecht nach oben geschossen, die Luftreibung soll hier zunächst vernachlässigt werden.
a) Bestimme mithilfe des Energiesatzes die Steighöhe der Kugel.
b) Nach welcher Zeit kommt die Kugel wieder beim Schützen an?
c) Wie hoch würde sie auf dem Mond steigen ($g_{Mond} \approx \frac{1}{6} \cdot g_{Erde}$)?
d) Beschreibe den Einfluss der Luftreibung auf die tatsächliche Steighöhe.

87. Eine Schraubenfeder wird von einem Körper der Masse 2 kg um 7 cm ausgelenkt. Welche Federhärte besitzt die Feder?

88. a) An einem Brett werden nebeneinander drei gleichartige Schraubenfedern befestigt und deren untere Enden durch eine Stange mit einem mittig angebrachten Haken verbunden. Wie groß ist die Auslenkung der Federn, wenn man einen Körper der Masse 3 kg an den Haken hängt ($D = 10\,\frac{N}{cm}$)?
b) Wie groß ist die Federhärte der gesamten Anordnung?

89. Im Deutschen Museum in München steht in der Physikabteilung die Bleikugel (Durchmesser: 1,0 m; Masse: $M = 5\,775$ kg) des Herrn Philipp von Jolly (1809–1884), mit der er Gravitationsmessungen durchführte. Welche Anziehungskraft „verspürt" ein Museumsbesucher (Masse $m = 75$ kg), der in 0,20 m Entfernung vorbeigeht?

90. a) Die zwei Freunde Kurt und Paul nehmen kräftig zu, der Kurt um 25 % seiner ursprünglichen Masse, Paul um 20 %. Um wie viel Prozent nimmt die gegenseitige Anziehungskraft der beiden zu?
b) Wenn nur Kurt um 25 % zugelegt hätte, um wie viel Prozent hätte dann Paul abnehmen müssen, damit die Anziehungskraft gleich bleibt?

91. Die Erde hat eine Masse von etwa $M = 5{,}98 \cdot 10^{24}$ kg, der Mond ungefähr $m = 7{,}36 \cdot 10^{22}$ kg. Der Bahnradius des Mondes um die Erde ist etwa 384 000 km.
a) Berechne die Gravitationskraft, die zwischen Erde und Mond wirkt.
b) Warum stürzt der Mond nicht aufgrund dieser Anziehungskraft auf die Erde?

3.3 Zweidimensionale Bewegungen

Lässt man nicht nur in einer Richtung Bewegungen zu, dann muss man wissen, wie sich Bewegungen in verschiedenen Richtungen überlagern. Glücklicherweise tun sie das in der einfachsten denkbaren Weise, sie überlagern sich nämlich ohne sich gegenseitig zu stören.
Überlagern im physikalischen Sinne bedeutet dabei, dass sich sogenannte **skalare Größen**, also Größen, die nur durch ihren Betrag gekennzeichnet sind, addieren. So ist z. B. die Energie der Gesamtbewegung gleich der Summe der Bewegungen in x- und y-Richtung. **Vektorielle Größen** wie Ort, Geschwindigkeit, Beschleunigung und Kraft, die neben ihrem Betrag auch noch durch ihre Richtung gekennzeichnet sind, werden durch Pfeiladdition aufsummiert.

Regel

Zweidimensionale Bewegungen lassen sich in einem x-y-Koordinatensystem beschreiben, indem man den Bewegungsanteil in x-Richtung und den Bewegungsanteil in y-Richtung getrennt als eindimensionale Bewegungen betrachtet.
Die physikalischen Größen der Gesamtbewegung ergeben sich durch **Addition** (bei Skalaren) bzw. **Pfeiladdition** (bei Vektoren) der Einzelgrößen.

Waagerechter und schräger Wurf

Ein wichtiges Beispiel einer zweidimensionalen Bewegung stellt der Wurf dar. Darunter versteht man die Überlagerung einer waagerechten Bewegung mit konstanter Geschwindigkeit und einer senkrechten, durch die Erdanziehung beschleunigten Bewegung. Würfe sind allgegenwärtig, natürlich bei allen Ballsportarten, aber auch in vielen anderen täglichen Situationen. Je nachdem, in welche Richtung ein Körper sich zu Beginn des Wurfes bewegt, unterscheidet man den

- **senkrechten Wurf**: der Wurf erfolgt nach oben oder unten, also parallel zur Gravitationskraft; es handelt sich um eine rein eindimensionale Bewegung.
- **waagerechten Wurf**: der Körper wird parallel zum Boden, also senkrecht zur Gravitationskraft geworfen.
- **schrägen Wurf**: der Körper wird in einem Winkel zwischen 0° und 90° zum Boden geworfen; er enthält die beiden anderen Wurfarten also als Grenzfälle.

Waagerechter und schräger Wurf sind zweidimensionale Bewegungen, die wir im Folgenden genauer betrachten.

Beispiele

1. Ein Ball der Masse $m = 0{,}500$ kg rollt auf einem $h = 8{,}0$ m hohen Flachdach mit einer Geschwindigkeit von $v_x = 3{,}0\,\frac{m}{s}$ waagerecht zum Rand und fällt dann herunter. Wie weit von der Mauer entfernt trifft er auf?

Lösung:
Wenn man die Luftreibung vernachlässigt, dann ändert sich an dem Horizontalanteil der Geschwindigkeit nichts, denn in dieser Richtung treten keine Kräfte und damit keine Beschleunigungen auf. In der vertikalen Richtung jedoch wirkt die Gewichtskraft und beschleunigt den Ball senkrecht nach unten mit der Erdbeschleunigung $g = 9{,}81\,\frac{m}{s^2}$ (freier Fall). Damit kommt zum konstanten waagerechten Geschwindigkeitsanteil v_x ein zeitlich zunehmender senkrechter Anteil v_y hinzu, die momentane Gesamtgeschwindigkeit ergibt sich in jedem Punkt durch Pfeiladdition.

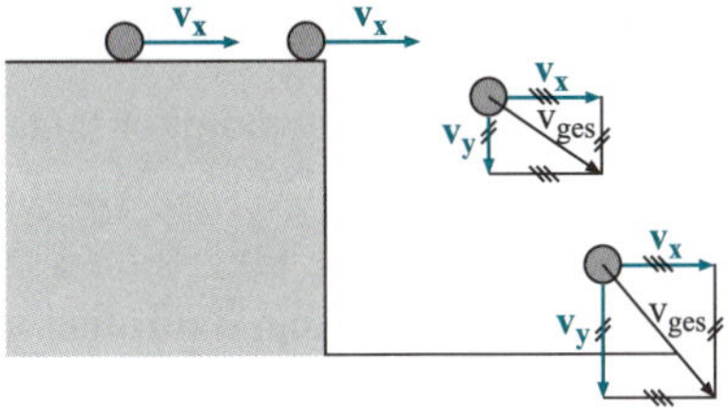

Um nun auszurechnen, wie weit von der Mauer entfernt der Ball am Boden auftrifft, betrachten wir x- und y-Bewegung getrennt: Wir bestimmen zunächst die Fallzeit aus der Dachhöhe h und untersuchen hierzu nur die Vertikalbewegung. Es gilt beim freien Fall:

$$h = \frac{1}{2} g \cdot t^2 \quad \Rightarrow \quad t = \sqrt{\frac{2h}{g}} = \sqrt{\frac{2 \cdot 8{,}0\,m}{9{,}81\,\frac{m}{s^2}}} \approx 1{,}28\,s$$

Während dieser Zeit t fliegt der Körper aber auch in waagerechter Richtung weiter und legt währenddessen die Strecke

$$\Delta x = v_x \cdot t = 3{,}0\,\frac{m}{s} \cdot 1{,}28\,s \approx 3{,}83\,m$$

in horizontaler Richtung zurück; er trifft also etwa 3,83 m neben der Mauer am Boden auf.

2. Eine Kugel rollt bergab und verlässt ihre Bahn unter einem Winkel von $\alpha = 45°$ nach schräg oben, ihre Abfluggeschwindigkeit beträgt $v = 6{,}0\,\frac{m}{s}$. Sie prallt auf den $h = 12{,}0$ m unter der Abflugstelle liegenden Boden auf. Wie weit liegt der Aufprallpunkt seitlich von der Abflugstelle entfernt?

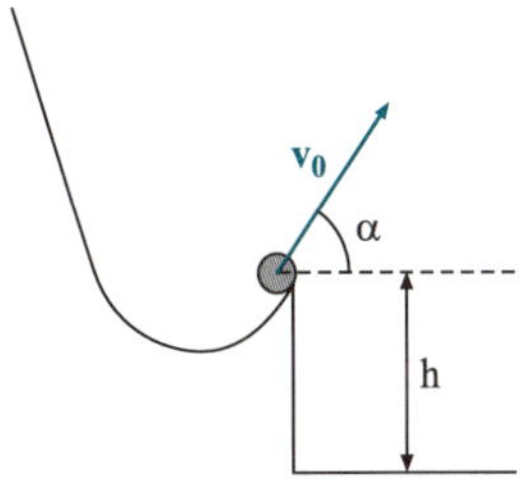

Lösung:
Man zerlegt die Abwurfgeschwindigkeit in einen horizontalen Anteil v_x und einen vertikalen Anteil v_y. Der waagerechte Anteil v_x bleibt wieder konstant (weil keine Horizontalbeschleunigung auftritt), in der Vertikalen wird das Problem behandelt wie ein senkrechter Wurf nach oben mit v_y.

Für die Zerlegung der Abfluggeschwindigkeit in einen rein waagerechten und einen rein senkrechten Anteil gilt mit $\sin 45° = \cos 45° = \frac{1}{2}\sqrt{2}$:

$$v_x = v \cdot \cos\alpha \Rightarrow v_x = 6{,}0\,\frac{m}{s} \cdot \cos 45° = 3\sqrt{2}\,\frac{m}{s}$$

$$v_y = v \cdot \sin\alpha \Rightarrow v_y = 6{,}0\,\frac{m}{s} \cdot \sin 45° = 3\sqrt{2}\,\frac{m}{s}$$

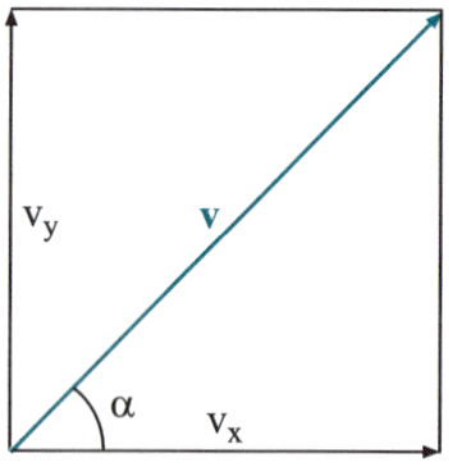

Beide Geschwindigkeitsanteile sind bei einem Winkel von 45° gleich groß.

Jetzt wird die Flugzeit bei senkrechtem Abwurf nach oben mit v_y berechnet. Dabei fliegt die Kugel erst bis zum Umkehrpunkt aufwärts. Dessen Höhe lässt sich durch die Umwandlung der Bewegungs- in Höhenenergie berechnen:

$$E_{kin} = E_{pot} \quad \Leftrightarrow \quad \frac{1}{2} m \cdot v_y^2 = m \cdot g \cdot h_U \quad \Rightarrow \quad h_U = \frac{v_y^2}{2g} = \frac{\left(3\sqrt{2}\,\frac{m}{s}\right)^2}{2 \cdot 9{,}81\,\frac{m}{s^2}} \approx 0{,}92\text{ m}$$

Die Flugzeit hierfür beträgt:

$$v_y = g \cdot t_U \quad \Rightarrow \quad t_U = \frac{v_y}{g} = \frac{3\sqrt{2}\,\frac{m}{s}}{9{,}81\,\frac{m}{s^2}} \approx 0{,}43\text{ s}$$

Anschließend fällt die Kugel frei um $h + h_U$ zum Boden, das dauert

$$h + h_U = \frac{1}{2} g \cdot t_B^2 \quad \Rightarrow \quad t_B = \sqrt{\frac{2 \cdot (h + h_U)}{g}} = \sqrt{\frac{2 \cdot (0{,}92\text{ m} + 12{,}0\text{ m})}{9{,}81\,\frac{m}{s^2}}} \approx 1{,}62\text{ s.}$$

Für die gesamte Flugzeit ergibt sich dann
$t = t_1 + t_2 \approx 0{,}43\text{ s} + 1{,}63\text{ s} = 2{,}06\text{ s}$.
Während dieser Zeit fliegt die Kugel mit konstant v_x in waagerechter Richtung. Sie erreicht daher in folgendem seitlichen Abstand den Boden:
$\Delta x = v_x \cdot t = 3\sqrt{2}\,\frac{m}{s} \cdot 2{,}06\text{ s} \approx 8{,}71\text{ m}$

Welche Form hat die Bahnkurve, die ein Wurfkörper beschreibt? Hierzu müssen wir die Bewegung in y- und in x-Richtung, deren Zeitabhängigkeit wir jeweils kennen, kombinieren, sodass wir y in Abhängigkeit von x erhalten. Bezeichnen $v_{x,0}$ die Anfangsgeschwindigkeit in x-Richtung, $v_{x,0}$ diejenige in y-Richtung und legen wir die Fallrichtung in negative y-Richtung, dann gilt:

$$\left.\begin{aligned} y &= v_{y,0} \cdot t - \tfrac{1}{2} g \cdot t^2 \\ x &= v_{x,0} \cdot t \Rightarrow t = \frac{x}{v_{x,0}} \end{aligned}\right\} \Rightarrow y = v_{y,0} \cdot \frac{x}{v_{x,0}} - \frac{1}{2} g \cdot \left(\frac{x}{v_{x,0}}\right)^2 = \underbrace{\frac{v_{y,0}}{v_{x,0}}}_{b} \cdot x - \underbrace{\frac{g}{2v_{x,0}^2}}_{a} \cdot x^2$$

$$= -a \cdot x^2 + b \cdot x$$

Die Bahnkurve ist also eine nach unten geöffnete **Parabel** mit von der Anfangsgeschwindigkeit und dem Ortsfaktor abhängigen, positiven Parametern a und b.

Kreisbewegungen

Die Bewegung eines Körpers auf einer Kreisbahn mit konstantem Geschwindigkeitsbetrag – nur solche werden hier betrachtet – stellt einen weiteren wichtigen Typ einer zweidimensionalen Bewegung dar. Eine solche Kreisbewegung ist gegenüber der geradlinig gleichförmigen Bewegung dadurch gekennzeichnet, dass die Bewegungsrichtung sich fortlaufend ändert.

Regel

> Ein Körper, der sich gleichförmig auf einer **Kreisbahn** bewegt, besitzt einen **Geschwindigkeitsvektor** mit **konstantem Betrag**, aber **veränderlicher Richtung**.

Bevor wir auf die Ursache dieser ständigen Richtungsänderung eingehen, wollen wir zunächst die Kreisbewegung selbst besser verstehen und dazu die Größen Weg, Geschwindigkeit und Beschleunigung in Abhängigkeit von der Zeit bestimmen. Wir betrachten dazu ein Rad mit Radius r, das sich im Gegenuhrzeigersinn dreht. Das Radventil befinde sich im Punkt P, dessen Bahn wir jetzt aus verschiedenen Blickwinkeln verfolgen werden (siehe Abbildung). Blickt man

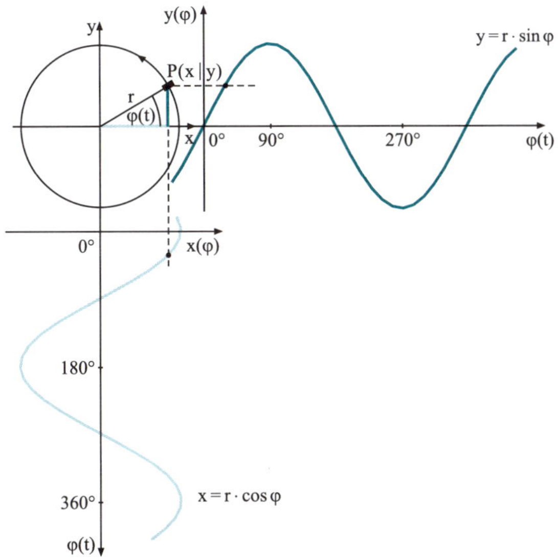

- **entlang der Drehachse** auf das Rad, bewegt sich das Ventil P **kreisförmig** um den Radmittelpunkt;
- in Richtung eines Raddurchmessers, also z. B. **von rechts** her, beobachtet man nur die y-Koordinate von P, die zeitlich **sinusförmig** auf- und abschwingt;
- **von unten** auf das Rad, beobachtet man nur die x-Koordinate, die sich zeitlich **cosinusförmig** verändert.

Dass sich das Rad mit konstanter Geschwindigkeit dreht, bedeutet, dass der Drehwinkel φ proportional mit der Zeit wächst. Beginnen wir die Beobachtung, wenn P auf der x-Achse liegt, dann gilt:

$\varphi(t) = \omega \cdot t$

Die Proportionalitätskonstante ω heißt **Winkelgeschwindigkeit**, weil sie ein Maß dafür darstellt, wie stark der Winkel φ in der Zeit t zunimmt. Die sinus- bzw. cosinusförmige **Zeitabhängigkeit der Koordinaten** von P folgt dann unmittelbar aus den Winkelbeziehungen im rechtwinkligen Dreieck:

$$\sin\varphi(t) = \frac{y(t)}{r} \quad\Rightarrow\quad y(t) = r\cdot\sin\varphi(t) = r\cdot\sin(\omega\cdot t)$$

$$\cos\varphi(t) = \frac{x(t)}{r} \quad\Rightarrow\quad x(t) = r\cdot\cos\varphi = r\cdot\cos(\omega\cdot t)$$

Als nächstes betrachten wir die **augenblickliche Geschwindigkeit** von P, die ebenfalls einen veränderlichen x- und y-Anteil besitzt. Der Geschwindigkeitspfeil liegt immer tangential am Rad und hat die gleiche Länge (konstanter Geschwindigkeitsbetrag!).

Stellt man sich einen mitrotierenden Stab der Länge v statt des Pfeils vor und betrachtet wieder dessen von rechts bzw. unten sichtbare Länge v_x bzw. v_y, so ergibt sich wie bei den Koordinaten ein sinus- bzw. cosinusförmiger Zusammenhang, allerdings bzgl. x- und y-Komponente vertauscht (zum Vergleich sind in der Abbildung neben den Geschwindigkeits- auch die Koordinatenkurven eingezeichnet). Unter Berücksichtigung der Vorzeichen (Pfeilrichtung!) gilt:

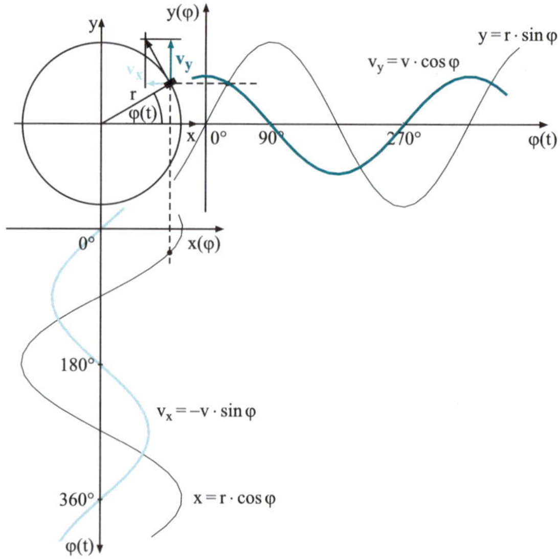

$$\cos\varphi(t) = \frac{v_y(t)}{v} \quad\Rightarrow\quad v_y(t) = v\cdot\cos\varphi(t) = v\cdot\cos(\omega\cdot t)$$

$$\sin\varphi(t) = \frac{-v_x(t)}{v} \quad\Rightarrow\quad v_x(t) = -v\cdot\sin\varphi = -v\cdot\sin(\omega\cdot t)$$

Die **Beschleunigung** erhalten wir durch folgende Überlegung:

- Ihr Betrag darf nicht null sein, weil sonst die Bewegung nach dem Trägheitsgesetz geradlinig wäre; sie sorgt für die stetige Richtungsänderung.
- Sie darf keine Komponente in Bewegungsrichtung haben, da es sonst zu einer Erhöhung der Geschwindigkeit käme; diese ist aber als konstant vorausgesetzt.

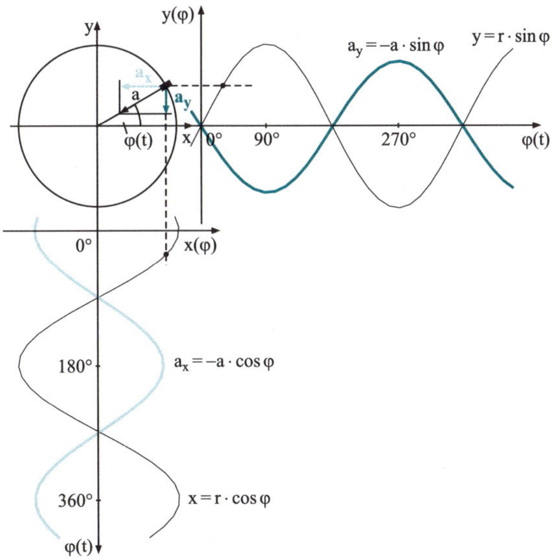

Die Beschleunigung muss also senkrecht auf der Geschwindigkeitsrichtung stehen und kann daher nur zum Radmittelpunkt zeigen (siehe Abbildung). Da der Abstand zum Mittelpunkt durch den Radius fest vorgegeben ist, muss sie außerdem konstanten Betrag besitzen.

Beobachtet man wieder die sichtbare Länge dieses Beschleunigungspfeils von rechts bzw. von unten und trägt die Werte in das Koordinatensystem, dann ergeben sich für die Beschleunigungsanteile in x-und y-Richtung folgende Zeitabhängigkeiten:

$$\sin\varphi(t) = \frac{-a_y(t)}{a} \quad\Rightarrow\quad a_y(t) = -a \cdot \sin\varphi(t) = -a \cdot \sin(\omega \cdot t)$$

$$\cos\varphi(t) = \frac{-a_x(t)}{a} \quad\Rightarrow\quad a_x(t) = -a \cdot \cos\varphi = -a \cdot \cos(\omega \cdot t)$$

Vergleichen man diese Beziehungen mit denjenigen, die wir für die Koordinaten x(t) und y(t) von P gefunden haben, so stellt man fest:

$$\left.\begin{aligned} \sin(\omega \cdot t) &= \frac{a_y(t)}{-a} \\ \sin(\omega \cdot t) &= \frac{y(t)}{r} \end{aligned}\right\} \quad\Rightarrow\quad a_y(t) = -\frac{a}{r} \cdot y(t) \quad\Rightarrow\quad a_y(t) \sim y(t)$$

$$\left.\begin{aligned} \cos(\omega \cdot t) &= \frac{a_x(t)}{-a} \\ \cos(\omega \cdot t) &= \frac{x(t)}{r} \end{aligned}\right\} \quad\Rightarrow\quad a_x(t) = -\frac{a}{r} \cdot x(t) \quad\Rightarrow\quad a_x(t) \sim x(t)$$

Die Beschleunigungen in x- und y-Richtung – und damit die sie hervorrufenden Kräfte – sind also proportional zu den zugehörigen Auslenkungen, d. h. die beobachteten Schwingungen bei Blickrichtung von rechts bzw. von unten sind **harmonisch**.

Diese enge Beziehung zwischen harmonischer Schwingung und Kreisbewegung drückt sich auch in den charakteristischen Kenngrößen dieser periodischen Bewegungsformen aus:

Regel

Kenngrößen der gleichförmigen Kreisbewegung

- Die Winkelgeschwindigkeit ω ist konstant. Man bezeichnet sie auch als **Kreisfrequenz**:

  $\omega = \frac{\varphi}{t}$

- Die **Umlaufdauer T**, in der die Kreisbahn einmal durchlaufen wird ($\varphi = 2\pi$), beträgt wegen $\omega = \frac{2\pi}{T}$:

  $T = \frac{2\pi}{\omega}$

- Die **Drehzahl n** ist der Kehrwert der Umlaufdauer. Sie gibt die Anzahl der Umdrehungen pro Zeiteinheit an:

  $n = \frac{1}{T}$

- Für die **Bahngeschwindigkeit v** gilt, weil bei einem Umlauf in der Zeit T der Kreisumfang $2\pi \cdot r$ zurückgelegt wird:

  $v = \frac{2\pi \cdot r}{T} = \frac{2\pi}{T} \cdot r = \omega \cdot r$

Bei der **harmonischen Schwingung** spricht man statt von Umlaufdauer von der **Periodendauer**, statt von Drehzahl von der **Frequenz**, und der Bahnradius entspricht der **Amplitude** der Schwingung; der formale Zusammenhang der Größen ist aber jeweils der gleiche.

Beispiele

1. Der Minutenzeiger einer Kirchturmuhr ist 2,30 m lang. Welche Bahngeschwindigkeit hat seine Spitze?

   Lösung:

   Der Minutenzeiger benötigt für eine Umdrehung eine Stunde, also $T = 3\,600$ s. Mit $T = \frac{2\pi}{\omega}$ folgt

   $\omega = \frac{2\pi}{T}$

   und damit für die Bahngeschwindigkeit der Zeigerspitze:

   $v = \omega \cdot r = \frac{2\pi}{T} \cdot r = \frac{2\pi}{3\,600\,\text{s}} \cdot 2{,}30\ \text{m} \approx 0{,}0040\ \frac{\text{m}}{\text{s}} = 4{,}0\ \frac{\text{mm}}{\text{s}}$

2. Die Koordinaten eines Punktes P auf dem Umfang eines rotierenden Rades sind proportional zu den zugehörigen Beschleunigungskomponenten. Drücke den Proportionalitätsfaktor durch eine Kenngröße der Kreisbewegung aus.

   Lösung:

   Der Proportionalitätsfaktor beträgt für beide Richtungen (siehe Herleitung oben) $-\frac{a}{r}$. Wir gehen von den Winkelbeziehungen der Koordinaten und Geschwindigkeitskomponenten aus:

$$\frac{x(t)}{r} = \cos\varphi(t) = \frac{v_y(t)}{r} \quad \Rightarrow \quad v_y(t) = \frac{v}{r}\cdot x(t) = \omega\cdot x(t)$$
$$\frac{y(t)}{r} = \sin\varphi(t) = -\frac{v_x(t)}{r} \quad \Rightarrow \quad v_x(t) = -\frac{v}{r}\cdot y(t) = -\omega\cdot y(t) \qquad (*)$$

Die Beschleunigung, die P erfährt, ist definiert als die Änderung seiner Geschwindigkeit in der Zeitspanne t; ebenso ist die Geschwindigkeit definiert als Ortsänderung pro Zeit. Für die x- und y-Komponenten von a gilt daher unter Verwendung der Beziehungen (*):

$$a_x(t) = \frac{v_x(t)}{t} = \frac{-\omega\cdot y(t)}{t} = -\omega\cdot\frac{y(t)}{t} = -\omega\cdot v_y(t) = -\omega\cdot\omega\cdot x(t) = -\omega^2\cdot x(t)$$

$$a_y(t) = \frac{v_y(t)}{t} = \frac{\omega\cdot x(t)}{t} = \omega\cdot\frac{x(t)}{t} = \omega\cdot v_x(t) = \omega\cdot(-\omega\cdot y(t)) = -\omega^2\cdot y(t)$$

Der Proportionalitätsfaktor beträgt also $-\omega^2$. Der Vergleich mit dem zuvor ermittelten Faktor zeigt:

$$-\frac{a}{r} = -\omega^2 \quad\Rightarrow\quad a = \omega^2\cdot r$$

Das Verhältnis von Radius und (konstanter) Beschleunigung der Kreisbewegung ist also durch das Quadrat der Kreisfrequenz bestimmt.

3. Bestimme die Frequenz eines schwingenden Federpendels (m: Masse des Schwingkörpers; D: Federhärte).

   Lösung:

   Die Feder schwingt harmonisch, für die Frequenz der Schwingung gilt:

   $$f = \frac{1}{T} = \frac{1}{\frac{2\pi}{\omega}} = \frac{\omega}{2\pi} \qquad (**)$$

   Nach dem Kraftgesetz gilt bei Auslenkung der Feder um die Strecke s:

   $$D\cdot s = m\cdot a \quad\Leftrightarrow\quad a = \frac{D}{m}\cdot s \qquad (***)$$

   Der in Beispiel 2 gefundene Zusammenhang zwischen Radius und Beschleunigung gilt völlig analog auch bei der harmonischen Schwingung: Der Radius entspricht der maximalen Auslenkung, also der Amplitude der Schwingung, die radial wirkende Beschleunigung der Kreisbewegung entspricht der durch die Federkraft erzeugten rücktreibenden Beschleunigung. Wir können also schreiben:

   $$a = \omega^2\cdot s$$

   Der Vergleich mit der Gleichung (***) führt auf den Zusammenhang:

   $$\omega^2 = \frac{D}{m} \quad\Rightarrow\quad \omega = \sqrt{\frac{D}{m}}$$

   Damit folgt mit der Beziehung (**) für die Frequenz der Schwingung:

   $$f = \frac{1}{2\pi}\cdot\sqrt{\frac{D}{m}}$$

Ein Körper, der sich auf einer Kreisbahn bewegt, erfährt eine radial nach innen gerichtete konstante Beschleunigung a_Z, die proportional zum Kreisradius ist. Nach dem Newton'schen Kraftgesetz muss daher eine ebenfalls konstante Kraft vorliegen, die diese Beschleunigung hervorruft:

Regel

> Die gleichförmige Kreisbewegung wird von der **Zentripetalkraft F_Z** erzeugt:
>
> $F_Z = m \cdot a_Z = m \cdot \omega^2 \cdot r$
>
> Sie ist stets zum Kreismittelpunkt gerichtet, ihr Betrag ist konstant.

Die Zentripetalkraft hindert den Körper daran, von einem beliebigen Punkt der Kreisbahn aus tangential weiterzufliegen, wie es das Trägheitsgesetz im kräftefreien Fall erfordert. Da die Kraft senkrecht auf der Bewegungsrichtung steht, wird keine Arbeit an dem Körper verrichtet, seine Bewegungsenergie ist konstant $E = \frac{1}{2} m \cdot v^2$. Beachte, dass die Zentripetalkraft keine eigene „Kraftart" ist – jede Kraft (Gravitationskraft, Muskelkraft, elektrische Kraft usw.) kann die Rolle der Zentripetalkraft übernehmen, also einen Körper auf eine Kreisbahn zwingen.

Beispiele

1. Ein Hammerwerfer schwingt eine Eisenkugel der Masse 7 kg, die an einer 1,20 langen Schnur hängt, mit der Geschwindigkeit $v = 11\,\frac{m}{s}$ bei gestreckten Armen um seine eigene Achse (Armlänge 60 cm). Bestimme die hierfür nötige Zentripetalkraft. Wie „schwer" empfindet der Werfer die Kugel?

   Lösung:
   Der Radius der Kreisbahn beträgt $1{,}20\text{ m} + 0{,}60\text{ m} = 1{,}80\text{ m}$. Mit $v = \omega \cdot r$ folgt:

   $$F_Z = m \cdot \omega^2 \cdot r = m \cdot \frac{v^2}{r^2} \cdot r = m \cdot \frac{v^2}{r} = 7\text{ kg} \cdot \frac{\left(11\,\frac{m}{s}\right)^2}{1{,}80\text{ m}} \approx 471\text{ N}$$

   Mit dieser Kraft könnte der Werfer die Masse $m = \frac{F_Z}{g} = \frac{471\text{ N}}{9{,}81\,\frac{m}{s^2}} \approx 48\text{ kg}$ anheben.

2. Eine Kugel der Masse m hängt an einem Seil der Länge L, das (drehbar) am oberen Ende einer Stange befestigt ist. Die Kugel wird in eine Drehbewegung um die Stange versetzt, die Umlaufdauer ist T.
   a) Welcher Seilwinkel α stellt sich ein?
   b) Das Seil darf maximal mit der Zugkraft F_{max} belastet werden. Bei welcher Mindestumlaufdauer T_{min} ist diese erreicht?

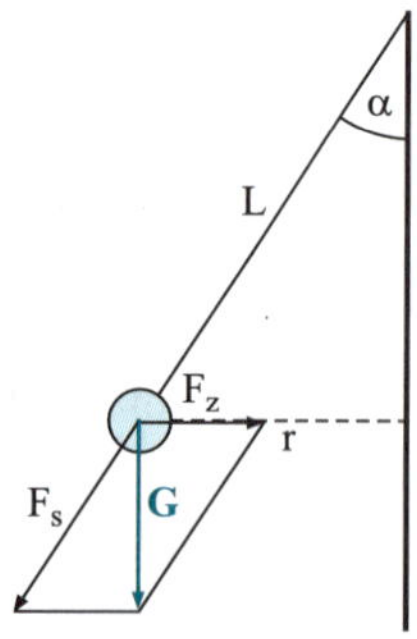

Lösung:

a) Auf die Kugel wirkt die Gewichtskraft G. Der Seilwinkel stellt sich so ein, dass die Kraftkomponente senkrecht zu G als Zentripetalkraft F_Z wirkt, die Komponente längs des Seiles als Zugkraft F_S. Für F_Z ergibt sich mit $\omega = \frac{2\pi}{T}$ und wegen $r = L \cdot \sin\alpha$

$$F_z = m \cdot r \cdot \omega^2 = m \cdot r \cdot \frac{4\pi^2}{T^2} = m \cdot L \cdot \sin\alpha \cdot \frac{4\pi^2}{T^2}.$$

Der Winkel α findet sich aber auch im Kräfteparallelogramm wieder und es gilt:

$$\tan\alpha = \frac{F_z}{G} \quad \Rightarrow \quad F_z = G \cdot \tan\alpha$$

Gleichsetzen der beiden Terme für FZ liefert mit $G = m \cdot g$:

$$m \cdot L \cdot \sin\alpha \cdot \frac{4\pi^2}{T^2} = m \cdot g \cdot \tan\alpha \quad \Rightarrow \quad \cos\alpha = \frac{g \cdot T^2}{L \cdot 4\pi^2}$$

Der Anstellwinkel des Seiles hängt also nicht von der Drehmasse ab. Das ist etwa für die Funktionsweise eines Kettenkarussells von großer Bedeutung, damit schwerere und leichtere Fahrgäste nicht während der Fahrt zusammenstoßen.

b) Die Seilkraft hängt von der Gewichtskraft über

$$\cos\alpha = \frac{G}{F_S} \quad \Rightarrow \quad F_S = \frac{G}{\cos\alpha}$$

zusammen. Darin setzen wir das Ergebnis aus Teilaufgabe a ein:

$$F_S = \frac{G}{\frac{g \cdot T^2}{L \cdot 4\pi^2}} = \frac{m \cdot g \cdot L \cdot 4\pi^2}{g \cdot T^2} = \frac{4\pi^2 \cdot m \cdot L}{T^2}$$

Die Seilkraft ist also umso größer, je kleiner die Umlaufdauer ist. Bei gegebener maximaler Seilkraft F_{max} folgt:

$$F_{max} = \frac{4\pi^2 \cdot m \cdot L}{T^2_{min}} \quad \Rightarrow \quad T^2_{min} = \frac{4\pi^2 \cdot m \cdot L}{F_{max}} \quad \Rightarrow \quad T_{min} = 2\pi \cdot \sqrt{\frac{m \cdot L}{F_{max}}}$$

Diese Gleichung hängt erwartungsgemäß wieder von der Masse der Kugel ab. Die minimal mögliche Umlaufdauer bzw. die maximale Seilkraft hängen aber nicht vom Ortsfaktor ab, d. h., das Ergebnis auf dem Mond wäre das gleiche wie hier auf der Erde. Auch das muss so sein, denn die Reißfestigkeit ist eine reine Materialeigenschaft, die nicht von der Lage des Seils abhängen darf.

Bewegt man sich auf einer Kreisbahn, spürt man eine radial nach außen wirkende Kraft, die **Zentrifugalkraft (Fliehkraft)**. Sie ergibt sich aus dem Trägheitsgesetz und dem Wechselwirkungsgesetz als Reaktionskraft der Zentripetalkraft, ist also dieser betragsgleich und entgegengesetzt gerichtet. Wie jede Trägheitskraft ist sie eine Scheinkraft, weil sie nur für den mitbewegten, nicht aber einen außen stehenden Beobachter auftritt – im Gegensatz zur Zentripetalkraft, die als erzeugende Kraft der Kreisbewegung eine reale physikalische Kraft darstellt.

Zusammenfassung

- Sämtliche Bewegungsabläufe unterliegen den drei Newton'schen Gesetzen: dem **Trägheitsgesetz**, dem **Kraftgesetz** und dem **Wechselwirkungsgesetz**.
- Die beschleunigende Kraft auf einen Körper ist die **Ersatzkraft** aller angreifenden Kräfte. Bei realen Bewegungsabläufen ist immer die **Reibungskraft** zu berücksichtigen.
- Sind Anfangsgeschwindigkeit und Kraft parallel gerichtet, ist die Bewegung geradlinig oder **eindimensional** (Beispiel: senkrechter Wurf), ansonsten **zweidimensional** (Beispiel: schräger Wurf). Zweidimensionale Bewegungen lassen sich beschreiben, indem man die zugrunde liegenden eindimensionalen Bewegungen getrennt betrachtet.
- Bewegungen mit **konstanter Beschleunigung** werden durch Kräfte verursacht, die in Betrag und Richtung unveränderlich sind. Solche Bewegungen werden durch das **t-s-**, das **t-v-** und das **s-v-Gesetz** beschrieben.
- Bewegungen mit **veränderlicher Beschleunigung** werden durch Kräfte verursacht, deren Betrag (Beispiele: harmonische Schwingung; Gravitation) oder Richtung (Beispiel: Kreisbewegung) oder beides sich während der Bewegung verändern.
- **Kreisbewegungen** sind durch den Bahnradius und eine der voneinander abhängigen Kenngrößen Kreisfrequenz, Umlaufdauer und Drehzahl charakterisiert. Sie werden durch die **Zentripetalkraft** verursacht.

Aufgaben

92. Im Erlebnisbad verlässt ein Kind die Rutsche waagerecht und trifft die 1,20 m tiefer liegende Wasseroberfläche im Abstand 1,60 m hinter dem Rutschenende. Welche Geschwindigkeit hat das Kind beim Verlassen der Rutsche?

93. Ein Ball springt (reibungsfrei) auf der abgebildeten Bahn über den Boden. Zeichne die Beschleunigung auf den Ball in den Punkten P, Q und R als Pfeile ein! Aus welchen Bewegungen setzt sich die Bahn zusammen? Welche Energien treten dabei auf?

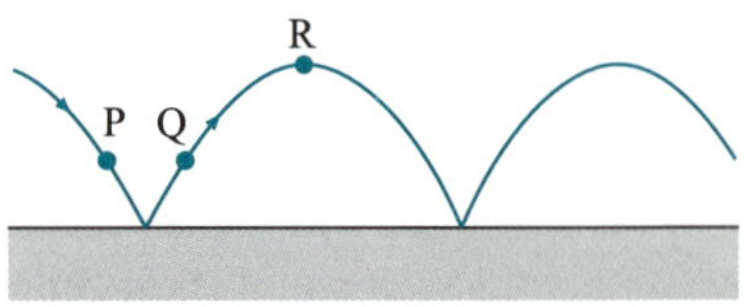

94. Ein Fußballtorwart (gerade nicht mehr erreichbare Ballhöhe 2,50 m) steht 8,0 m vor seinem Tor (Höhe 2,44 m). Ein Freistoßschütze versucht aus einer Entfernung von 40 m zum Tor einen „Heber“ über den Torwart.

a) Ist dies aus diesem Abstand bei minimaler Schusshöhe überhaupt möglich?

b) Bis zu welchem Mindestabstand s des Keepers von seinem Tor ist dieser Freistoßtrick möglich?

Hinweis: Sämtliche Maßangaben beziehen sich auf den Ballschwerpunkt; der Balldurchmesser wird also in der Rechnung nicht berücksichtigt.

95. Beim Tennisaufschlag muss der Ball von einer Stelle hinter dem Feld gespielt werden und in dem gegenüberliegenden Aufschlagfeld vor der „T-Linie“ auftreffen. Im Folgenden wird der Ball als punktförmig angenommen und waagerecht von der Mitte der Grundlinie aus ohne Drall geschlagen.

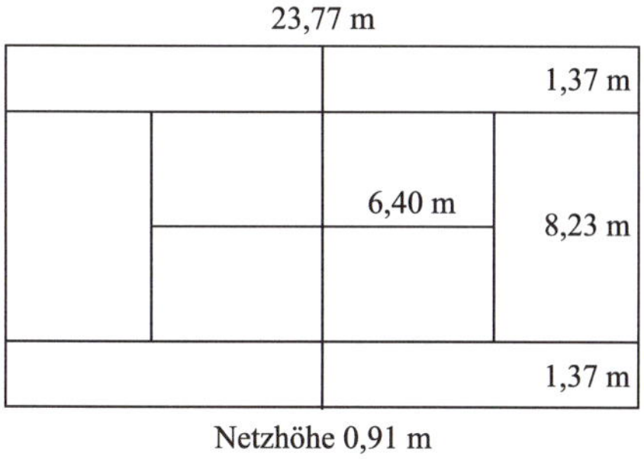

a) Welche Anfangsgeschwindigkeit muss der Tennisball besitzen, damit er, von der Grundlinie aus in 2,50 m Höhe gespielt, gerade das Linienkreuz der Aufschlagfelder trifft?

b) Fliegt dieser Ball über die Netzkante?

c) Wie hoch muss der Abschlagpunkt mindestens liegen, damit der Ball bei sonst gleichen Bedingungen so knapp wie möglich über das Netz fliegt?

d) Sind die Ergebnisse der Berechnungen in den Teilaufgaben a–c praxisrelevant? Begründe deine Antwort.

96. Bei einem Motorrad-Stunt soll von einer waagerechten Rampe (Höhe 3,80 m) aus ein Wassergraben von 12 m Länge übersprungen werden.

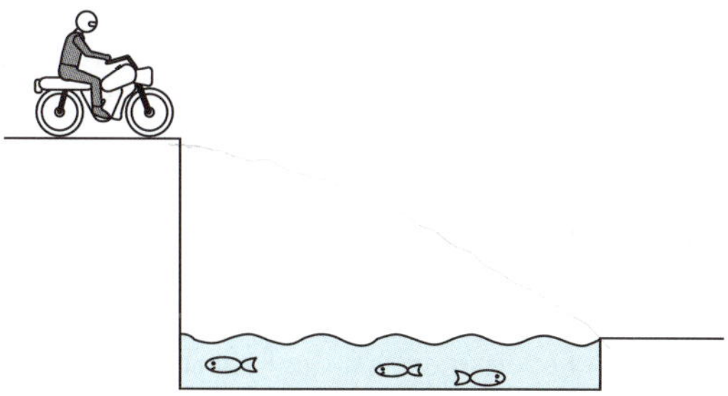

a) Wie schnell muss das Motorrad mindestens fahren?

b) Wie würde sich eine Verdoppelung der Geschwindigkeit auf die Sprungweite auswirken?

c) Wie müsste der Fahrer seine Geschwindigkeit erhöhen, um den Graben bei nur einem Viertel an Höhenunterschied (also 0,95 m statt 3,80 m) überspringen zu können?

97. Mutprobe

Ein Mountainbikefahrer möchte einen Graben überspringen, dessen Seiten einen Höhenunterschied von 2,20 m aufweisen. Er kann sein Fahrrad bei den gegebenen Ortsverhältnissen auf maximal 20 km/h beschleunigen. Wie breit darf der Graben höchstens sein, damit ihm der Sprung gefahrlos gelingt (Länge des Fahrrads: 1,80 m)?

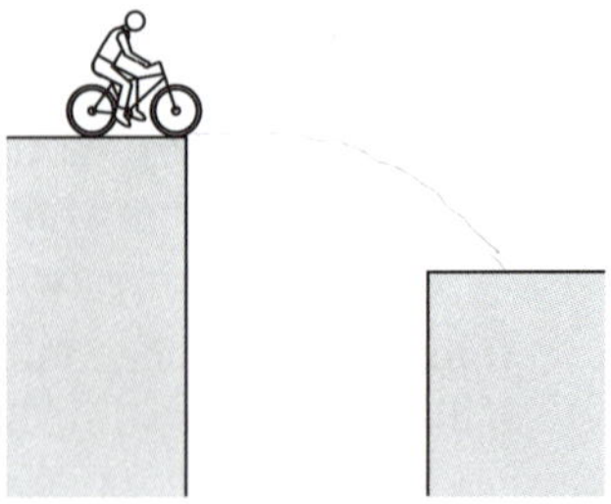

* **98.** Aus einem Gartenschlauch strömt Wasser mit einer Geschwindigkeit von $9{,}0\,\frac{\mathrm{m}}{\mathrm{s}}$.

a) Wie hoch kann der Gärtner maximal spritzen und unter welchem Winkel gegen die Horizontale erreicht er dies?
b) Wie weit kann der Rasensprenger vom Boden aus höchstens spritzen und unter welchem Austrittswinkel α ist dies der Fall?
c) Nun möchte der Gärtner bei waagerechtem Schlauch eine Rabatte in 5,0 m Entfernung gießen. Wie hoch muss er das Schlauchende halten?

99. Ein Ball rollt von einer waagerechten Tischplatte herunter und prallt mit einer Gesamtgeschwindigkeit von $v = 4{,}20\,\frac{\mathrm{m}}{\mathrm{s}}$ unter einem Winkel von $\alpha = 63°$ gegen die Waagerechte am Boden auf.
Wie schnell war der Ball auf der Tischplatte, welche Höhe hat diese, wie weit entfernt prallt der Ball auf den Boden und wie lange fliegt er?

100. Ein Autoreifen hat einen Durchmesser von 70 cm. Wie viele Umdrehungen je Minute sind notwendig für eine Geschwindigkeit von 108 km/h?

101. Welche Winkelgeschwindigkeit hat die Drehung der Erde

a) um ihre eigene Achse bzw.
b) um die Sonne?

102. Mit welcher Bahngeschwindigkeit bewegt sich ein Punkt des Äquators aufgrund der Eigenrotation der Erde ($r_{Erde} = 6\,370$ km)?

103. Ein Federpendel hat die Federhärte $9{,}0\,\frac{\mathrm{N}}{\mathrm{m}}$ und die Schwungmasse 640 g.

a) Bestimme die Winkelgeschwindigkeit, die Schwingungsdauer und die Frequenz der Schwingung.
b) Die maximale Geschwindigkeit des Massestückchens beträgt $1{,}2\,\frac{\mathrm{m}}{\mathrm{s}}$. Berechne die Amplitude der Schwingung.
c) Berechne die maximale Bewegungsenergie und die maximale Spannungsenergie des Pendels. Vergleiche beide Ergebnisse.

104. Ein Motorradfahrer (Masse mit Motorrad 245 kg) möchte mit 54 km/h in eine Kurve mit Krümmungsradius 35 m einfahren.

a) Was muss der Fahrer tun, um überhaupt die Kurve durchfahren zu können, ohne von der Straße abzukommen (Skizze!)?

b) Um welchen Winkel α (gegen die Vertikale) muss sich der Motorradfahrer nach innen neigen, damit er in der Kurve das Gleichgewicht halten kann und nicht umfällt?

c) Welcher Neigungswinkel wäre bei einer Geschwindigkeit von 216 km/h zu wählen und welche Bedenken sind dabei zu äußern?

105. In einem Suppenteller (von Kugelschalenform) rollen zwei Kugeln unterschiedlicher Masse mit gleicher Geschwindigkeit auf Kreisbahnen. Was lässt sich über die Bahnradien der Kugeln aussagen (Skizze!)?

106. Teufelsrad

Auf großen Volksfesten findet man zuweilen ein Fahrgeschäft namens „Teufelsrad". Hier sollen sich die Fahrgäste auf einer waagerecht gelagerten, rotierenden Kreisscheibe vom Radius $R = 4{,}0$ m aufhalten ohne herunterzufallen.

a) Unter welchem Winkel muss ein Fahrgast der Masse m im Abstand $r < R$ auf der zunächst ruhenden Scheibe stehen? Fertige eine Skizze an!

b) Die Scheibe rotiere nun mit einer Umlaufzeit von $T = 2{,}0$ s. Fertige eine Skizze an, in der der Fahrgast bei $r_1 = 2{,}40$ m die geeignete Haltung einnimmt und berechne die relevante Größe. Wie müssen sich leichte bzw. schwere Fahrgäste verhalten?

c) Ein weniger geübter Teufelsradfahrer hält sich nur $r_2 = 1{,}20$ m von der Scheibenmitte entfernt auf. Welchen Neigungswinkel sollte er wählen?

d) Welcher prozentuale Anteil der Gewichtskraft muss jeweils als Haftkraft in den Fällen der Teilaufgaben b und c ein Hinausschleudern verhindern?

e) Die meisten Teufelsräder sind zusätzlich nach außen abfallend geformt, also kegelförmig. Wie ändern sich die Ergebnisse aus Teilaufgabe d, wenn der Kegelmantel gegen die Waagerechte um 5° geneigt ist?

107. Um Astronauten an die starke Beschleunigung der Rakete zu gewöhnen, werden Zentrifugen eingesetzt. An einem Dreharm der Länge r ist der Astronaut mit Gurten gut befestigt, durch Erhöhung der Winkelgeschwindigkeit wird ein Vielfaches der Erdbeschleunigung g erreicht.

a) Wie wirkt sich eine Verdoppelung der Dreharmlänge r auf die erreichte Beschleunigung a aus?

b) Wie wirkt sich eine Verdoppelung der Winkelgeschwindigkeit ω auf die erreichte Beschleunigung a aus?

108. Eine Camping-Salatschleuder hat nur den halben Durchmesser einer gewöhnlichen Salatschleuder für den Hausgebrauch. Wie lässt sich durch Verändern der Umlaufdauer beim Campingmodell die gleiche Wirkung erzielen wie bei der Heimversion?

109. Auf Volksfesten erzeugen zahlreiche Fahrgeschäfte durch plötzlich einsetzende Kreisbewegungen starke Beschleunigungen und dadurch das gewisse Prickeln für die Fahrgäste. Ein molliger Fahrgast prahlt, dass bei ihm wegen seiner großen Masse größere Beschleunigungen auftreten als bei einer leichteren Person und er dadurch ein besonders reizvolles Fahrerlebnis bei gleichem Preis hat.
Nimm zu dieser Aussage Stellung!

4 Wellen und Quanten

4.1 Ausbreitung von Wellen

Wenn ein Punkt (oder ein Körper) periodisch auf und ab bewegt wird, spricht man von einer **Schwingung**. Den häufigen Fall einer harmonischen Schwingung haben wir in Kapitel 3 besprochen. Ist dieser schwingende Punkt elastisch mit benachbarten Punkten verbunden (wie etwa bei einem Gummiseil oder einer Spiralfeder), dann werden diese Nachbarpunkte mehr oder weniger zeitverzögert mitgezogen und ebenfalls ausgelenkt; die Schwingung des Ausgangspunktes überträgt sich auf die Nachbarpunkte, von dort wieder auf deren Nachbarpunkte und so weiter, es entsteht eine **Welle**. Je nachdem, ob die Nachbarpunkte linear oder flächig angeordnet sind, breitet sich die Wellen in einer oder in zwei Dimensionen aus.

Eindimensionale Wellenausbreitung

Am leichtesten kann man die Vorgänge bei der Wellenausbreitung zunächst an einem Seil verstehen. Das linke Seilende wird (zunächst einmalig) ausgelenkt, diese Störung breitet sich dann in Seilrichtung aus, bis sie an der Wand reflektiert wird und (in entgegengesetzter Richtung) wieder zurückwandert.

A

ruhendes Seil
(an der Wand rechts befestigt)

B

Störung
(Auslenkung)

C

Störung wandert weiter zur Wand

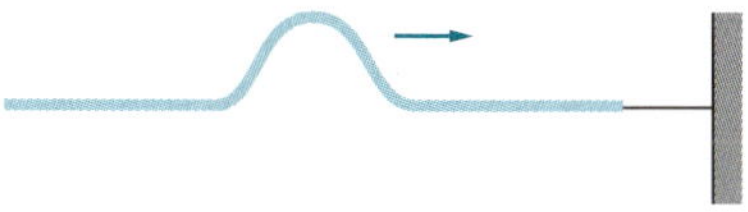

D

Störung wird reflektiert
und wandert so zurück

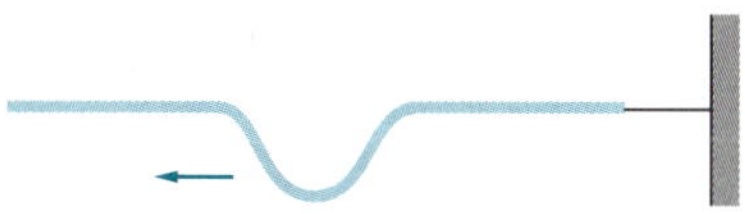

Um dieses Ausbreitungs- und Reflexionsverhalten zu erklären, kann man sich die Seilpunkte als Kugeln vorstellen, die an einem Balken an je zwei Fäden aufgehängt sind (in Balkenrichtung), sodass sie **nur senkrecht zur Balkenrichtung** schwingen können.

Die Kugeln sind untereinander durch kleine Federn elastisch verbunden. Wird nun die linke Kugel ausgelenkt („Störung"), dann zieht sie verzögert die rechte Nachbarkugel mit (ebenfalls senkrecht zur Balkenrichtung, da keine andere Bewegungsrichtung möglich ist), diese dann die übernächste und so weiter. Die Störung breitet sich in Balkenrichtung aus, die einzelnen Punkte (Kugeln) schwingen senkrecht dazu. Von unten betrachtet sieht der Vorgang dann ganz ähnlich aus wie die im vorigen Beispiel betrachtete Störung beim Seil.

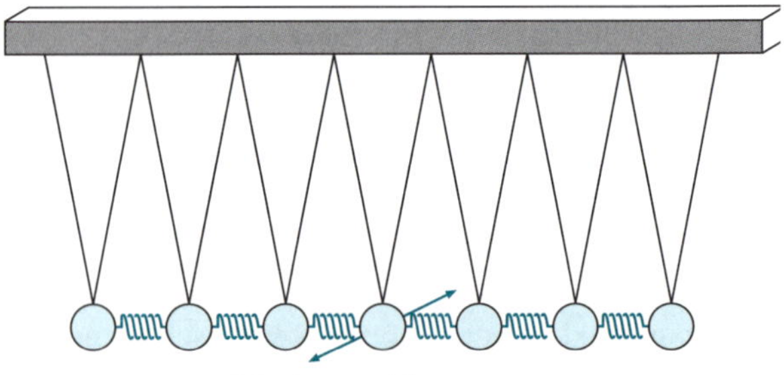

Hängt man die Kugeln nicht an einem, sondern an zwei Balken senkrecht zur Kugelreihe auf, können die Kugeln **nur in Balkenrichtung** (und nicht mehr quer dazu) ausgelenkt werden.

Auch hier bewirkt die Federkopplung der Kugeln, dass eine einmalige Störung durch Auslenkung sich nach und nach auf die benachbarten Kugeln überträgt und somit durch die Kugelreihe „wandert".

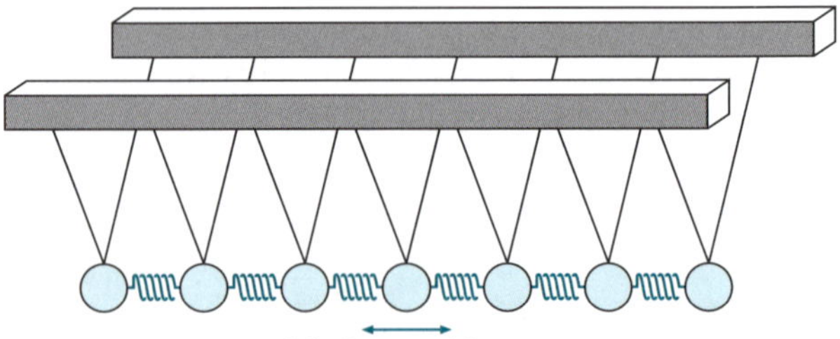

In beiden Fällen (Schwingungsrichtung senkrecht oder längs der Balkenrichtung) gilt: Findet die Störung periodisch als Schwingung statt, dann entwickelt sich eine elastische Welle.

Regel

> Mechanische Störungen, die sich in einem elastischen Medium fortpflanzen, heißen **elastische Wellen**. Sie heißen
> - **Transversal- oder Querwellen**, wenn die Teilchen des Mediums senkrecht zur Ausbreitungsrichtung schwingen;
> - **Longitudinal- oder Längswellen**, wenn die Teilchen des Mediums in Ausbreitungsrichtung schwingen.

Die Seilwelle ist also eine Transversalwelle; das bekannteste Beispiel für eine Longitudinalwelle sind die **Schallwellen**.

Um etwas über die Eigenschaften von elastischen Wellen zu erfahren, betrachten wir eine Querwelle, die durch eine harmonische Schwingung der Frequenz f angeregt wird. Jedes Teilchen des Mediums schwingt dann zwar zeitlich versetzt, aber mit der einheitlichen **Frequenz f**. Erreicht ein Teilchen den oberen Umkehrpunkt, befindet sich die Welle dort in einem **Wellenberg**, umgekehrt spricht man beim Erreichen des unteren Umkehrpunkts vom **Wellental**. Nach Ablauf einer **Schwingungsdauer T** ist die Welle um eine Strecke weitergewandert, die man als **Wellenlänge λ** bezeichnet: Sie gibt den Abstand zweier Teilchen gleicher **Schwingungsphase** – also gleichem Auslenkungszustand – an, z. B. den Abstand zwischen zwei Wellenbergen oder zwei Wellentälern. Da die Wellenlänge ebenso wie die Schwingungsdauer konstant sind, ist dies auch der Quotient beider Größen: Er definiert die **Ausbreitungs-** oder **Phasengeschwindigkeit c** der Welle.

Beachte: Bei einer Welle schwingt jedes Teilchen an Ort und Stelle hin und her; es wandern also nicht die Teilchen entlang der Welle, sondern deren Zustand oder Phase.

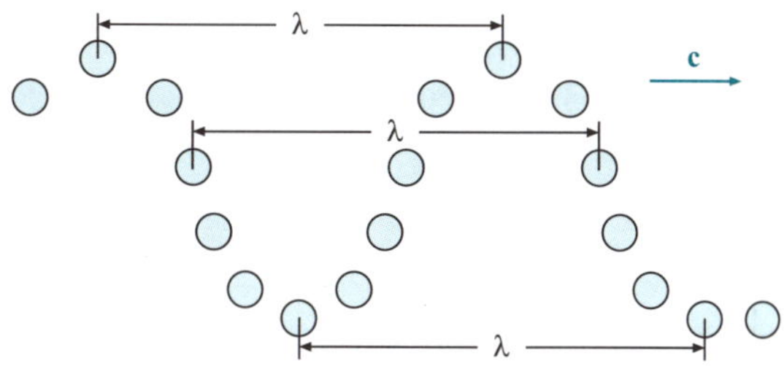

Regel

> Die **Ausbreitungsgeschwindigkeit c** der Welle ist die Geschwindigkeit der Phase, nicht die der schwingenden Teilchen selbst. Sie hängt vom Material ab, in dem sich die Welle ausbreitet, und ist durch die Wellenlänge λ sowie die Schwingungsdauer T bzw. die Frequenz f bestimmt:
>
> $c = \frac{\lambda}{T}$ bzw. $c = \lambda \cdot f$

Wie reagiert eine Welle, die auf ein Hindernis zuläuft? Betrachten wir wieder die Querwelle durch ein Seil, dessen rechtes Ende fest mit einer Wand verbunden ist, zu aufeinander folgenden Zeitpunkten (sogenannte **Momentbilder** der Welle):

Bild A: Die Störung wandert auf die Wand zu. Das vorletzte Teilchen ist noch in der Ruhelage, das letzte Teilchen ist fest an der Wand fixiert.

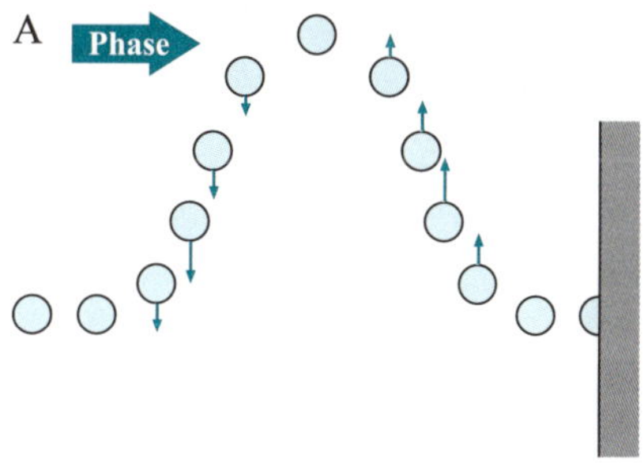

Bild B: Das vorletzte Teilchen wird durch die Kopplung an seinen linken Nachbarn nach oben ausgelenkt.

B
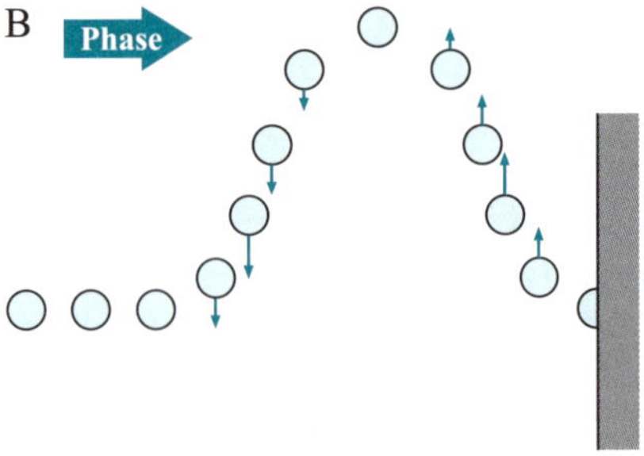

Bild C: Das vorletzte Teilchen kann sein rechtes Nachbarteilchen nicht mitziehen, deshalb wird die elastische Rückstellkraft hier größer als sonst zwischen zwei Nachbarteilchen im Seil.

C
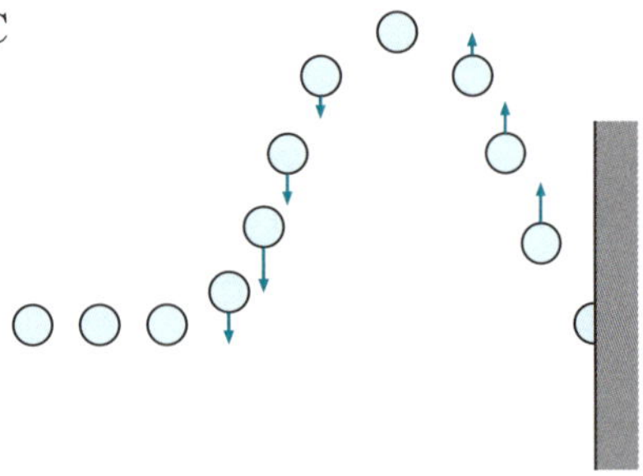

Bild D: Das vorletzte Teilchen wird durch die große Rückstellkraft so stark nach unten beschleunigt, dass es weiter nach unten gelangt als in die Ausgangslage.

D
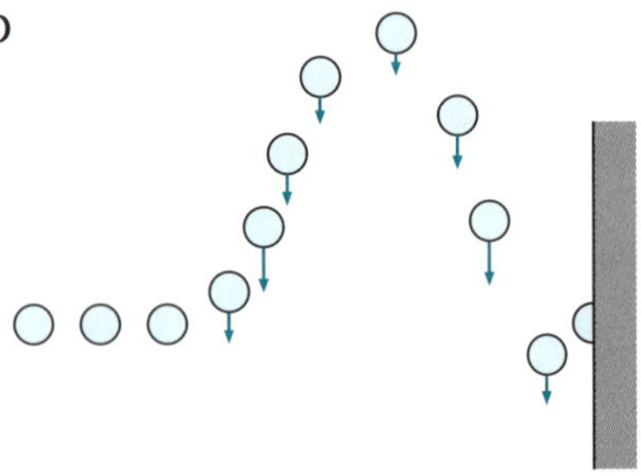

Bild E: Aus dem einlaufenden Wellenberg ist ein auslaufendes Wellental geworden.

E
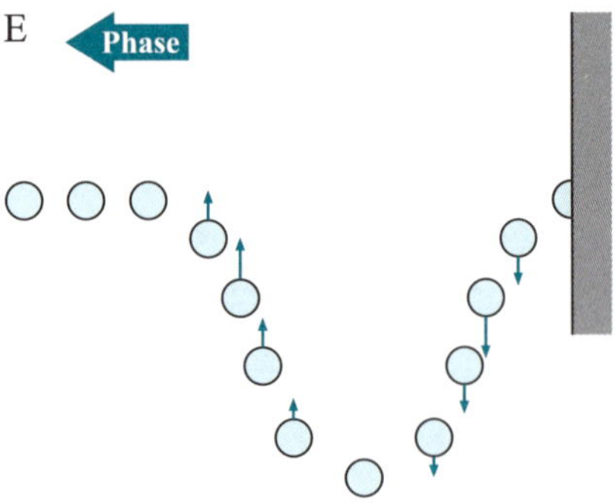

Bild F: Die Störung wandert von der Wand weg. Wellenlänge, Frequenz und Phasengeschwindigkeit sind unverändert, dagegen hat der Phasenwinkel bei der Reflexion am festen Ende einen Sprung um 180° erfahren, d. h., die Störung wird gespiegelt.

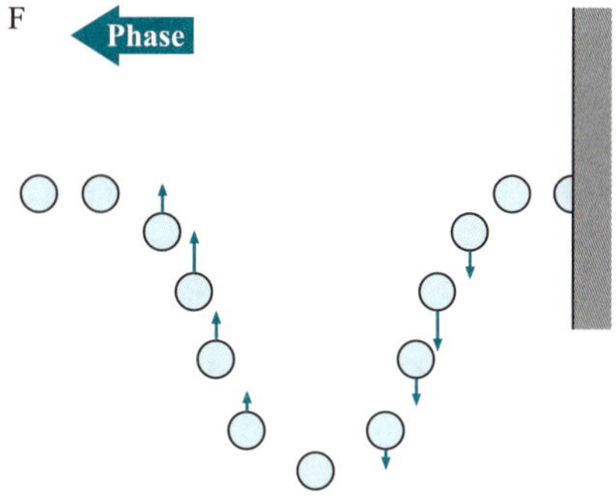

Ist das Seil am rechten Ende nicht fest, sondern lose mit der Wand verbunden, so kann das letzte Teilchen der Schwingung seines linken Nachbarn ungehindert folgen. Es kommt daher bei der Reflexion zu keinem Phasensprung.

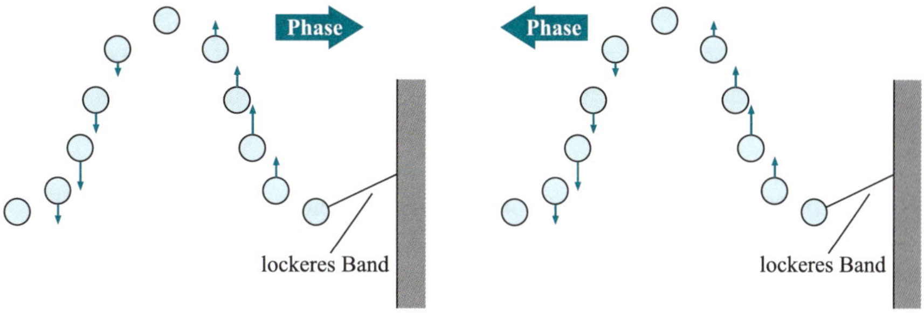

Die beschriebenen Reflexionseigenschaften sind nicht auf Seilwellen beschränkt, sondern gelten für alle Quer- und ebenso für alle Längswellen. Die Reflexion von **Schallwellen**, den wichtigsten Vertretern der Längswellen, spielt z. B. eine wichtige Rolle für den Klang von Blasinstrumenten wie Flöten, Oboen, Orgelpfeifen usw. (vergleiche hierzu auch Abschnitt 4.2). Die Eigenschaft des „festen" oder „losen" Endes wird hier durch den Abschluss des Blasrohrs (offen oder geschlossen) realisiert. Insgesamt können wir festhalten:

Regel

Bei der **Reflexion einer Welle**
- **am festen Ende** des elastischen Mediums tritt ein **Phasensprung von 180°** auf;
- **am losen Ende** des elastischen Mediums tritt **kein Phasensprung** auf.

Beispiele

1. Paul steht 7 m vor einer Wand, in der Hand das eine Ende eines Seiles, dessen anderes Ende an der Wand befestigt ist. Er erzeugt eine Seilwelle, indem er gleichmäßig innerhalb 5 s zwölfmal die Hand auf und nieder bewegt. Er misst für die Laufzeit, die ein Wellenberg zur Wand und wieder zurück benötigt, 7,3 s. Berechne die Wellenlänge der Seilwelle.

Lösung:
Für die Wellenlänge gilt:

$$c = \lambda \cdot f \quad \Rightarrow \quad \lambda = \frac{c}{f}$$

Die Frequenz ergibt sich aus der Zahl der Handschwingungen pro Sekunde:

$$f = \frac{12}{5\,s} = 2{,}4\ \text{Hz}$$

Die Geschwindigkeit berechnen wir durch Division des zurückgelegten Wegs, also dem doppelten Wandabstand, durch die Laufzeit:

$$c = \frac{2s}{t}$$

Damit folgt:

$$\lambda = \frac{2s}{t \cdot f} = \frac{2 \cdot 7\ \text{m}}{7{,}3\ \text{s} \cdot 2{,}4\ \text{Hz}} = 0{,}80\ \text{m}$$

Die Seilwellenlänge beträgt 80 cm.

2. Gib die Schwingungsphase eines Teilchens eines elastischen Mediums, das aus der Ruhelage ausgelenkt wird, zu den Zeitpunkten 0 s, $\frac{T}{4}$, $\frac{T}{2}$, $\frac{2}{3}T$, $\frac{3}{4}T$ und T an (T: Schwingungsdauer).

   Lösung:
   Die Phase φ ist ein Winkel und beträgt im unausgelenkten Zustand 0°, nach einer vollen Schwingungsperiode 360°. Allgemein gilt der Zusammenhang:

   $$\frac{\varphi}{t} = \frac{360°}{T} \quad \Rightarrow \quad \varphi = 360° \cdot \frac{t}{T}$$

   Setzt man darin für t nacheinander die gegebenen Zeitdauern ein, erhält man die Phasen 0°, 90°, 180°, 240°, 270° und 360°.

Zweidimensionale Wellenausbreitung

Wird eine zuvor glatte Wasseroberfläche in gleichbleibendem Rhythmus gestört, indem z. B. ein spitzer Gegenstand eingetaucht wird oder man Wassertropfen aufprallen lässt, dann entstehen Wasserwellen, die sich kreisförmig um den Erregungspunkt ausbreiten. Die Wasserteilchen an der Quelle der Welle werden vom Erreger mit konstanter Frequenz vertikal ausgelenkt. Durch elektrostatische Kräfte zwischen benachbarten Wassermolekülen wird diese Auslenkung elastisch auf die rundum liegenden Wasserteilchen übertragen und pflanzt sich auf diese Weise radial nach allen Seiten waagerecht aus.

Im Querschnitt durch die Störstelle sieht das in einer Momentaufnahme etwa so aus:

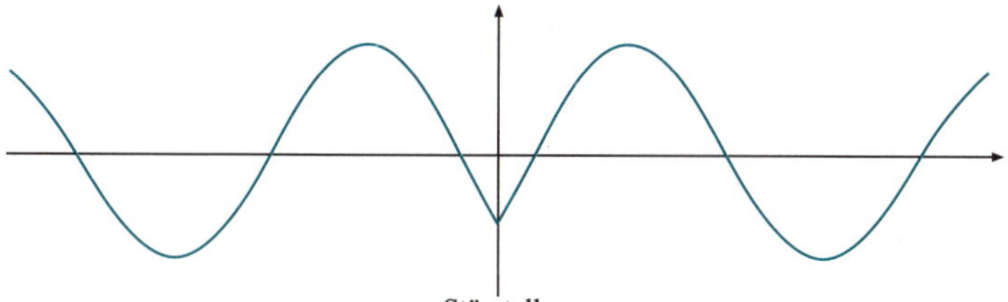

In größerer Entfernung werden die Wellen aufgrund von Reibungsverlusten wieder flacher, sodass sich aus der Ferne der Querschnitt so darstellt:

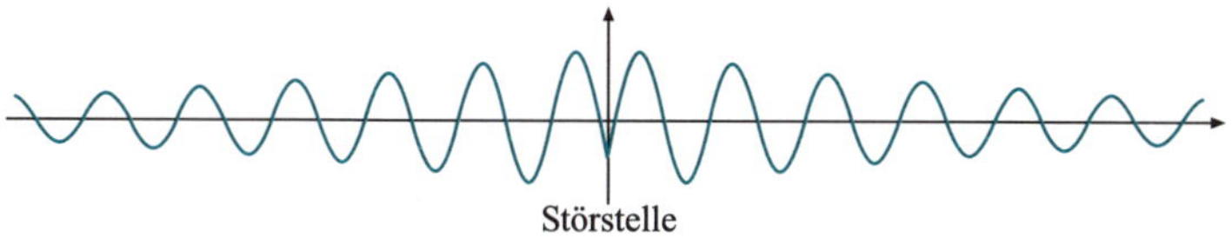

Die Dämpfung lassen wir aber vorerst noch außer Acht und lassen die Wellen sich widerstandsfrei ausbreiten; dabei verfolgen wir in diesem Querschnitt die Bewegung einiger Wasserteilchen, die völlig analog zu der im vorigen Abschnitt behandelten Bewegung einer eindimensionalen Querwelle verläuft: Der Wellenberg ist stets schwarz markiert, er wandert mit der Ausbreitungsgeschwindigkeit c der Welle nach rechts. Dabei bildet in jedem Augenblick ein anderes Wasserteilchen diesen Gipfel! Außerdem ist ein ganz bestimmtes Teilchen immer weiß markiert, man „sieht“ es auf- und abschwingen, ohne dass es „abgetrieben“ wird (stelle dir z. B. einen Korken auf der Wasseroberfläche vor). Die schwingenden Teilchen bewegen sich also nicht in Ausbreitungsrichtung der Welle.

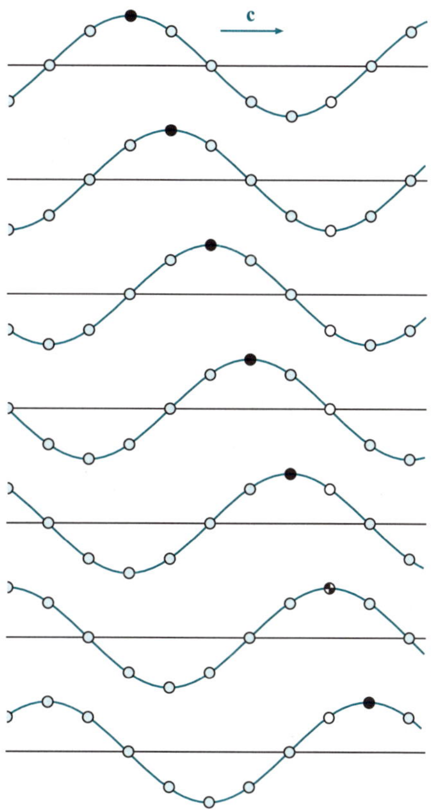

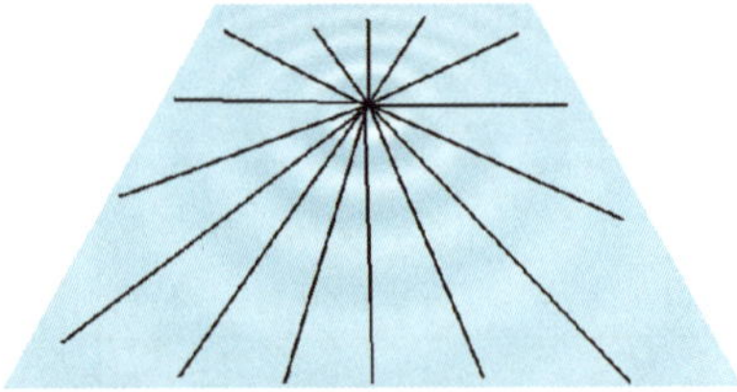

Die bei einer punktförmig erzeugten Wasserwelle kreisförmig um das Erregungszentrum angeordneten Talrinnen und Gipfelgrate entsprechen den Wellentälern und -bergen der eindimensionalen Querwellen. Man nennt diese sich ausbreitenden Bereiche **Wellenfronten** (exakt: Bereiche phasengleicher Zustände). Wellenfronten müssen im Allgemeinen nicht kreisförmig sein, ihre jeweilige Gestalt hängt von Art und Zahl der Erreger ab. In jedem Falle zeigen aber die Lote darauf die Ausbreitungsrichtung der zweidimensionalen Welle an (hier: radial nach außen); diese Lote heißen **Wellennormalen** oder auch **Wellenstrahlen**.

Wasserwellen sind die bekanntesten zweidimensionalen elastischen Wellen. Da sich die Wellenfortpflanzung an der Wasseroberfläche abspielt, spricht man auch von **Oberflächenwellen**. Zweidimensionale Wellen können im Allgemeinen Transversal- oder Longitudinalwellen sein oder aber auch eine Kombination aus beiden Wellenarten.

Beispiele

1. Tante Tilly steht neben dem kreisrunden Planschbecken (Durchmesser 180 cm) und beobachtet die Wasserwellen, die von über dem Beckenmittelpunkt herabfallenden Wassertropfen ausgelöst werden. Während einer Zeitspanne von 30 s zählt sie 45 Tropfen. Außerdem dauert es 6,0 s, bis ein Wellenberg von der Mitte bis zum Rand gewandert ist. Welche Wellenlänge ergibt sich?

   Lösung:
   Der Radius ist 90 cm, also beträgt die Ausbreitungsgeschwindigkeit der Welle gerade
   $c = \frac{0{,}90\,\mathrm{m}}{6{,}0\,\mathrm{s}} = 0{,}15\,\frac{\mathrm{m}}{\mathrm{s}}$,
   die Frequenz ist
   $f = \frac{45}{30\,\mathrm{s}} = 1{,}5\,\frac{1}{\mathrm{s}}$
   und wegen $c = \lambda \cdot f$ beträgt die Wellenlänge
   $\lambda = \frac{c}{f} = \frac{0{,}15\,\frac{\mathrm{m}}{\mathrm{s}}}{1{,}5\,\frac{1}{\mathrm{s}}} = 0{,}10\,\mathrm{m}.$

2. Beim **Dopplereffekt** nimmt der Empfänger eine veränderte Tonhöhe wahr, wenn die Schallquelle sich auf ihn zu oder von ihm weg bewegt. Ein Zuhörer sitze neben einem Bahngleis, auf dem ein Wagon mit einem Lautsprecher vorbeifährt, der einen Ton mit der Frequenz 340 Hz in ausreichender Lautstärke abgibt. Die Schallgeschwindigkeit in Luft ist etwa $340\,\frac{\mathrm{m}}{\mathrm{s}}$.

a) Welche Wellenlänge besitzt die Schallwelle, die vom Lautsprecher ausgeht?

Lösung:
Mit der Gleichung $c = \lambda \cdot f$ ergibt sich:

$$\lambda = \frac{c}{f} = \frac{340\,\frac{m}{s}}{340\,\frac{1}{s}} = 1{,}00\text{ m}$$

b) Wie viele Wellenberge erreichen das Ohr des Zuhörers bei stehendem Zug in jeder Sekunde?

Lösung:
Das Zuhörerohr wird jede Sekunde von 340 Wellenbergen getroffen (das ist die Bedeutung der Größe „Frequenz“).

c) Der Zug fahre nun mit $v = 40\,\frac{m}{s}$ auf den Zuhörer zu. Wie viele Wellenberge erreichen den Zuhörer jetzt in jeder Sekunde?

Lösung:
Die Frequenz der Schallquelle (Lautsprecher) bleibt unverändert 340 Hz, beim Zuhörerohr kommen die Wellenberge aber dichter an als zuvor, weil die Schallquelle sich zwischen zwei Wellenbergen (Zeitraum $T = \frac{1}{f}$) um die Strecke $v_{Quelle} \cdot T = \frac{v_{Quelle}}{f}$ auf den Zuhörer zu bewegt hat.
Die verkürzte Wellenlänge λ' ist dann

$$\lambda' = \lambda - \frac{v_{Quelle}}{f} = 1{,}00\text{ m} - \frac{40\,\frac{m}{s}}{340\,\frac{1}{s}} = 0{,}882\text{ m},$$

die wahrgenommene Frequenz beträgt damit:

$$f' = \frac{c}{\lambda'} = \frac{340\,\frac{m}{s}}{0{,}882\text{ m}} = 385\text{ Hz}$$

Der Ton ist höher.

d) Nach Passieren des Zuhörers fährt der Zug mit weiterhin $40\,\frac{m}{s}$ von diesem weg. Wie viele Wellenberge empfängt der Zuhörer jetzt in einer Sekunde?

Lösung:
Beim Zuhörerohr kommen die Wellenberge jetzt weniger dicht an als zuvor, weil die Schallquelle sich zwischen zwei Wellenbergen um die Strecke $v_{Quelle} \cdot T = \frac{v_{Quelle}}{f}$ vom Zuhörer weg bewegt hat.
Die verlängerte Wellenlänge λ'' und die resultierende wahrgenommene Frequenz betragen:

$$\lambda'' = \lambda + \frac{v_{Quelle}}{f} = 1{,}00\text{ m} + \frac{40\,\frac{m}{s}}{340\,\frac{1}{s}} = 1{,}118\text{ m}$$

$$\Rightarrow \quad f'' = \frac{c}{\lambda''} = \frac{340\,\frac{m}{s}}{1{,}118\text{ m}} = 304\text{ Hz}$$

Der Ton ist tiefer.

Aufgaben **110.** Schnecke Charlotte möchte einen unbeschrankten Bahnübergang überqueren. Auf beiden Seiten ist das Gleis weit einsehbar, um sicher zu sein lauscht sie jedoch an den Gleisen, denn: Die Schallgeschwindigkeit in Eisen ist etwa $c_{Eisen} = 5\,200 \frac{m}{s}$, in Luft dagegen $c_{Luft} = 340 \frac{m}{s}$. Das Fahrgeräusch eines herannahenden Zuges erreicht folglich auf dem Schienenweg das Schneckenohr viel schneller und sie hat damit mehr Zeit zum Reagieren.

a) Um wie viel Prozent mehr Zeit bleibt der Schnecke, wenn man von gleicher Lautstärke und damit Hörbarkeit ausgeht?

b) Wie wirkt sich das Material des Schallleiters auf Wellenlänge und Frequenz aus?

111. Die Ausbreitungsgeschwindigkeit c von Wasserwellen hängt auch von der Wassertiefe ab. Wie ändert sie sich bei Wasserwellen, die auf ein langsam ansteigendes Seeufer zulaufen?

112. Welche physikalischen Größen sind überhaupt für die Entstehung von Wasserwellen verantwortlich?

113. Wie groß ist die Ausbreitungsgeschwindigkeit von Wasserwellen, deren Wellenberge 16 m Abstand haben und in 8,0 s Abstand ans Ufer kommen?

114. Ein Schnellboot fährt mit $v = 10 \frac{m}{s}$ bei starkem Seegang über das Wasser. Dabei überfährt es in Richtung der Wellen alle 0,60 s einen Wellenberg, in Gegenrichtung alle 0,40 s. Berechne Ausbreitungsgeschwindigkeit c und Wellenlänge λ der Wasserwelle.

115. Bei einem Gewitter sieht Max einen Blitz und hört 4,5 s später den Donner dazu. Berechne den Abstand zwischen Gewitter und Max ($c_{Luft} \approx 333 \frac{m}{s}$).

116. Ein schnelles Motorrad hört sich beim Herannahen um eine Quarte (Frequenzverhältnis 4 : 3) höher an als beim Davonfahren. Welche Geschwindigkeit hat das Motorrad ($c = 340 \frac{m}{s}$)?

117. Ein vorbeifahrender Zug hört sich beim Herannahen um eine kleine Terz (Frequenzverhältnis 6 : 5) höher an als beim Davonfahren.
Welche Geschwindigkeit hat der Zug ($c = 340 \frac{m}{s}$)?

118. Welche Frequenz f nimmt eine Person wahr,

a) die ruht und auf die sich eine Schallquelle mit 5 % der Schallgeschwindigkeit zu bewegt bzw. sich von der Person entfernt?

b) die sich mit 5 % der Schallgeschwindigkeit auf eine ruhende Schallquelle zu bewegt bzw. sich von dieser entfernt?

Vergleiche die Ergebnisse der Teilaufgaben a und b

4.2 Interferenz und Beugung

Bisher haben wir ein- und zweidimensionale Wellen betrachtet, die sich von einem Erregerzentrum aus fortgepflanzt haben. Was passiert, wenn zwei oder mehr getrennt erzeugte Wellen aufeinander treffen?

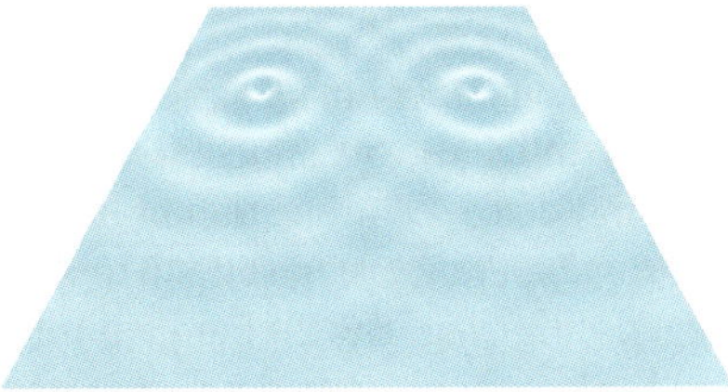

Um diese Frage zu klären, konzentrieren wir uns auf Wasserwellen, die phasengleich von punktförmigen, gleichartigen Erregern in konstantem Abstand erzeugt werden. Erreichen beide Wellen einen gemeinsamen Punkt der Wasseroberfläche, kommt es zur Überlagerung oder **Interferenz** der Wellen d. h., es wirken auf das Wasserteilchen in diesem Punkt die Auslenkungskräfte beider Wellen. An den Stellen, die gerade von zwei Wellenbergen getroffen werden, findet sich demnach ein besonders hoher Wellenberg, beim Aufeinandertreffen zweier Täler ein besonders tiefes Tal. Treffen Berg und Tal aufeinander, kommt es zur gegenseitigen **Auslöschung**: das Wasserteilchen bleibt unausgelenkt wie im Ruhezustand. Die Gesamtheit der interferierenden Wellenfronten zweier solcher **Elementarwellen** (punktförmig erzeugte Einzelwellen) bildet das sogenannte **Interferenzmuster**.

Lässt man viele Elementarwellen von kammförmig angeordneten Punkten in einer Linie erzeugen, so entsteht mit zunehmender Erregerdichte durch Interferenz von immer mehr Elementarwellen nahezu das gleiche Wellenmuster wie bei einem langgestreckten, geradlinigen Erreger, dessen Wellenfronten Parallelen zur Balkenrichtung sind (die in den Bildern dargestellten Wellen werden im Bildhintergrund erzeugt und laufen auf den Betrachter zu):

5 Punkterreger

9 Punkterreger

20 Punkterreger

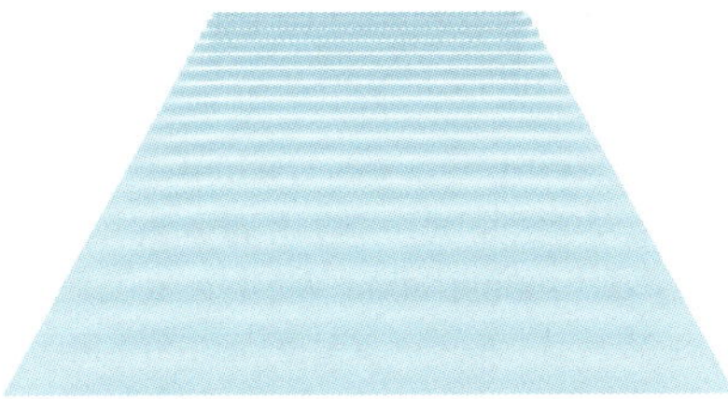

waagerechter Balken als Erreger

Grundsätzlich kann man das Verhalten der Wellen sehr gut verstehen, wenn man sich das sogenannte **„Prinzip von Huygens“** vor Augen hält:

Regel

> Jede Welle erzeugt in jedem Punkt, den sie erreicht, eine neue Elementarwelle. Alle neu erzeugten Elementarwellen interferieren miteinander.

Betrachte nun nochmals das erste Bild mit den 5 Erregungszentren: Man sieht noch deutlich die 5 Elementarwellen, die miteinander interferieren. Im zweiten Bild mit den 9 Zentren erkennt man schon deutlich die nahezu geradlinigen Wellenfronten, die meisten seitlichen Anteile der 9 Elementarwellen interferieren sich gegenseitig weg. Bei 20 Punkten im dritten Bild unterscheidet sich das Wellenmuster kaum noch von dem eines geraden Balkens, der anstelle der 20 Punkte eintaucht.

Mit dem Huygens'schen Prinzip lassen sich viele weitere grundlegende Wellenphänomene erklären, etwa die **Beugung**: Warum setzen sich Wellen hinter einem Hindernis auch in dessen „Schatten“ fort?

Stellen wir uns hierzu eine Wand als Hindernis vor, die an einer Stelle ein Loch hat (kleinen Einfachspalt, Bild A). Schickt man geradlinige Wellenfronten senkrecht auf das Hindernis zu, treten hinter dem Einfachspalt kreisförmige Wellen auf, die auch den Bereich seitlich hinter dem Hindernis erreichen.

Nach Huygens wird im Loch des Hindernisses durch die von hinten kommende Welle eine Elementarwelle ausgelöst, die sich dann hinter dem Hindernis kreisförmig ausbreitet.

Wird der Spalt sehr breit, dann kommt in der Mitte die Welle ungestört durch und die Beugung tritt nur im Randbereich auf (Bilder B und C).

A

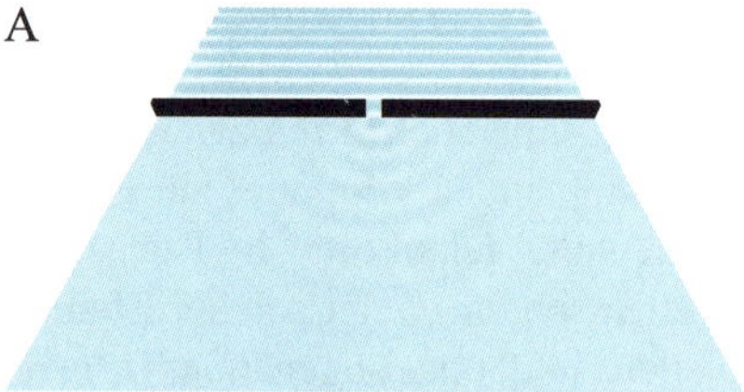

B

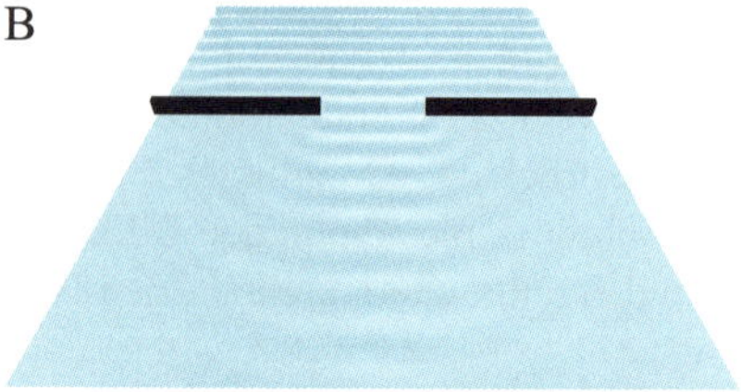

C

Die **Reflexion** von elastischen Wellen haben wir in Abschnitt 4.1 für eindimensionale Wellen bereits kennen gelernt, wir können dir dort getroffenen Aussagen auf zweidimensionale Wellen übertragen: Die Reflexion einer Wasserwelle an einer Wand ist eine Reflexion am losen Ende (die Randteilchen des Wassers sind schließlich nicht in der Wand verankert), erfolgt also ohne Phasensprung. Die

Ausbreitungsrichtungen von einfallender und reflektierter Welle gehorchen dabei dem gleichen Reflexionsgesetz, das auch in der Optik für Lichtstrahlen gültig ist: Der Einfallswinkel – also der Winkel zwischen der Normalen auf die Wand und der Wellennormalen der einfallenden Welle – ist gleich dem Ausfallwinkel. Dass das so ist, liegt wieder am Huygens'schen Prinzip: Die Ausgangswelle interferiert mit den an der Wand erzeugten Elementarwellen, die zusammengenommen die reflektierte Welle bilden. Das entstehende Muster (Bild D) sieht so aus, als würde die Ausgangswelle mit einer spiegelsymmetrisch gegenüber der Wand liegenden Elementarwelle interferieren, nachdem die Wand entfernt worden ist (Bild E):

D

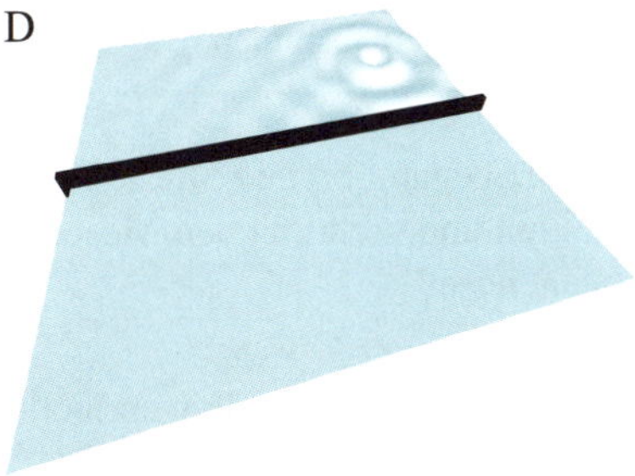

E

Eine Besonderheit tritt bei der Reflexion einer senkrecht auf ein Hindernis eintreffenden Welle ein; im Fall unserer Wasserwelle liegen die Wellenfronten also parallel zur Wand. Die Welle wird in sich zurückgeworfen, die Wellenfronten der reflektierten Welle verlaufen ebenfalls parallel zur Wand.

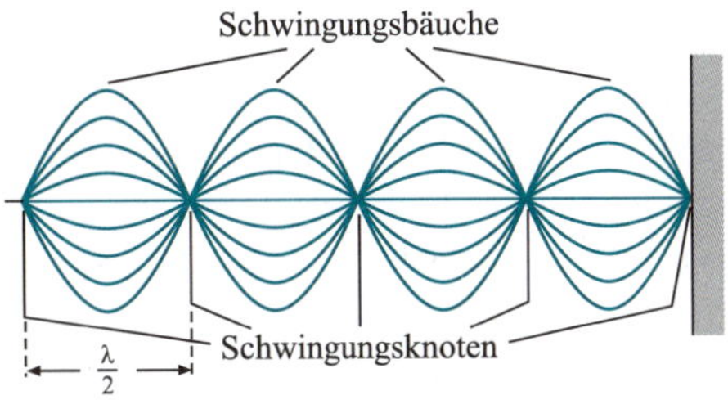

Da einlaufende und reflektierte Welle gleiche Wellenlänge und gleiche Ausbreitungsgeschwindigkeit besitzen (beide Größen werden bei der Reflexion nicht geändert), kompensieren sich die gegenläufigen Phasenbewegungen und die Wellen interferieren zu einer **stehenden Welle**: Die resultierende Welle scheint sich nicht von der Stelle zu bewegen; vielmehr bleibt als Bewegung nur die Schwingung senkrecht zur Ausbreitungsrichtung übrig, wobei die Amplitude dieser Schwingung längs der Wellennormalen periodisch zu- und abnimmt. Die Stellen mit maximaler Amplitude heißen **Schwingungsbäuche**, diejenigen, an denen die Amplitude null ist, **Schwingungsknoten**. Der Abstand zweier aufeinander folgender Bäuche bzw. Knoten ist halb so groß wie die Wellenlänge der Ausgangswelle.

Die beschriebenen Bedingungen, die zur Ausbildung einer stehenden Welle führen, sowie deren Eigenschaften gelten allgemein für alle Quer- und Längswellen:

Regel

> **Stehende Wellen** entstehen durch Interferenz zweier Wellen mit gleicher Wellenlänge λ, aber entgegengesetzter Ausbreitungsrichtung. Sie sind dadurch gekennzeichnet, dass
> - ihr räumliches Wellenbild steht;
> - die Schwingungsamplituden ortsabhängig sind und sich im Abstand $\frac{\lambda}{2}$ wiederholen;
> - sich ortsfeste Schwingungsbäuche und Schwingungsknoten ausbilden.

Beispiel

Manchmal kann man an Steilküsten bei starkem Seegang braune Streifen beobachten, die parallel zur Küstenlinie verlaufen und nicht mit den Meereswellen treiben, sondern stillstehen. Wie entstehen sie?

Lösung:
Im Gegensatz zu flachen Sandstränden laufen sich die Wasserwellen an Steilküsten nicht tot, sondern werden reflektiert. Ein- und auslaufende Wellen interferieren zu einer stehenden Welle, an deren Knoten das Wasser still steht und sich Tang ansammeln kann.

Begrenzt man die Ausbreitung von Wellen nicht nur von einer, sondern von beiden Seiten senkrecht zur Wellennormalen, werden die Teilwellen fortwährend ineinander reflektiert. Im Allgemeinen löschen sie sich dadurch nach einer gewissen Zeit vollständig aus, weil irgendwann immer ein Wellenberg auf ein Wellental trifft. Beträgt der Abstand der Begrenzungen aber ein Vielfaches der halben Wellenlänge, dann können die Teilwellen zu einer stehenden Welle interferieren, die dauerhaft innerhalb der Begrenzungen schwingt.
Solche stehende Wellen treten beispielsweise bei den Musikinstrumenten auf, bei denen Schallwellen durch Schwingungen eines begrenzten Wellenträgers (die Saite bei Streich-, Zupf- und Tasteninstrumenten wie dem Klavier; die eingeschlossene Luftsäule in einem Blasinstrument) erzeugt werden.

Bei den **Saiteninstrumenten** schwingt ein dünner Strang aus Stahl, Kunststoff oder Tierdarm, der an beiden Enden eingespannt ist. Wird diese Saite ausgelenkt, dann entstehen verschiedenste Schwingungen, die sich als Welle entlang der Saite ausbreiten. An den Enden geschieht eine Reflexion am festen Ende, also mit Phasensprung von 180°.

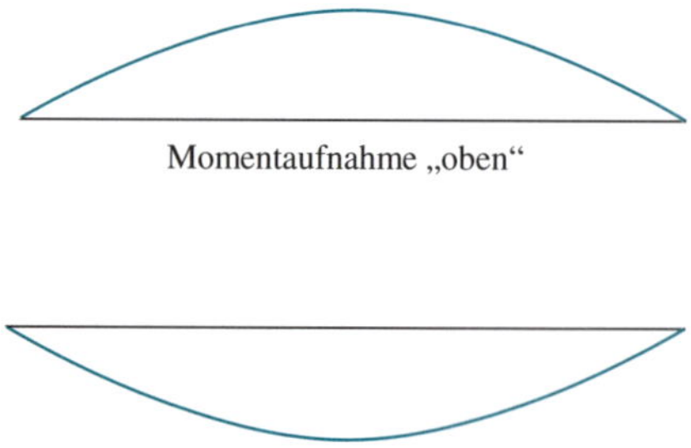

Momentaufnahme „oben“

Momentaufnahme „unten“

Durch die Befestigungspunkte sind zwei Schwingungsknoten bereits vorgegeben. Damit sich die Teilwellen nicht auslöschen, muss sich eine stehende Welle ausbilden. Dies ist z. B. dadurch möglich, dass sich in der Mitte der beiden Knoten ein Schwingungsbauch bildet. Die Länge der Saite ist dann gleich der doppelten Wellenlänge der Teilwellen, die Saite befindet sich in der **Grundschwingung**. Die Abbildung zeigt zwei Momentaufnahmen.

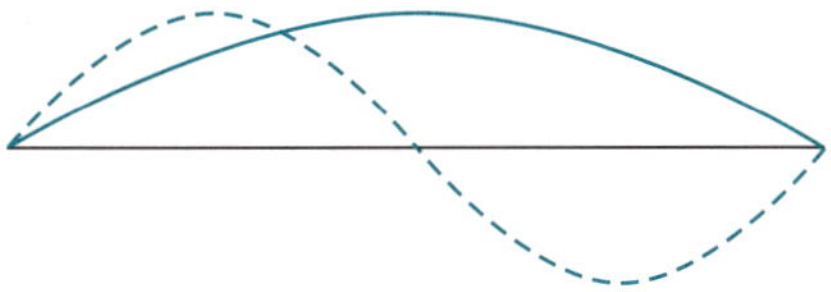

Grund- und erste Oberschwingung

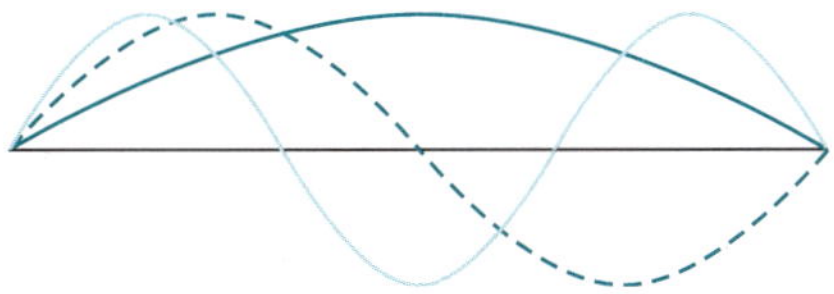

Grund-, erste und zweite Oberschwingung

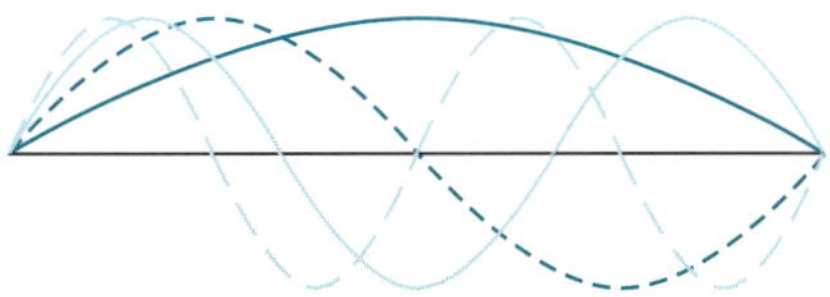

Grund- sowie die ersten drei Oberschwingungen

Es gibt aber noch weitere mögliche stehende Wellen, die am Ende jeweils einen Knoten aufweisen: Es könnten zwischen den Befestigungspunkten auch zwei, drei oder mehr Schwingungsbäuche sein. Man nennt diese Schwingungen **Oberschwingungen** der Saite.

Die Wellenlängen der Grund- und Oberschwingungen sind eindeutig durch die Saitenlänge L bestimmt. Nummerieren wir den Schwingungstyp gemäß der Anzahl n der auftretenden Schwingungsbäuche durch, gilt für die zugehörigen Wellenlängen $\lambda_{n,g}$:

$$L = n \cdot \frac{\lambda_{n,g}}{2} \Leftrightarrow \lambda_{n,g} = \frac{2L}{n} \quad (n = 1, 2, \ldots)$$

Da die Tonhöhe der angeregten Einzeltöne durch ihre Frequenz gegeben ist, folgt weiter (c: Schallgeschwindigkeit):

$$f_{n,g} = \frac{c}{\lambda_{n,g}} = \frac{c}{2L} \cdot n \quad (n = 1, 2, \ldots)$$

Bei den **Blasinstrumenten** schwingt eine Luftsäule im Inneren des Instrumentes. Es werden wiederum nur solche Schwingungen durch Interferenz verstärkt, die in geeigneter Weise am Ende der Luftsäule reflektiert werden, deren Wellenlängen also im richtigen Verhältnis zur Länge der Luftsäule stehen, sodass sich stehende Wellen ausbilden können. Bei schwingenden Luftsäulen sind aber im Vergleich zur Saitenschwingung nicht nur Reflexionen am festen Ende, sondern auch am offenen Ende möglich, je nachdem, ob eines der Blasrohrenden oder beide geschlossen oder offen sind (Beispiel: Flöte, Klarinette). Bei geschlossenem Rohrende erfahren die Wellen bei der Reflexion wie bei der Saite einen Phasensprung; dort liegt ein Schwingungsknoten der stehenden Welle. Bei offenem Rohrende findet kein Phasensprung statt, es bildet sich dort ein Schwingungsbauch der stehenden Welle aus.

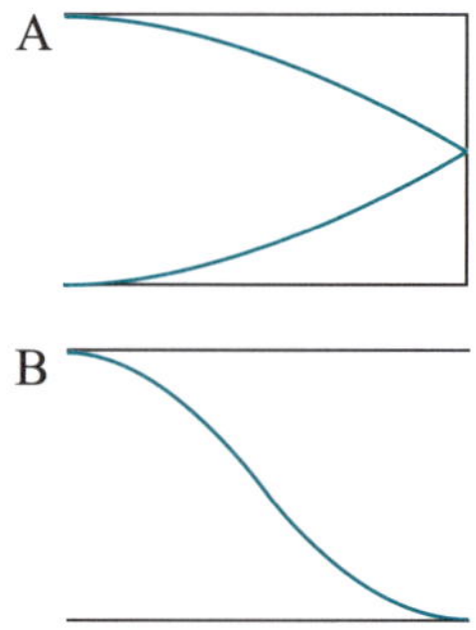

Bild A zeigt die Grundschwingung in einer links offenen und rechts geschlossenen Orgelpfeife, Bild B die Grundschwingung in einer beidseitig offenen Orgelpfeife. Im ersten Fall ist die Wellenlänge das Vierfache der Pfeifenlänge, im zweiten Fall das Doppelte der Pfeifenlänge. Die Frequenzen der Oberschwingungen ergeben sich beim **beidseitig offenen Rohr** wieder als Vielfache der Grundfrequenz; n bedeutet hier aber die Zahl der Schwingungsknoten:

$$f_{n,b} = \frac{c}{\lambda_{n,b}} = \frac{c}{2L} \cdot n \quad (n = 1, 2, \ldots)$$

Um beim **einseitig offenen Rohr** Oberschwingungen zu erzeugen, die auf der einen Seite einen Bauch, auf der anderen Seite einen Knoten aufweisen, muss man die Grundwellenlänge $\lambda_{1,e} = \frac{L}{4}$ so verkleinern, dass die Rohrlänge L ein ungeradzahliges Vielfaches der Wellenlänge $\lambda_{n,e}$ wird:

$$L = (2n-1) \cdot \frac{\lambda_{n,e}}{4} \Leftrightarrow \lambda_{n,g} = \frac{4L}{2n-1} \quad (n = 1, 2, \ldots)$$

Daraus folgt für die Frequenz der Grund- und Oberschwingungen des einseitig geschlossenen Rohres:

$$f_{n,e} = \frac{c}{\lambda_{n,e}} = \frac{c}{4L} \cdot (2n-1) \quad (n = 1, 2, \ldots)$$

Zupft oder streicht man eine Saite an oder bläst man einen Ton auf einem Blasinstrument an, bilden sich Grund- und Oberschwingungen gleichzeitig aus, deren Zusammensetzung hinsichtlich ihrer Zahl und Stärke charakteristisch für das betreffende Saiteninstrument sind und für den typischen Klang des Instruments sorgen. Dies gilt generell für alle „akustischen“ Musikinstrumente, in denen die Töne durch ein schwingendes Medium erzeugt werden (im Gegensatz zu den synthetisch erzeugten Tönen von elektronischen Instrumenten).
Verantwortlich für die Gewichtung der Obertöne und damit der Klangfarbe ist neben der Art der Tonerzeugung das sogenannte **Resonanzverhalten** des Instrumentenkörpers, also seine Eigenschaft, bestimmte Frequenzen zu verstärken oder abzuschwächen (die schwingende Saite allein macht noch keine Geige!). Diese Resonanzeigenschaft weisen nicht nur Musikinstrumente, sondern alle schwingfähigen Systeme auf. Jeder solche Körper besitzt eine oder mehrere „Lieblingsfrequenzen“, bei denen er besonders „gerne“ schwingt; man bezeichnet diese Lieblingsfrequenzen als **Eigenfrequenzen** des Systems. Wird eine dieser Frequenzen angeregt, dann schaukeln sich die Schwingungen dieser Frequenz bei weiterer Anregung immer stärker auf, die Amplituden werden immer größer. Die Form einer Geige oder einer Trompete ist daraufhin optimiert, diese Eigenfrequenzen kontrolliert herauszuarbeiten, sodass ein „schöner“ Ton entsteht. Das Aufschaukeln, das nur durch Energieverluste aufgrund von Reibung begrenzt ist, kann aber auch unkontrolliert vonstatten gehen und das Amplitudenmaximum sehr groß werden:

- Typische Fälle sind Brücken, deren Eigenfrequenz etwa im Bereich um 0,5 Hz liegt. Wenn eine Soldatengruppe im Gleichschritt darüber marschieren würde, könnte die Brücke so stark in Schwingung versetzt werden, dass sie einstürzt. Deswegen vermeiden die Militärs diese Gefahr.
- Die Tacoma-Bridge in Amerika wurde durch Wind zur Resonanzschwingung angeregt, bis sie schließlich einstürzte.
- Bei alten Autos kennt man das Phänomen, dass immer bei einer bestimmten Geschwindigkeit manche Fahrzeugteile kräftig scheppern, also etwa bei Tempo 50 km/h die Türverkleidung, bei 60 km/h das Armaturenbrett, bei 80 km/h der Innenspiegel oder ähnliches; bei größeren Geschwindigkeiten verschwindet das Geräusch dann wieder. Auch hier handelt es sich um Resonanzschwingungen, die durch die Drehbewegungen in Motor und Fahrwerkteilen angeregt werden.

Beispiel

Eine zunächst beidseitig offene Orgelpfeife wird an einem Ende verschlossen („gedackt“). Wie verändert sich der Ton?

Lösung:
Am offenen Ende geschieht Reflexion „am losen Ende“ und damit ohne Phasensprung, folglich muss dort ein Schwingungsbauch liegen. Im Grundton passt also gerade eine halbe Wellenlänge in die Pfeife. Bei der gedackten Orgelpfeife muss auf der geschlossenen Seite ein Knoten liegen, also hat eine Viertelwellenlänge Platz. Die Wellenlänge des Grundtons verdoppelt sich also, die Frequenz halbiert sich: Der Ton wird um eine Oktave tiefer.

Aufgaben

119. Der Wolf und die sieben Geißlein

In dem Märchen frisst der Wolf Kreide, damit er eine sanftere Stimme bekommt. Er könnte zum gleichen Zweck auch Helium einatmen, sodass seine Stimme höher wird. Erkläre dieses Phänomen anhand einer (zunächst luftgefüllten) Flöte, die gerade einen bestimmten Ton von sich gibt und in der die Luft nach und nach durch Helium ersetzt wird.

Hinweis: Die Schallgeschwindigkeit in Luft ist etwa c_{Luft} $340\,\frac{m}{s}$, in Helium dagegen $c_{Helium} = 980\,\frac{m}{s}$).

120. Überlege dir anhand einer Zeichnung die Richtigkeit des Reflexionsgesetzes „Einfallswinkel = Ausfallwinkel“ mithilfe des Huygens'schen Prinzips. Zeichne dazu eine geradlinige Schar paralleler Wellenfronten, die schräg auf eine Wand fallen.

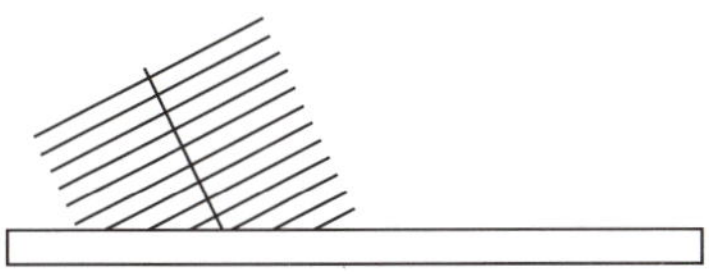

Ergänze nun (beispielhaft nur an den Auftreffpunkten der Fronten) die am Hindernis erzeugten Huygens'schen Elementarwellen als Halbkreise geeigneter Radien und kennzeichne gleichzeitig entstandene Elementarwellen durch gleiche Farbe. Ermittle zeichnerisch die gemeinsamen Tangenten jeweils einer Elementarwellen-Generation, sie stellen die reflektierten Fronten dar.

121. Wie wird eine Schar paralleler gerader Wellenfronten an einem „Hohlspiegel" (also einer kreisförmig zur Welle hin gekrümmten Wand) reflektiert?
(In der Skizze ist die Richtung, nicht die Front eingezeichnet!)

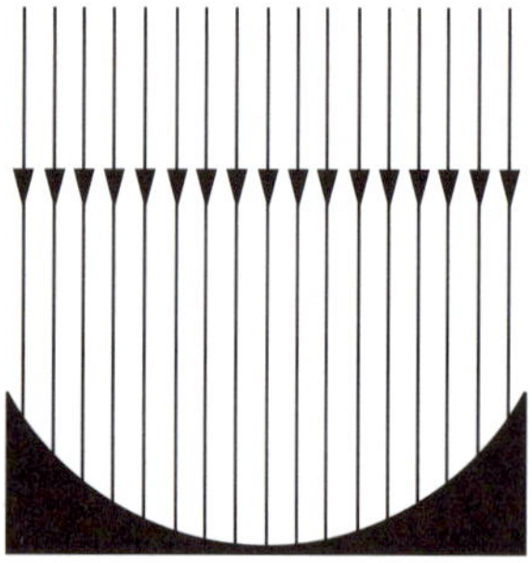

122. Wie wird eine Schar paralleler gerader Wellenfronten an einem „Wölbspiegel" (einer kreisförmig von der Welle weg gekrümmten Wand) reflektiert?
(Wieder ist in der Skizze die Richtung, nicht die Front eingezeichnet.)

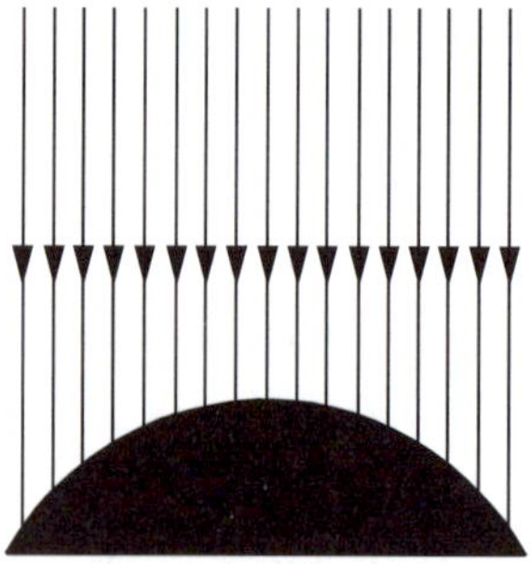

123. Der tiefste Ton, den ein durchschnittlich hörender Mensch wahrnehmen kann, ist das Subkontra-C (C_2) mit 16,35 Hz. Welche Länge muss eine
a) beidseitig offene Orgelpfeife,
b) eine gedackte Orgelpfeife
haben, um diesen Ton zu erzeugen (Schallgeschwindigkeit in Luft bei 20 °C $c = 340\ \frac{m}{s}$)?

124. Eine Saite wird angezupft und liefert den Kammerton a' (f = 440 Hz).
a) Berechne die Frequenzen der ersten drei Oberschwingungen.
b) Jetzt wird durch Drücken der Saite auf das Griffbrett der schwingende Teil der Saite um die Hälfte verkürzt. Welche Frequenz ergibt sich im Grundton und welcher Ton ist das?
c) Welcher Bruchteil der Saite darf noch schwingen, wenn der Grundton a' eine Quarte (Verhältnis 4 : 3) höher werden soll, also ein d''?

4.3 Wellen- und Teilcheneigenschaften von Licht und Materie

Interferenz von Licht am Doppelspalt

In Kapitel 1 haben wir gesehen, dass man sich Licht als einen Strom von Energiepaketen, den Photonen, vorstellen kann. Trifft ein solches Photon auf Materie, z. B. eine Metallfolie, tritt der Fotoeffekt auf: Das Photon kann wie ein Teilchen mit den Atomen dieser Materie stoßen und ein Elektron herausschlagen.
Der Schluss liegt nahe, Licht generell als eine große Ansammlung einzelner Lichtteilchen aufzufassen, die wie die Kugeln aus einem Gewehr von einer Lichtquelle „abgefeuert" werden. Dies ist aber nicht so! Vielmehr **breitet sich das Licht**, bevor es mit einem Materieteilchen zusammenstößt, **wie eine Welle aus**. Das kann man experimentell mit dem sogenannten Doppelspaltversuch zeigen, und um diesen besser zu verstehen, schauen wir uns diesen Versuch anstatt mit Licht zuerst mit den bekannten Wasserwellen an.

Die geradlinige Wellenfront einer Wasserwelle trifft auf eine Wand mit zwei Löchern (Doppelspalt). In jedem der beiden Löcher wird nach dem Prinzip von Huygens eine Elementarwelle erzeugt und diese beiden kreisförmigen Wellen interferieren hinter der Wand miteinander (Bild A).

A

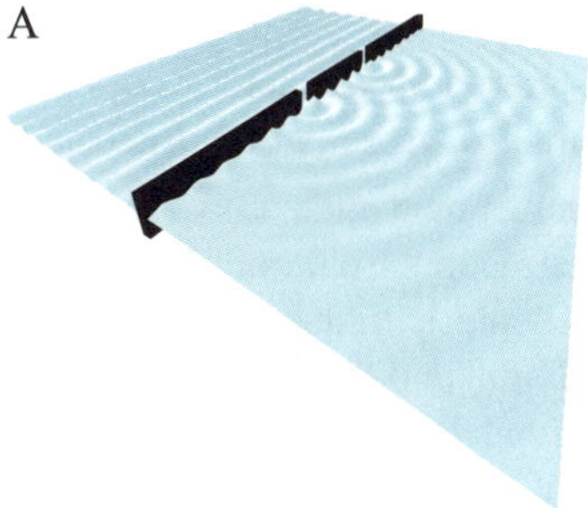

Sie tun das in manchen Bereichen konstruktiv, verstärken sich also dort (Maxima der Amplitude, Bild B), und in anderen destruktiv, löschen sich dort also gegenseitig aus (Minima der Amplituden, Bild C).

B

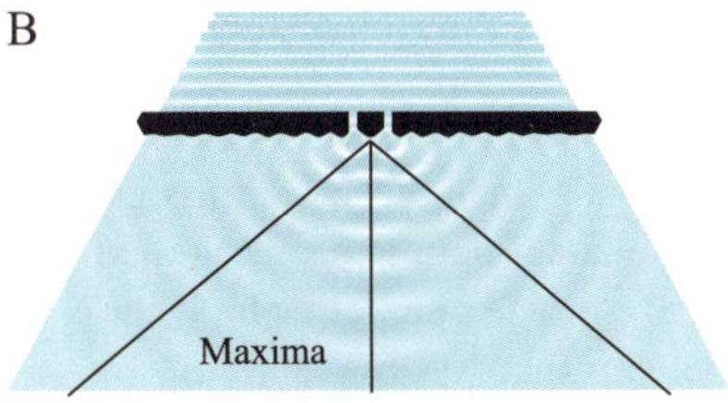

C

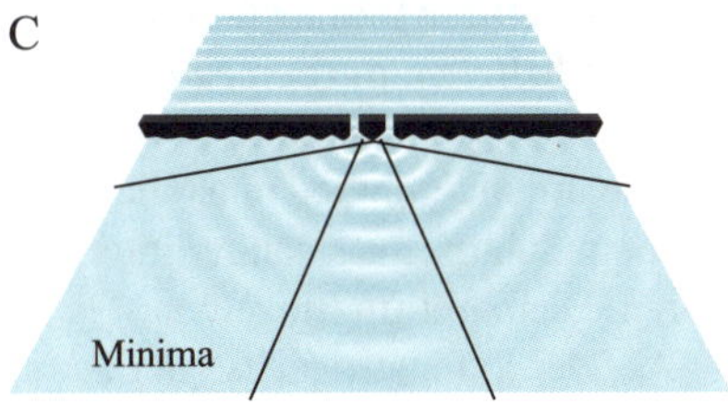

Von oben gesehen ergibt sich etwa folgendes Bild der Wellenfronten:

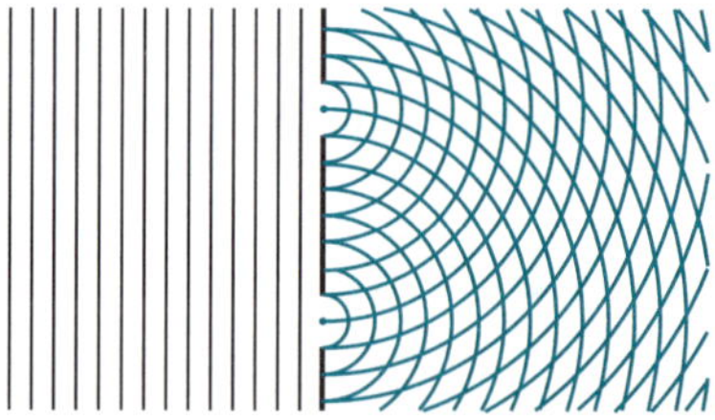

Die Minima und Maxima findet man an den Schnittpunkten der (hier gleich eingefärbten) Berge mit Bergen bzw. Täler mit Tälern (Maxima) sowie Berge mit Tälern (Minima).

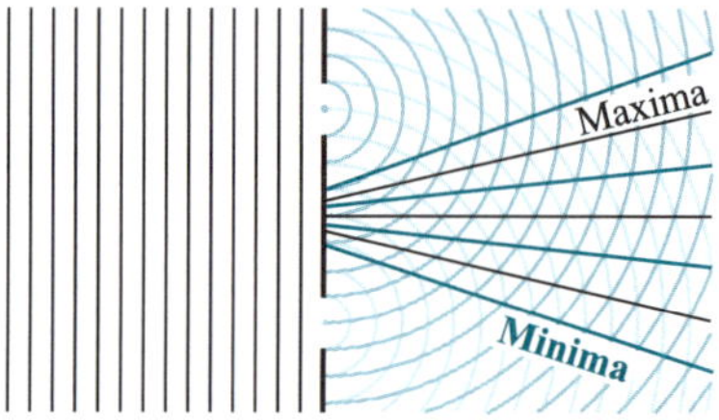

Diese Interferenzerscheinungen sind typische Beweise für Wellen, denn anders lassen sich das Maximum direkt hinter dem Doppelspalt im „Schatten" oder die seitlichen Maxima nicht erklären. Auch das Licht zeigt seine Wellennatur bei solchen Interferenzversuchen, die zwar in ganz anderen Größenordnungen ablaufen, aber im Prinzip genauso aufgebaut sind.

Beleuchtet man einen (ausreichend kleinen) Doppelspalt mit monochromatischem Licht, d. h. mit Licht einer Farbe und damit Wellenlänge (z. B. rotes Laserlicht), dann finden sich auf einem Schirm hinter der Anordnung Interferenzstreifen.

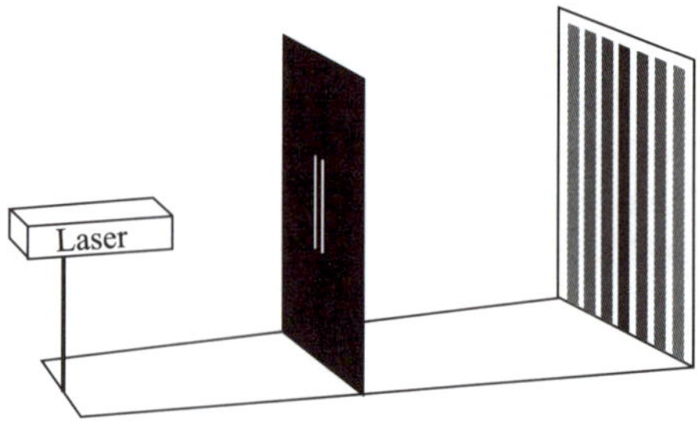

Wo findet man diese Maxima und Minima auf dem Schirm? Stellen wir hierzu einige geometrische Überlegungen an:
Wir nehmen der Einfachheit halber an, dass lediglich die beiden (phasengleich angeregten) Elementarwellen in den Spaltmittelpunkten entstehen und auf dem Schirm miteinander interferieren. Dann gilt im Einzelnen:

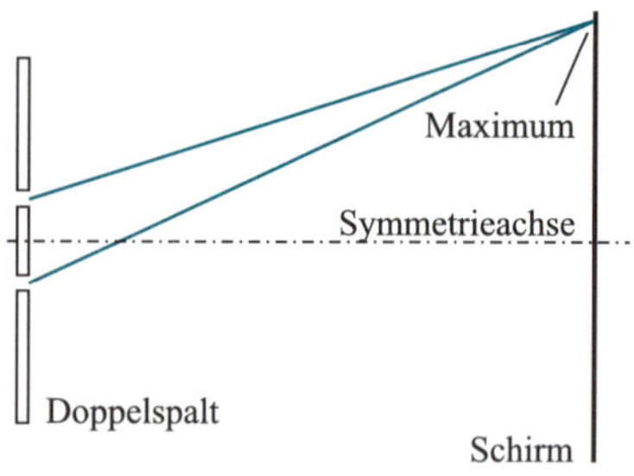

- Auf der Symmetrieachse der Anordnung treffen sich die Wellen immer phasengleich, weil die bis dahin zurückgelegten Wege gleich lang sind. Auf dem Schirm erscheint am Auftreffpunkt ein Intensitätsmaximum, das sogenannte **Hauptmaximum** oder Maximum 0. Ordnung.

- Die ersten **Maxima** auf beiden Seiten seitlich daneben (Maxima 1. Ordnung) ergeben sich dort, wo die beiden Wellen sich wieder gegenseitig verstärken. Dabei hat jeweils die eine Welle einen **Gangunterschied** Δs – das ist die Differenz der zurückgelegten Wegstrecken – von einer Wellenlänge im Vergleich zur anderen.
- Bei zwei Wellenlängen Gangunterschied finden wir die Maxima 2. Ordnung und so weiter.
- Die **Minima** treten immer auf, wenn Berg auf Tal trifft und damit der Gangunterschied ein ungerades Vielfaches der halben Wellenlänge ist, also gilt: $\Delta s = 0{,}5\lambda,\ 1{,}5\lambda,\ 2{,}5\lambda,\ \ldots$

Der Schirm ist im Vergleich zum Spaltabstand und zur Wellenlänge sehr weit entfernt, sodass man getrost die beiden „Lichtstrahlen", also die Wellennormalen der Elementarwellen, als parallel annehmen darf; der Fehler, den man dabei macht, ist verschwindend gering. Damit vereinfacht sich die Zeichnung im Bereich des Doppelspaltes.

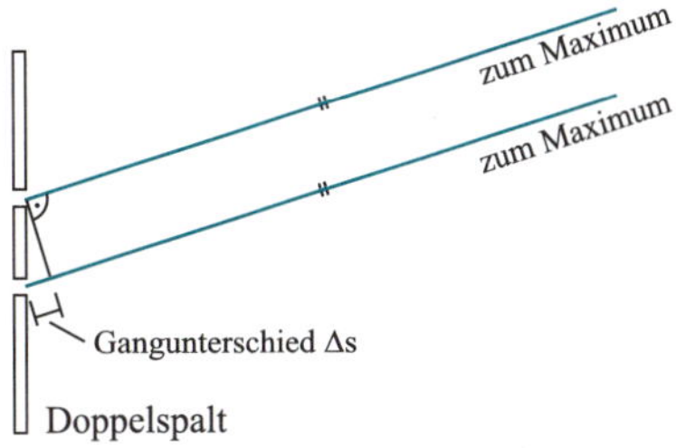

In der Ausschnittvergrößerung sieht man den geometrischen Zusammenhang. Bezeichnet b den Abstand der Spalte, so gilt in dem rechtwinkligen Dreieck:

$\sin\varphi = \frac{\Delta s}{b} \quad \Rightarrow \quad \Delta s = b \cdot \sin\varphi$

Andererseits ist (weil ein Maximum vorliegt) der Gangunterschied ein ganzzahliges Vielfaches der Wellenlänge λ:

$\Delta s = k \cdot \lambda$, mit $k = 1, 2, 3, \ldots$

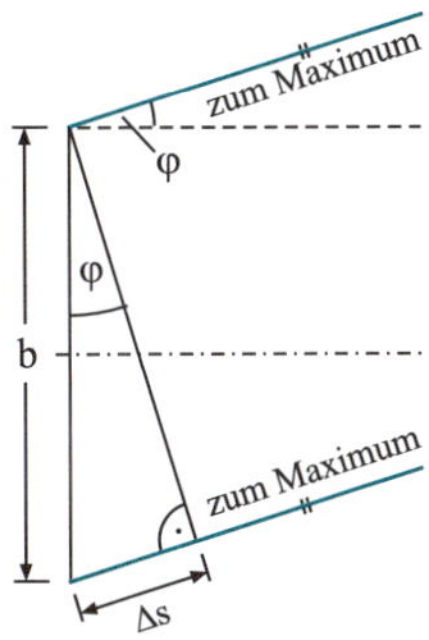

Nummeriert man die Winkel φ, unter denen die Maxima auftreten, mit dem Laufindex k, so ergibt sich durch Gleichsetzen der beiden Gleichungen:

$$\sin\varphi_k = \frac{k \cdot \lambda}{b}, \quad k \in \mathbb{N}$$

Für Minima gilt entsprechend:

$$\sin\varphi_k = \frac{(k + 0{,}5) \cdot \lambda}{b} = \frac{(2k + 1)}{b} \cdot \frac{\lambda}{2}, \quad k \in \mathbb{N}$$

Durch die Winkel φ_k sind die Lagen der Maxima und Minima auf dem Schirm bestimmt. Um die Winkel durch einfach zugängliche Messgrößen auszudrücken, betrachten wir noch einmal die gesamte schematische Anordnung. Befindet sich der Schirm im Abstand a hinter dem Doppelspalt, so sieht man dort im seitlichen Abstand d_k von der Symmetrieachse das Maximum k-ter Ordnung (jeweils auf beiden Seiten der Symmetrieachse, hier nur eine Seite gezeichnet):

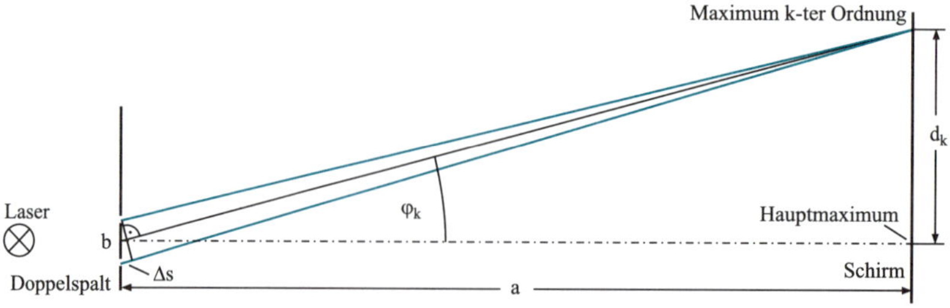

Das rechtwinklige Dreieck mit den Katheten a und d_k ist ähnlich dem Dreieck mit der Hypotenuse b und der Kathete Δs. Unter der Voraussetzung, dass der Schirmabstand a sehr groß ist gegen den seitlichen Abstand d_k, kann man in guter Näherung die Hypotenusenlänge gleich a setzen:

$$\sqrt{a^2 + d_k^2} = a \cdot \sqrt{1 + \frac{d_k^2}{a^2}} \overset{d_k \ll a}{\approx} a$$

Für die Verhältnisse der Seiten folgt dann mit der Maximumbedingung $\Delta s = k \cdot \lambda$:

$$\sin \varphi_k = \frac{\Delta s}{b} \approx \frac{d_k}{a} = \tan \varphi_k \quad \Rightarrow \quad \frac{k \cdot \lambda}{b} \approx \frac{d_k}{a} \quad \Rightarrow \quad d_k \approx k \cdot \frac{b}{a} \cdot \lambda, \quad k \in \mathbb{N}$$

Entsprechend gilt für die Minima mit $\Delta s = (2k+1) \cdot \frac{\lambda}{2}$:

$$\sin \varphi_k = \frac{(2k+1)}{b} \cdot \frac{\lambda}{2} \approx \frac{d_k}{a} = \tan \varphi_k \quad \Rightarrow \quad d_k \approx (2k+1) \cdot \frac{b}{a} \cdot \frac{\lambda}{2}, \quad k \in \mathbb{N}$$

Hinweis: Die hier verwendete Näherung, dass bei einem langgestreckten, rechtwinkligen Dreieck die Hypotenuse praktisch die gleiche Länge hat wie die längere Kathete, wird oft auch als sogenannte *Kleinwinkelnäherung* bezeichnet. Da das Verhältnis der Gegenkathete zur Hypotenuse nichts anderes als der Sinus des Winkels, das Verhältnis der Gegen- zur Ankathete der Tangens des Winkels ist, bedeutet die Gleichheit der Verhältnisse, dass Sinus und Tangens bei kleinen Winkeln (bis ca. 10°) praktisch gleiche Werte liefern. Du kannst das leicht mithilfe deines Taschenrechners überprüfen.

Regel

Interferenz von Licht am Doppelspalt

- Wird ein Doppelspalt mit monochromatischem Licht bestrahlt, erscheint auf einem Schirm hinter dem Doppelspalt ein **Interferenzmuster** aus abwechselnd dunklen und hellen Streifen.
- Die Interferenzstreifen entsprechen den **Maxima** und **Minima k-ter Ordnung**, die symmetrisch um das **Hauptmaximum** (Maximum 0. Ordnung) gruppiert sind.
- Die **Lagen** der Maxima und Minima auf dem Schirm sind durch die Abstände d_k gegeben, die durch den Spaltabstand b, den Schirmabstand a und die Wellenlänge λ bestimmt sind. Ist $d_k \ll a$, gilt für das

  Maximum k-ter Ordnung: $d_k \approx k \cdot \frac{b}{a} \cdot \lambda, \quad k \in \mathbb{N};$

  Minimum k-ter Ordnung: $d_k \approx (2k+1) \cdot \frac{b}{a} \cdot \frac{\lambda}{2}, \quad k \in \mathbb{N}.$

Beispiel

Das gelbe Licht einer Natriumdampflampe ($\lambda = 589$ nm) fällt auf einen Doppelspalt (Spaltabstand $b = 0{,}55$ mm) und liefert auf dem Schirm im Abstand $a = 8{,}00$ m hinter der Doppelspalt-Blende ein zentrales Hauptmaximum sowie beiderseits davon weitere Maxima. Wie weit vom Hauptmaximum entfernt findet man das Maximum 2. Ordnung?

Lösung:

Nehmen wir zunächst an (das muss nachher dann noch nachgeprüft werden!), dass der gesuchte seitliche Abstand deutlich kleiner als der Schirmabstand von 8,00 m ist, dann gilt die Näherung:

$$d_k \approx k \cdot \frac{a}{b} \cdot \lambda$$

Mit der Ordnung $k = 2$ und den gegebenen Zahlenwerten ergibt sich für den zugehörigen Abstand:

$$d_2 \approx 2 \cdot \frac{8{,}00\ \text{m}}{0{,}55 \cdot 10^{-3}\ \text{m}} \cdot 589 \cdot 10^{-9}\ \text{m} \approx 0{,}017\ \text{m} = 1{,}7\ \text{cm}$$

Das ist tatsächlich sehr viel kleiner als der Schirmabstand.

Licht – Welle und Teilchen!

Durch die Interferenzerscheinungen beim Doppelspaltversuch wurden eindeutig die Welleneigenschaften des Lichtes nachgewiesen. Vollkommen widersprüchlich dazu erhält man beim **Fotoeffekt** den Nachweis dafür, dass Licht als Teilchenstrom interpretiert werden muss. Um diesen Widerspruch genauer beschreiben zu können, betrachten wir die Versuchsergebnisse beim Fotoeffekt näher:

Wird eine **Vakuumfotozelle** mit geeignetem Licht bestrahlt, dann treten aus der Fotoschicht (hier aus Cäsium) Elektronen aus und gelangen im Vakuum bis zur Anode (dem Ring davor). Zwischen Kathode (Fotoschicht) und Anode lässt sich also ein elektrischer Strom nachweisen. Die maximale Bewegungsenergie der ausgelösten Elektronen kann durch Anlegen eines elektrischen Gegenfeldes (Gegenspannung zwischen Kathode und Anode) bestimmt werden.

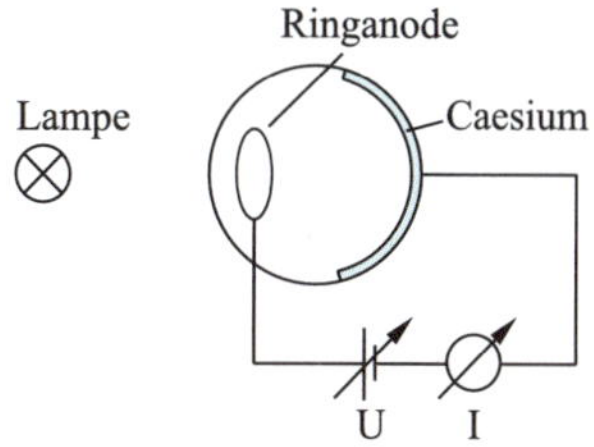

Folgende Versuchergebnisse stehen im Widerspruch zur Wellentheorie des Lichts:

- Der Fotoeffekt setzt sofort ein.

  Widerspruch: Nach der Wellentheorie nimmt die eintreffende Energie, die von der Welle auf die Fotoschicht übertragen wird, kontinuierlich zu. Es müsste daher eine gewisse Zeit dauern, bis sich genügend Energie zum Austritt eines Elektrons aus dem Atomverband „angesammelt“ hat.

- Die maximale Bewegungsenergie der ausgelösten Fotoelektronen ist unabhängig von der Bestrahlungsintensität, aber direkt proportional zur Lichtfrequenz.

  Widerspruch: Die transportierte und abgegebene Energie einer Lichtwelle hängt von der Größe der Wellenamplitude ab, nicht von der Frequenz.
- Wird eine Mindestfrequenz des eingestrahlten Lichtes unterschritten, dann tritt (unabhängig von der Intensität) kein Fotoeffekt auf.

  Widerspruch: Nach der Wellentheorie transportiert auch Licht unterhalb einer Mindestfrequenz Energie, die auf die Fotoschicht übertragen wird und nach einer bestimmten Zeit zum Auslösen von Fotoelektronen führen müsste.

Fasst man Licht dagegen als Strom von Teilchen, den Photonen, auf, lassen sich die Versuchsergebnisse widerspruchfrei erklären.

Regel

Im **Photonenmodell** des Lichts ordnet man jedem Photon eine bestimmte Energiemenge E_{Photon} zu, die proportional zur Lichtfrequenz f ist:

$E_{Photon} = h \cdot f$

Die Proportionalitätskonstante h ist eine Naturkonstante und heißt **Planck'sches Wirkungsquantum.** Sie besitzt den Wert $h = 6{,}626 \cdot 10^{-34}$ Js.

Da die Energiebeträge von Photonen sehr klein sind, werden sie in der Regel nicht in der sonst üblichen Einheit Joule angegeben, sondern in der kleineren Einheit Elektronenvolt. Dabei gilt die Umrechnungsformel:

$1 \text{ eV} = 1{,}60 \cdot 10^{-19} \text{ J}$

1 Elektronenvolt ist diejenige Bewegungsenergie, die ein Elektron, das die Elementarladung $e = 1{,}60 \cdot 10^{-19}$ C besitzt, nach dem Durchlaufen der elektrischen Spannung 1 Volt dazugewonnen bzw. abgegeben hat.
Beim Fotoeffekt stößt nun jeweils ein Photon mit einem Elektron, das lose im Atomverband der Fotoschicht gebunden ist, zusammen und überträgt dabei seine Energie vollständig auf dieses Elektron. Einen Teil dieser Energie, die sogenannte **Austrittsarbeit**, benötigt das Elektron, um sich von dem Atomverband zu lösen; die restliche Energie steht ihm als Bewegungsenergie zur Verfügung.

Regel

Für die maximale Bewegungsenergie der beim Fotoeffekt ausgelösten Fotoelektronen gilt die **Einstein-Gleichung**:

$E_{kin,\,max} = h \cdot f - W_A$

Darin ist h das Planck'sche Wirkungsquantum, f die Frequenz des eingestrahlten Lichts und W_A die Austrittsarbeit der Beschichtung der Fotokathode.

Die Austrittsarbeit W_A ist vom Kathodenmaterial abhängig. Einige Werte enthält die folgende Tabelle:

Kathodenmaterial	W_A je Elektron
Cäsium	1,94 eV
Wolfram	4,57 eV
Platin	5,66 eV
Natrium	2,28 eV
Kupfer	4,84 eV
Gold	4,83 eV

Die untere Grenzwellenlänge f_G erhält man dann, wenn keine Bewegungsenergie übrig bleibt und das Photon gerade soviel Energie $h \cdot f_G$ besitzt, dass die Austrittsarbeit W_A damit verrichtet werden kann. Es gilt also nach der Einstein-Gleichung:

$$0 = h \cdot f_G - W_A \quad \Rightarrow \quad f_G = \frac{W_A}{h}$$

Für den Zusammenhang zwischen Frequenz und Wellenlänge gilt wie bisher $f = \frac{c}{\lambda}$, worin $c = 3{,}00 \cdot 10^8 \,\frac{m}{s}$ die Lichtgeschwindigkeit ist. Obwohl im Photonenmodell keine Wellen auftreten, lässt sich über diese Beziehung und aufgrund der Einstein-Gleichung jedem Photon eine Frequenz bzw. eine Wellenlänge zuordnen!

Besteht Licht nun aus Wellen oder Teilchen? Die korrekte und überraschende Antwort ist: Licht verhält sich *manchmal* wie eine Welle (z. B. beim Doppelspaltexperiment), *manchmal* wie ein Teilchenstrom (z. B. beim Fotoeffekt). Besonders deutlich tritt diese paradoxe Eigenschaft beim **Versuch von Taylor** hervor:

Dabei untersucht man bei einem Doppelspaltversuch das Interferenzverhalten von Licht bei unterschiedlichen Beleuchtungsstärken und -dauern. Man stellt fest: Werden extrem schwache Lichtquellen verwendet, bei denen nur wenige Photonen gleichzeitig durch die Anordnung fliegen, dann entsteht auf dem Beobachtungsschirm zunächst ein Punktmuster von „Treffern“ (siehe Bild, Reihe 1), das sich mit zunehmender Belichtungszeit schließlich zu dem gleichen Interferenzmuster entwickelt, das man bei kurzer Bestrahlung und hoher Intensität erhält (Reihen 2 bis 4).

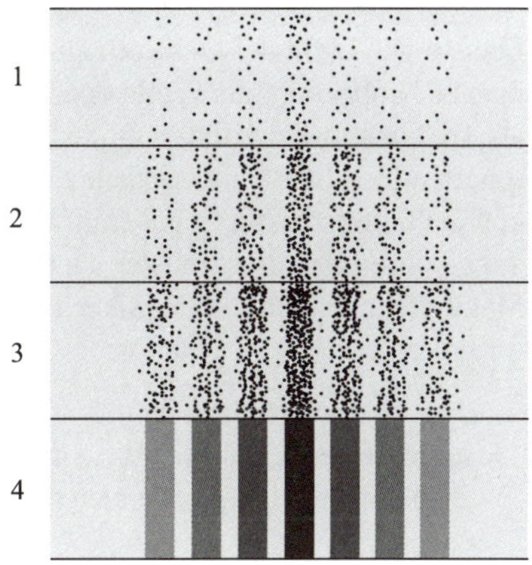

Licht tritt also in dem Versuch in Form von Teilchen (den Photonen) auf, die aber gleichzeitig typische Welleneigenschaften aufweisen, indem sie mit sich selbst interferieren! Diese **Doppelnatur** des Lichts gilt nicht nur für den hier betrachteten sichtbaren Bereich des elektromagnetischen Spektrums, sondern für **alle elektromagnetischen Wellen**, die sich ja nur in der Größe ihrer Wellenlänge unterscheiden (vergleiche hierzu Abschnitt 1.2).

Beispiel

Beleuchtet man eine mit dem Elektroskop verbundene Metallplatte mit ultraviolettem Licht, lädt sich die Platte sofort positiv auf, es stellt sich eine Spannung U ein. Bei weiterer Bestrahlung verändert sich die Spannung nicht mehr.

a) Erkläre das Zustandekommen der positiven Aufladung.

Lösung:
Das UV-Licht besteht aus Photonen, deren Energie offenbar die Elektronen aus dem Metall auslösen kann; die Photonenenergie muss also größer als die Auslösearbeit des Materials sein. Infolge der fehlenden negativen Ladungsträger ist die Platte positiv geladen.

b) Warum wird die Platte nicht weiter aufgeladen?

Lösung:
Die positiv geladene Platte zieht weitere, aus dem Metall austretende Elektronen wieder an und holt sie zurück, oder anders ausgedrückt: Die Platte baut aufgrund der fehlenden Fotoelektronen ein elektrostatisches Gegenfeld auf, um weitere Elektronen am Wegfliegen zu hindern.

Elektronen – Teilchen und Welle!

Ebenso wie Licht des elektromagnetischen Spektrums je nach Experiment, in dem man es beobachtet, als Welle oder als Teilchen auftritt, stellt man bei klassisch als Teilchen interpretierten Objekten wie etwa den Elektronen auch Welleneigenschaften fest. Diese äußern sich z. B. darin, dass Elektronenstrahlen an genügend kleinen Gitterstrukturen gebeugt werden können und sich in einer Elektronenbeugungsröhre Interferenzmuster nachweisen lassen. Die Welleneigenschaften von Materieteilchen hat der Physiker Louis-Victor de Broglie in folgender Hypothese formuliert:

Regel

Jedes Materieteilchen der Masse m und der Geschwindigkeit v entspricht einem Wellenvorgang, der sogenannten **de-Broglie-Welle**. Für deren Wellenlänge λ gilt:

$$\lambda = \frac{h}{m \cdot v}$$

Darin bezeichnet h das Planck'sche Wirkungsquantum.

Dass der Wellencharakter von Materieteilchen nicht auf subatomare Teilchen wie die Elektronen beschränkt ist, kann man mittlerweile experimentell sehr gut nachweisen, etwa bei **Fullerenen**. Das Fulleren ist neben dem Graphit und dem Diamanten die dritte elementare Form, in der reiner Kohlenstoff auftritt; das Fullerenmolkül besteht aus einer großen Zahl von Kohlenstoffatomen (z. B. C_{60}), die sich symmetrisch in einer fußballähnlichen Struktur zusammenfügen. Unabhängig seiner im Vergleich zum Elektron riesigen Ausmaße lassen sich Strahlen aus Fullerenmolekülen erfolgreich zum Interferieren bringen. Die Spaltanordnungen müssen in ihren Abmessungen natürlich angepasst werden.

Beispiel

Welche de-Broglie-Wellenlänge haben Elektronen bei 1 %, 2 %, 3 %, 4 %, 5 % und 10 % der Lichtgeschwindigkeit ($c = 3{,}00 \cdot 10^8 \frac{m}{s}$, Elektronenmasse $m_0 = 9{,}1 \cdot 10^{-31}$ kg)?

Lösung:

Mit der Gleichung

$$\lambda = \frac{h}{m \cdot v}$$

und $h = 6{,}62 \cdot 10^{-34}$ Js ergibt sich im ersten Fall:

$$\lambda = \frac{6{,}62 \cdot 10^{-34}\ \text{Js}}{9{,}1 \cdot 10^{-31}\ \text{kg} \cdot 0{,}01 \cdot \left(3{,}00 \cdot 10^8 \frac{m}{s}\right)} = 2{,}42 \cdot 10^{-10}\ \text{m}$$

Einheitenkontrolle:

$$1 \frac{\text{Js}}{\text{kg} \cdot \frac{m}{s}} = 1 \frac{\text{J}}{\frac{\text{kg} \cdot \text{m}}{s^2}} = 1 \frac{\text{J}}{\text{N}} = 1 \frac{\text{Nm}}{\text{N}} = 1\ \text{m}$$

Die gleiche Rechnung für die anderen Geschwindigkeiten liefert die Werte:

$\frac{v}{c}$	0,01	0,02	0,03	0,04	0,05	0,10
$\frac{\lambda}{10^{-11}\ \text{m}}$	24,2	12,1	8,08	6,06	4,85	2,42

Die Welleneigenschaften von Elektronen werden heute in vielfältiger Weise in Forschung und Technik eingesetzt. Eines der wichtigsten Geräte ist das **Elektronenmikroskop**, mithilfe dessen sich aufgrund der im Vergleich zu Licht viel kleineren Wellenlänge der Elektronenwellen deutlich feinere Strukturen auflösen und abbilden lassen.

Zusammenfassung

- **Elastische Wellen** sind mechanische Störungen, die sich in einem elastischen Medium ausbreiten. Sie treten als **Transversal-** oder **Longitudinalwellen** auf. Je nachdem, ob das Medium linear (z. B. Seil) oder flächig (z. B. Wasseroberfläche) ist, spricht man von ein- oder zweidimensionalen Wellen.
- Eine Welle ist durch die **Wellenlänge** λ, die **Frequenz** f und die **Phase** φ charakterisiert. Für die **Ausbreitungsgeschwindigkeit** c gilt: $c = \lambda \cdot f$.
- Bei Wellenerscheinungen beobachtet man
  Reflexion (teilweise oder vollständige Umkehr der Ausbreitungsrichtung),
  Beugung (Ablenkung von der geradlinigen Ausbreitungsrichtung) und
  Interferenz (gegenseitige Überlagerung).
  Die Erscheinungen lassen sich mithilfe des **Prinzips von Huygens** erklären.
- Eine spezielle Überlagerung führt auf **stehende Wellen**. Sie spielen eine große Rolle in der Akustik (z. B. Tonerzeugung) und der Optik (z. B. Laser).
- **Welle-Teilchen-Dualismus:** Weder die Wellentheorie noch die Teilchentheorie alleine beschreiben die Eigenschaften von Licht und Elektronen (sowie anderer elektromagnetischer Strahlung und anderer klassischer „Teilchen“) in vollem Umfang. Je nach Versuchsanordnung überwiegt jeweils die Teilchen- oder die Wellennatur dieser Objekte.
- Der Teilchencharakter eines Objekts zeigt sich stets bei Wechselwirkungen – wie etwa **Stoßvorgängen** – mit anderen Objekten, beispielsweise beim **Fotoeffekt**.
- Wellenvorgänge sind durch **Beugungs- und Interferenzerscheinungen** charakterisiert, wie sie z. B. beim **Doppelspaltexperiment** auftreten.
- Die Wellen von Materieteilchen heißen **de-Broglie-Wellen**. Die de-Broglie-Wellenlänge ist umgekehrt proportional zum Impuls $m \cdot v$ des Teilchens.

Aufgaben

125. Zeichne auf einem DIN A4-Blatt (waagerecht) unten eine „Blende“ mit Doppelspalt, die Spaltöffnungen liegen 3 cm voneinander entfernt. Von unten kommend denke man sich eine Welle, deren Fronten parallel auf die Blende stoßen und nur an den beiden Spaltöffnungen je eine Elementarwelle erzeugen. Die Wellenlänge betrage dabei 1 cm.
Zeichne nun mit dem Zirkel oberhalb der Blende je Spaltöffnung zwölf Halbkreise, deren Radien bei 0,5 cm beginnend jeweils um 0,5 cm größer werden. Markiere jeweils die ersten, dritten, fünften, … Kreise („Wellenberge“) rot, die zweiten, vierten, sechsten und so weiter grün („Täler“).

Verbinde alle Punkte,

- auf denen sich Berge der einen mit Bergen der anderen Elementarwelle treffen (konstruktive Interferenz bzw. maximale Verstärkung), auf dieser Linie liegt jeweils ein Maximum;
- an denen sich Täler mit Bergen treffen, dort geschieht Auslöschung (destruktive Interferenz).

Zeichenfaule können nachfolgende Kopiervorlage verwenden (im Maßstab 2 : 3).

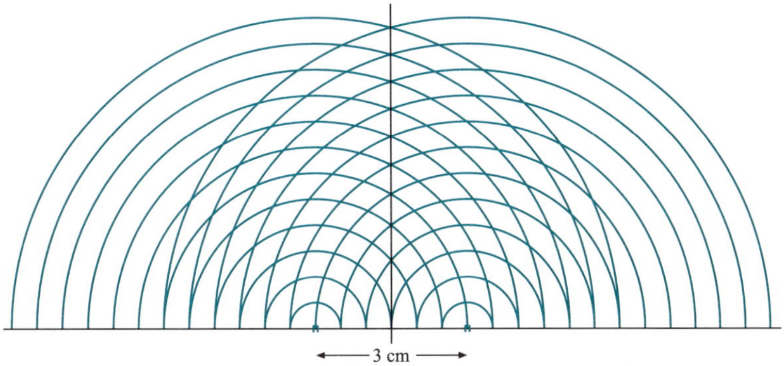

126. Gelbes Licht lässt sich entweder spektral rein (also nicht durch ein Prisma in Bestandteile zerlegbar) bei einer Wellenlänge von 589 nm durch eine Natriumdampflampe erzeugen oder aber als additive Mischung aus spektral reinem Rot- und Grünlicht. Auf weißem Untergrund sieht das Mischlicht genauso aus wie das reine Natriumlicht.

a) Wie erscheint ein rot-grün-gestreiftes Muster unter der jeweiligen Beleuchtung?
b) Wie sieht das Interferenzmuster von Natriumlicht auf einem weißen Schirm aus, das durch einen geeigneten Doppelspalt erzeugt wird?
c) Wie sieht das Interferenzmuster vom Mischlicht auf einem weißen Schirm aus, das durch einen geeigneten Doppelspalt erzeugt wird?

127. Rotes Licht der Wellenlänge 750 nm fällt auf deine Doppelspaltblende und erzeugt dahinter auf dem Schirm in 5,00 m Abstand ein Interferenzmuster, bei dem das Maximum dritter Ordnung jeweils 2,0 cm seitlich vom zentralen Hauptmaximum liegt. Welchen Abstand haben die Spalte?

128. Eine Doppelspaltblende mit Spaltabstand 0,55 mm wird mit Rotlicht der Wellenlänge 750 nm beleuchtet, die beiden Maxima dritter Ordnung haben voneinander den Abstand 5,0 cm. Welchen Abstand hat der Schirm von der Doppelspaltblende?

129. Monochromatisches Licht unbekannter Wellenlänge trifft auf einen Doppelspalt (b = 0,36 mm) und verursacht auf dem 4,8 m hinter der Spaltblende stehenden Schirm Maxima zweiter und dritter Ordnung, die voneinander den Abstand 1,0 cm besitzen. Welche Wellenlänge hat das Licht?

130. Welchen Abstand haben die Maxima dritter und vierter Ordnung voneinander, wenn blaues Licht (450 nm) auf einen Doppelspalt mit 0,60 mm Spaltabstand fällt und der Schirm weitere 6,0 m dahinter steht?

131. Ergänze in der folgenden Tabelle die (minimalen) Grenzfrequenzen und die dazugehörigen (maximalen) Grenzwellenlängen:

Kathodenmaterial	W_A je Elektron	f_G	λ_G
Cäsium	1,94 eV		
Wolfram	4,57 eV		
Platin	5,66 eV		
Natrium	2,28 eV		
Kupfer	4,84 eV		
Rubidium	2,13 eV		

132. Welche Wellenlänge dürfen Photonen höchstens haben, die aus einer Kupferplatte ($W_A = 4{,}84$ eV) Elektronen auslösen können?

133. Eine Vakuumfotozelle wird mit blauem Licht von 450 nm beleuchtet, die austretenden Elektronen haben die maximale Bewegungsenergie von 0,82 eV. Aus welchem Material besteht die Beschichtung der Fotozelle?

134. Eine Vakuumfotozelle wird mit rotem (750 nm) und blauem Licht (450 nm) beleuchtet, die maximalen Energien der ausgelösten Elektronen unterscheiden sich um 1,103 eV. Berechne daraus das Planck'sche Wirkungsquantum.

135. Berechne die de-Broglie-Wellenlänge eines Protons bei einer Geschwindigkeit von $v = 1{,}5 \cdot 10^7 \frac{m}{s}$ ($m_{Proton} = 1{,}67 \cdot 10^{-27}$ kg).

136. Welche Geschwindigkeit muss ein Elektron besitzen, dessen de-Broglie-Wellenlänge gerade $8{,}0 \cdot 10^{-11}$ m beträgt ($m_{Elektron} = 9{,}11 \cdot 10^{-31}$ kg; $h = 6{,}62 \cdot 10^{-34}$ Js)?

137. Bereits um die Jahrtausendwende gelang Prof. Zeilinger in Wien der Nachweis der Wellennatur bei den bis dahin größten, daraufhin untersuchten Teilchen, den C_{60}-Molekülen (auch Buckyballs oder Fullerene genannt). Ein solches Molekül gleicht von der Form einem Fußball, jedes der 60 Atome besteht aus 6 Protonen und 6 Neutronen im Kern sowie 12 Elektronen in der Hülle, die hier aber bei der Masse vernachlässigt werden können. Die Flugstrecke (Schirmabstand) ist etwa 2 m, die Geschwindigkeit der Fullerene 220 $\frac{\text{m}}{\text{s}}$ und der Spaltabstand 100 nm (in Zeilingers Experiment wurde zwar ein Gitter statt eines Doppelspalts verwendet, das spielt aber für die Rechnung hier keine Rolle).

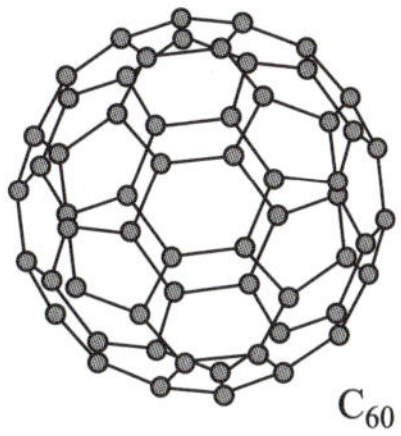

C_{60}

Als Interferenzmuster erhielt man die in Abbildung A gezeigte Kurve; Abbildung B zeigt den Strahl ohne Gitter:

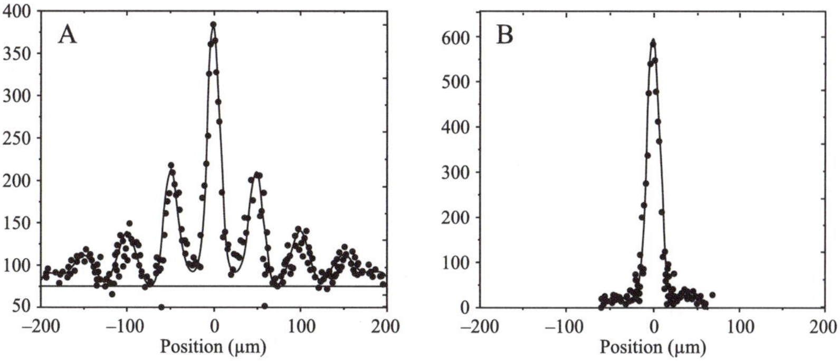

Überprüfe das Versuchsergebnis durch Rechnung: Bestimme dazu die de-Broglie-Wellenlänge und den seitlichen Abstand der Maxima 1. Ordnung.

5 Astronomische Weltbilder

5.1 Geozentrisches und heliozentrisches Weltbild

Die Entwicklung eines astronomischen Weltbilds, also der Vorstellung vom Aufbau unseres Planetensystems, ist geprägt von den geistesgeschichtlichen und gesellschaftlichen Strömungen, die jeweils zu der Zeit vorherrschten, als das betreffende Weltbild erdacht wurde.
Zwei der bedeutendsten Philosophen der griechischen Antike, Aristoteles und Ptolemäus, nahmen sämtliche Himmelskörper auf durchsichtigen Kristallkugeln sitzend an. Gemeinsamer Mittelpunkt all dieser gedachten Kugeln war die Erde; daher bezeichnet man dieses Weltbild als **geozentrisch**. Diese Sichtweise entspricht unmittelbar dem Blickpunkt, den der Mensch als Beobachter des astronomischen Geschehens einnimmt, und erscheint daher ganz natürlich. Zudem berücksichtigt es die als selbstverständlich verstandene Auffassung, dass der Mensch Mittelpunkt der Schöpfung sein müsse.
Gleichzeitig birgt das geozentrische Weltbild aber Schwierigkeiten, die beobachteten Planetenbahnen schlüssig zu erklären.
So scheinen sich aus der Sicht des Erdbeobachters einige Planeten auf Schleifenbahnen vor dem Hintergrund des statischen Fixsternhimmels zu bewegen; gelegentlich kehren etwa Mars und Venus ihre sonst übliche West-Ost-Bewegung vorübergehend um.

Geozentrisches Weltbild

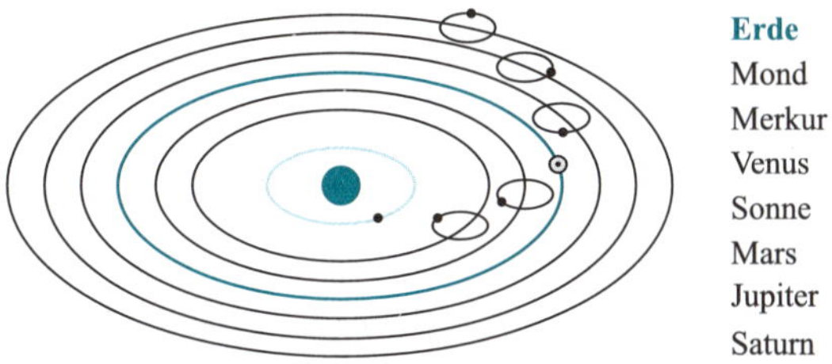

Zur Begründung der Planetenbahnen im Rahmen des geozentrischen Weltbilds formulierten die antiken Denker die sogenannte **Epizykeltheorie**. Sie nutzt den Umstand aus, dass ein und dieselbe Bewegung von zwei Beobachtern, die sich relativ zueinander bewegen, auch verschieden wahrgenommen wird. Dabei gilt: Wie kompliziert die Bewegung auch erscheinen mag, sie lässt sich stets durch geschickte Wahl der beteiligten Bezugssysteme beschreiben. Zwei einfache Beispiele sollen das zeigen.

Beispiele

1. Welche Bewegung führst du aus, während du mit diesem Buch an deinem Schreibtisch sitzt, aus der Sicht eines
   a) Beobachters, der sich im gleichen Zimmer befindet?
   b) Beobachters auf dem Mond?

   Lösung:
   a) Der Beobachter stellt fest, dass du ruhst.
   b) Der Mondbeobachter sieht, dass du in einem Zimmer (z. B. in Bayern bei ca. 48 Grad nördlicher Breite) sitzt, das sich auf einer Kreisbahn von etwa 4 260 km um die Erdachse dreht. Das bedeutet bei einem Umlauf pro Tag eine Bahngeschwindigkeit von etwa
   $v = r \cdot \omega = r \cdot \frac{2\pi}{T} = 4\,260 \text{ km} \cdot \frac{2\pi}{24 \text{ h}} = 1{,}1 \cdot 10^3 \frac{\text{km}}{\text{h}} \approx 310 \frac{\text{m}}{\text{s}}$
   Du bewegst dich also mit beinahe Schallgeschwindigkeit, ohne dies zu merken (weil die ganze Atmosphäre sich mitdreht!).

2. Ein Fahrradventil wird während der Fahrt beobachtet und jeweils die Bahn beschrieben. Welche Bewegung sieht
   a) Beobachter A, der auf der Drehachse des Rades sitzt?
   b) Beobachter B, der außen an der Lenkstange sitzt?
   c) Beobachter C, der neben dem Ventil sitzt?
   d) Beobachter D, der am Rand einer gut präparierten Straße steht?
   e) Beobachter E, der sich auf der Raumstation ISS befindet?

   Lösung:
   a) A sieht eine Kreisbahn des Ventils, wobei er sich im Mittelpunkt des Kreises befindet.
   b) B beschreibt die Bahnen des Ventils als Ellipsen.
   c) Aus der Sicht von C bewegt sich das Ventil überhaupt nicht.
   d) D sieht das Rad vorbeifahren. Er beschreibt die Bahn des Ventils als wellenartige Bahn. Mit einem Spirographen, einem geometrischen Spielzeug aus dünnen Plastikscheiben, kann man sehr einfach solche Bahnen zeichnen:

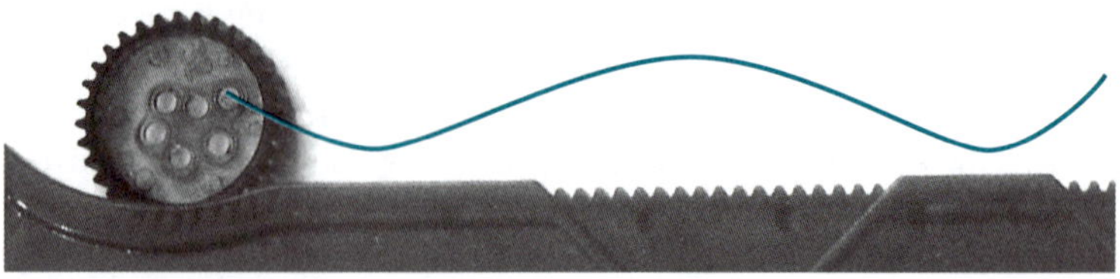

Auf einer hügeligen Straße sieht die Ventilbahn dann etwa so aus:

Je nach Gestalt des Untergrunds wird der Bahnverlauf immer komplizierter. Stelle die etwa ein Rad vor, dass auf einem holprigen Kiesuntergrund rollt, und die Schwierigkeiten, diese Bahn durch eine Funktionsgleichung zu beschreiben.

e) Beobachter E sieht aus der Ferne das sich auf der Erdoberfläche bewegende Rad. Die Abbildung zeigt den prinzipiellen Bahnverlauf an einem zur Verdeutlichung überdimensional dargestellten Rad auf der verkleinert dargestellten Erde.

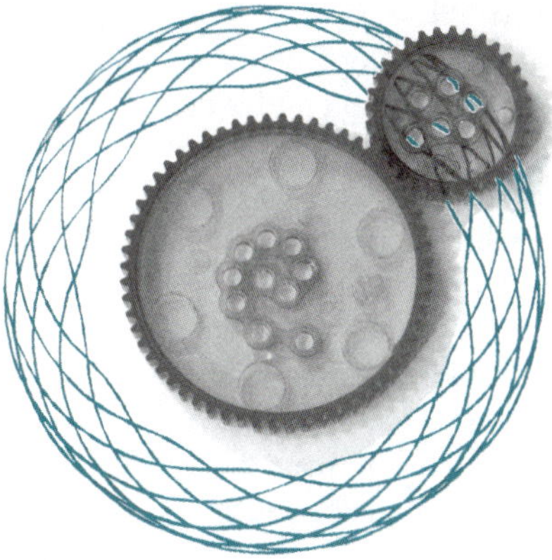

Kurven, die dadurch entstehen, dass ein Kreis reibungsfrei auf einer zweiten Kurve abrollt, nennt man Rollkurven. Handelt es sich bei der zweiten Kurve ihrerseits um einen Kreis (wie diejenige in Beispiel 2 e), spricht man mathematisch von **Epizykloide**.

Mithilfe der Epizykeltheorie lassen sich die beobachteten Planetenbahnen im geozentrischen Weltbild hinreichend genau beschreiben:
Ein Planet bewegt sich entlang eines kleinen Kreises, des Epizykels, der seinerseits auf einem größeren Kreises, dem Deferenten, abrollt. Den Mittelpunkt des Deferenten bildet die Erde. Die Bewegung entlang der Kreise erfolgt jeweils in östlicher Richtung und etwa parallel zur Ebene der Erdumlaufbahn (Ebene der Ekliptik).

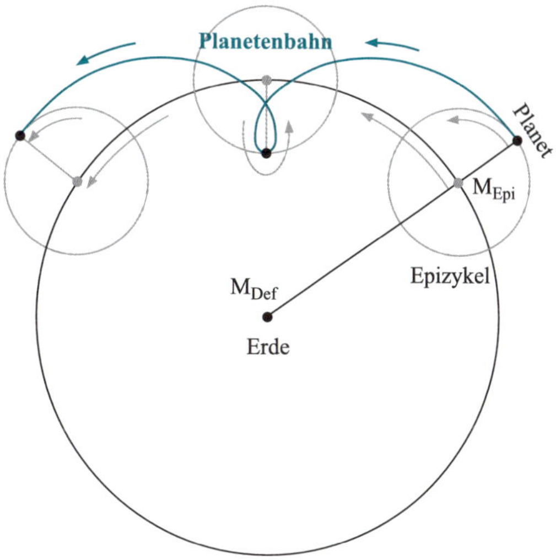

Dieses Grundkonzept der Bahnbeschreibung wurde im Lauf der Zeit weiter verfeinert, um die berechneten und beobachteten Bahnen immer besser in Einklang zu bringen, was immer kompliziertere Rechnungen nach sich zog. Trotz dieses

Aufwands konnte keine exakte Übereinstimmung mit den ständig verbesserten Messdaten erzielt werden. Dies gelang erst, als man vom geozentrischen auf das **heliozentrische Weltbild** überging, also die Sonne in den Mittelpunkt der Planetenbahnen stellte, wie es Nikolaus Kopernikus Anfang des 16. Jahrhunderts vorschlug (dies entspricht im Beispiel 2 den Übergang von Fall e auf Fall a).

Dabei ging Kopernikus noch von kreisförmigen Planetenbahnen aus, die nach wie vor die Verwendung von Epizykeln erforderlich machten. Die Epizykeltheorie wurde erst durch Johannes Kepler überflüssig, der die Kreisbahnen durch Ellipsen ersetzte, in deren einem Brennpunkt sich die Sonne befindet.

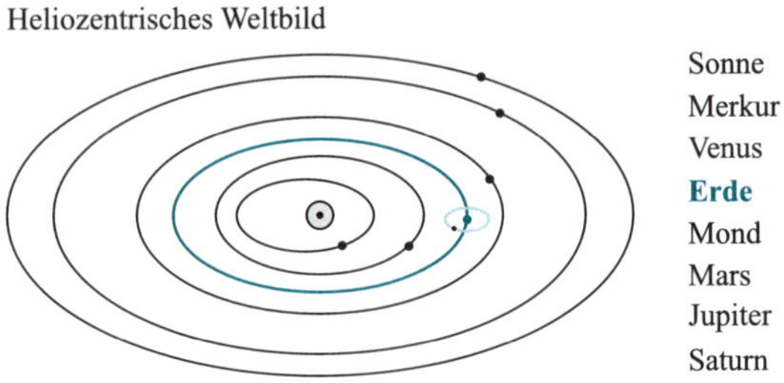

Die Schleifenbahnen, die den Astronomen vor Kopernikus soviel Kopfzerbrechen bereitet haben, lassen sich im heliozentrischen Weltbild einfach erklären. Betrachten wir hier beispielsweise die Bahn des Mars (stark vereinfacht), beobachtet von der Erde aus (17 Momentaufnahmen mit zugehöriger Beobachtungsrichtung, in der Mitte die Sonne, Innenbahn Erde, Außenbahn Mars):

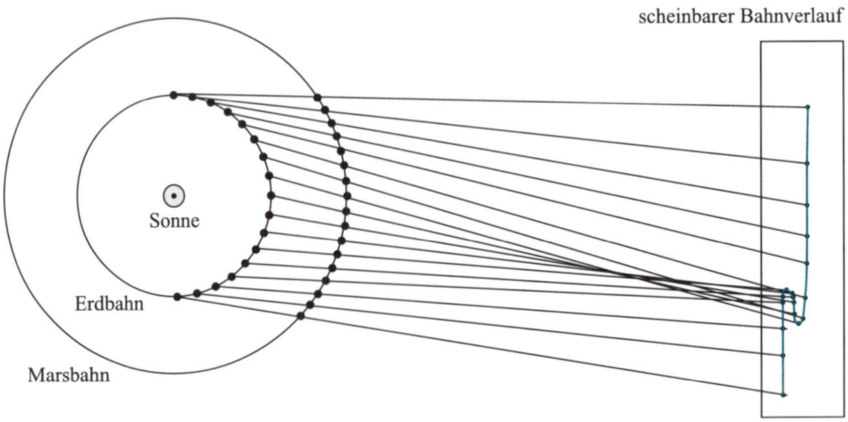

5.2 Die Kepler'schen Gesetze

Kepler stellte drei fundamentale Gesetze der Planetenbewegung auf, die bis heute Gültigkeit besitzen:

Regel

1. Kepler'sches Gesetz: Die Planeten bewegen sich auf elliptischen Bahnen, in deren gemeinsamen Brennpunkt die Sonne steht.

2. Kepler'sches Gesetz: Die Verbindungslinie zwischen Planet und Sonne überstreicht in gleichen Zeiten gleich große Flächen.

3. Kepler'sches Gesetz: Die Quadrate der Umlaufzeiten (T) zweier Planeten verhalten sich wie die dritten Potenzen der großen Halbachsen (R) ihrer Bahnellipsen:
$\frac{T_1^2}{T_2^2} = \frac{R_1^3}{R_2^3}$ bzw. $\frac{T_1^2}{R_1^3} = \frac{T_2^2}{R_2^3}$

Der sonnennächste Punkt einer Planetenbahn wird dabei als **Perihel**, der sonnenfernste Bahnpunkt als **Aphel** bezeichnet.

Beispiele

1. Ein Satellit umkreist die Erde in 580 km Höhe, der Erdradius ist 6 370 km. Wie lange dauert ein Umlauf und welche Geschwindigkeit v hat der Satellit dabei?

Hinweis: Ein Mondumlauf dauert 27,3 Tage bei einem Bahnradius von 380 000 km.

Lösung:
Sowohl bei der Bahn des Satelliten um die Erde als auch bei der Mondbahn ist die Erde der umflogene Körper und es gilt für beide Bahnen das dritte Kepler'sche Gesetz. Wegen des konstanten Abstandes von 580 km handelt es sich bei der Umlaufbahn um eine Kreisbahn, die lange Halbachse der Ellipse ist folglich der Radius. Damit gilt:

$$\frac{T_1^2}{R_1^3} = \frac{T_2^2}{R_2^3}$$

Mit $T_1 = 27{,}3\ \text{d}$ und $R_1 = 380\,000\ \text{km}$ für den Mond sowie
$R_2 = 6\,370\ \text{km} + 580\ \text{km} = 6\,950\ \text{km}$
für den Satelliten gilt nach Auflösen und Einsetzen für die Umlaufzeit des Satelliten:

$$T_2 = \sqrt{\frac{R_2^3 \cdot T_1^2}{R_1^3}} = T_1 \cdot \sqrt{\frac{R_2^3}{R_1^3}} = 27{,}3\ \text{d} \cdot \sqrt{\frac{(6\,950\ \text{km})^3}{(380\,000\ \text{km})^3}} \approx 0{,}0675\ \text{d} \approx 97\ \text{min}$$

Seine Bahngeschwindigkeit erhält man, indem man die Länge der Umlaufbahn (also einen Kreisumfang $2R_2 \cdot \pi$) durch die benötigte Umlaufzeit $T_2 \approx 97$ min teilt:

$$v = \frac{2R_2 \cdot \pi}{T_2} \approx \frac{2 \cdot 6\,950\,\text{km} \cdot \pi}{97\,\text{min}} \approx 450 \frac{\text{km}}{\text{min}} \approx 27\,000 \frac{\text{km}}{\text{h}} \approx 7\,500 \frac{\text{m}}{\text{s}}$$

2. Ein Satellit bewegt sich auf einer Ellipsenbahn um die Erde. Im Perihel hat er einen Abstand von 400 km, im Aphel einen Abstand von 1800 km von der Erdoberfläche.
   a) Berechne seine Umlaufzeit.

      Hinweis: Ein Mondumlauf dauert 27,3 Tage bei einem Bahnradius von 380 000 km.

   b) Wie verhalten sich seine Geschwindigkeiten im Perihel bzw. Aphel zueinander?

   Lösung:

   a) Zunächst muss hier die Länge der langen Halbachse bestimmt werden. Dazu stellen wir folgende geometrische Überlegung an:

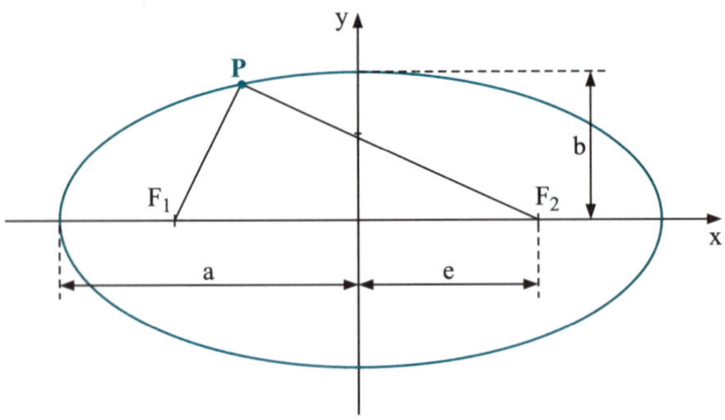

Bei den Ellipsen gelten die folgenden Beziehungen für die große Halbachse a, die kleine Halbachse b sowie die sogenannte lineare Exzentrizität e, die ein Maß für die Abweichung von der Kreisform darstellt:

- $\overline{PF_1} + \overline{PF_2} = 2a$ Konstanz der Abstandsumme zu den Brennpunkten
- $\frac{x^2}{a^2} + \frac{y^2}{b^2} = 1$ Ellipsengleichung
- $e^2 = a^2 - b^2$ lineare Exzentrizität
- $A = a \cdot b \cdot \pi$ Ellipsenfläche

Hier sind die Abstände von Perihel und Aphel bekannt, daher gilt mit Berücksichtigung des Erdradius):

$a - e = 400\text{ km} + 6\,370\text{ km} = 6\,770\text{ km}$ (Perihel)

$a + e = 1\,800\text{ km} + 6\,370\text{ km} = 8\,170\text{ km}$ (Aphel)

Durch Addition beider Gleichungen erhalten wir die große Halbachse:

$2a = 6770\text{ km} + 8170\text{ km} = 14940\text{ km} \quad \Rightarrow \quad a = 7470\text{ km}$

Aus $T_1 = 27{,}3$ d, $R_1 = 380000$ km und $R_2 = a = 7470$ km können wir mit dem dritten Kepler'schen Gesetz die Umlaufzeit T_2 berechnen:

$$\frac{T_1^2}{R_1^3} = \frac{T_2^2}{R_2^3}$$

$$\Rightarrow \quad T_2 = T_1 \cdot \sqrt{\frac{R_2^3}{R_1^3}} = 27{,}3\,\text{d} \cdot \sqrt{\frac{(7470\text{ km})^3}{(380000\text{ km})^3}} \approx 0{,}0752\text{ d} \approx 108\text{ min}$$

b) Um die Geschwindigkeiten in Perihel und Aphel zu erhalten, verwendet man das zweite Kepler'sche Gesetz: In gleichen Zeiten überstreicht die Verbindungslinie Erde-Satellit die gleichen Flächeninhalte (siehe Abbildung).
Die Flächen ähneln Dreiecken, haben aber eine elliptisch gekrümmte Seite. Denkt man sich jedoch ein winzig kleines Zeitintervall Δt, dann ist der in dieser Zeit durchflogene Ellipsenbogen kaum von einer Strecke zu unterscheiden und man kann den Bogen als geradlinige Grundseite des Dreiecks annehmen.

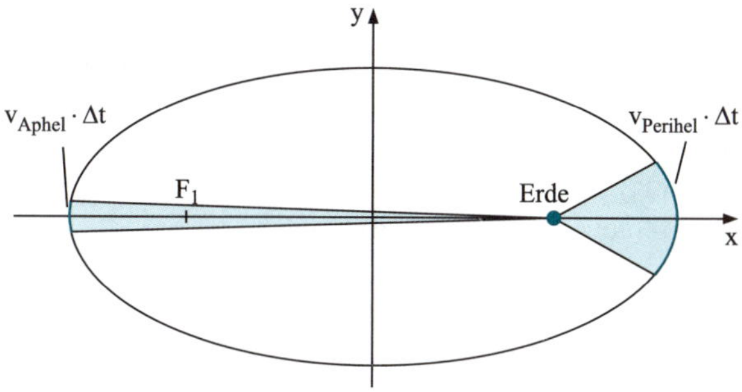

Die Länge dieser Grundseite beträgt $v \cdot \Delta t$, sodass für die Dreiecksflächen gilt:

$$\frac{1}{2} \cdot (v_{Perihel} \cdot \Delta t) \cdot (a - e) = \frac{1}{2} \cdot (v_{Aphel} \cdot \Delta t) \cdot (a + e)$$

$$\Rightarrow \quad v_{Perihel} \cdot 6770\text{ km} = v_{Aphel} \cdot 8170\text{ km}$$

$$\frac{v_{Perihel}}{v_{Aphel}} = \frac{8170}{6770} \approx 1{,}21$$

Die Bahngeschwindigkeit im Perihel beträgt das 1,21-Fache der Geschwindigkeit im Aphel.

Aufgaben

138. Welche Umlaufzeit hat ein Satellit, der die Erde (Radius 6 370 km) in 1 000 km Höhe umfliegt? Zum Vergleich: Der Mond (Mittelpunktsabstand zur Erde etwa 380 000 km) hat eine Umlaufzeit von 27,3 Tagen.

139. Der Mond (Mittelpunktsabstand zur Erde etwa 380 000 km) hat eine Umlaufzeit von 27,3 Tagen. In welcher Höhe h über der Erdoberfläche (Erdradius 6 370 km) und mit welcher Bahngeschwindigkeit v bewegt sich ein Satellit mit einer Umlaufzeit von 110 Minuten?

140. Wo und in welcher Höhe h über der Erdoberfläche muss sich ein „geostationärer" Satellit befinden, der etwa für Fernsehübertragungen genutzt wird und darum von der Erde aus gesehen immer an der gleichen Stelle stehen muss?

Hinweis: Der Mond (Mittelpunktsabstand zur Erde etwa 380 000 km) hat eine Umlaufzeit von 27,3 Tagen.

141. Bei uns auf der Erde steht die Sonne mittags am höchsten und geht abends unter. Wenn wir auf dem Mond säßen und die Erde stünde gerade am höchsten Punkt, wie lange würde es dann dauern, bis „die Erde untergeht"?

Hinweis: Von der Erde aus sieht man stets die gleiche Seite des Mondes.

142. Erdradiusbestimmung nach Eratosthenes (282–202 v. Chr.)

Alexandria und Syene (heute Assuan) liegen in Ägypten auf dem gleichen Längengrad. Am Tag der Sommersonnwende scheint die Sonne zur Mittagszeit auf den Grund eines tiefen Brunnens in Syene, d. h. die Sonne steht genau senkrecht darüber. Zur gleichen Zeit wirft die Sonne im 800 km nördlich gelegenen Alexandria den Schatten eines Turmes, der Winkel ist in der Zeichnung angegeben. Welchen Erdradius hat Eratosthenes auf diese Weise berechnet?

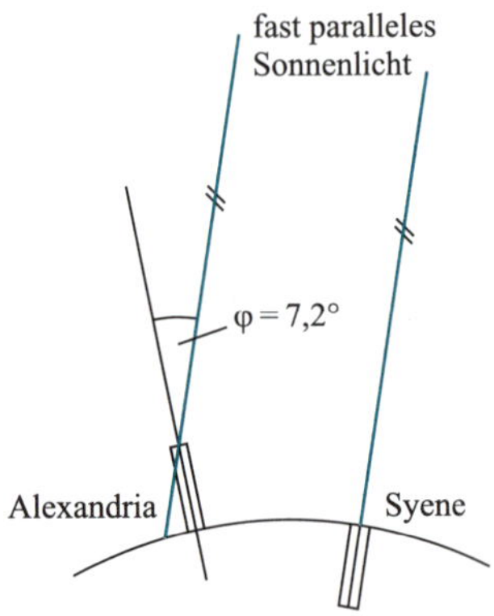

✱ 143. Gezeiten

Bekanntlich ist der Mond für das Wechselspiel der Gezeiten auf der Erde verantwortlich. Viele Menschen sind der Meinung, dass er das Meerwasser anzieht und auf der dem Mond zugewandten Seite deswegen Flut herrscht, gegenüber Ebbe. Leider stimmt das nicht, denn gegenüber herrscht auch Flut. Wie ist das zu erklären?

Hinweis: Überlege zunächst, welche gemeinsame Bewegung Erde und Mond ausführen. Welche Kräfte wirken auf den Mond und auf die Erde? Die Untersuchung des Zusammenspiels dieser Kräfte führt auf die Lösung.

144. Jahreszeiten
Die Erde rotiert um eine Achse, die immer um 66,5° geneigt ist gegen die Bahnebene der Erde um die Sonne. Wie bei jedem Kreisel ändert die Rotationsachse ihre Lage im Raum nicht.

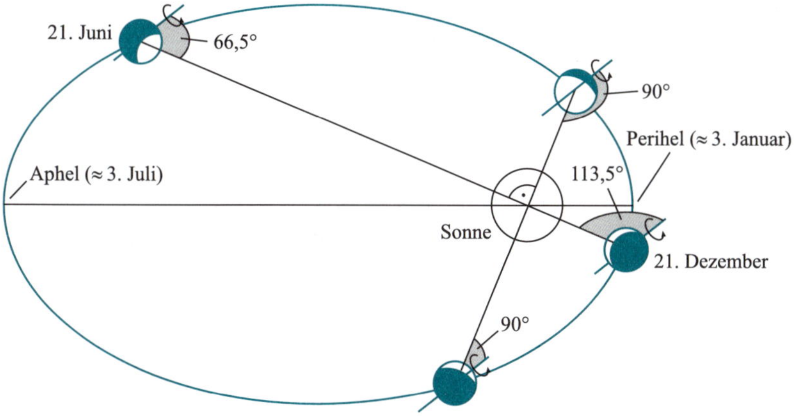

a) Wie kommen die verschiedenen Jahreszeiten zustande (unterscheide zwischen Nord- und Südhalbkugel)?
b) Was wäre anders in unserem Jahresablauf, wenn der Neigungswinkel der Erdachse nicht 66,5° wäre sondern 90°?

145. Aristarch aus Samos (310–230 v. Chr.) versuchte, das Entfernungsverhältnis Erde–Mond zu Erde–Sonne durch folgende Messung zu bestimmen: Bei Halbmond stellte er zwischen Mond und Sonne einen Winkel von $\varphi = 87°$ auf.
a) Welches Verhältnis ergibt sich mit dieser (recht unpräzisen) Messung?
b) Heute kennt man genauere Werte: Der Abstand zwischen Erde und Sonne ist etwa 150 000 000 km, der zwischen Erde und Mond rund 380 000 km. Berechne daraus den tatsächlichen Winkel φ und vergleiche mit dem Ergebnis aus Teilaufgabe a.

Lösungen

1. Der Atomdurchmesser ist etwa 10 000-mal größer als der Kerndurchmesser, also ergibt sich 8 cm · 10 000 = 800 m als Atomdurchmesser.

2. Die Ordnungszahl 12 gehört zu Magnesium, dessen Kern 12 Protonen enthält. Die Hülle besteht aus 12 Elektronen.

3. Der Atomdurchmesser ist etwa 100 000-mal größer als der Kerndurchmesser, also ergibt sich 25 cm · 10 000 = 2,5 km als Atomgröße.

4. 13 000 km : 10 000 = 1 300 m, die Erde wäre also (trotz gleicher Masse!) eine Kugel mit nur etwa 1,3 km Durchmesser.

5. Eisen (Fe) hat die Ordnungszahl 26, also enthält der Kern 26 Protonen.

6. Wasserstoff mit der Ordnungszahl 1 ist das leichteste Element und hat ein Proton im Kern.

7. Deuterium hat insgesamt 2 Kernbausteine (oberer Index), also davon 1 Neutron. Tritium hat drei Kernbausteine, davon ein Proton (es ist ja Wasserstoff!) und folglich 2 Neutronen.

8. a) Helium

   b) Helium und Quecksilber

   c) Natrium

9. Blaues Licht der Wellenlänge 400 nm besitzt die Photonenenergie 3,1 eV (siehe Text vor den Aufgaben). Da die Energie umgekehrt proportional zur Wellenlänge ist, folgt durch Dreisatz 400 nm · 3,1 eV = 589 nm · x und damit x = 2,1 eV.

10. Analog zur Rechnung in Aufgabe 9 erhält man: 400 nm · 3,1 eV = 530 nm · x und damit x = 2,34 eV.

11. a) Analog zur Rechnung in Aufgabe 9 erhält man:
$400\ \text{nm} \cdot 3{,}1\ \text{eV} = 256\ \text{nm} \cdot x$ und damit $x = 4{,}84\ \text{eV}$.

b) Das Photon mit 200 nm hat eine Energie von

$$\frac{400\ \text{nm} \cdot 3{,}1\ \text{eV}}{248\ \text{nm}} = 5{,}0\ \text{eV},$$

es bleiben den Elektronen nach der Auslösearbeit von 4,84 eV also noch 0,16 eV Bewegungsenergie.

12. a) Die mittlere Wellenlänge beträgt:

$$\bar{\lambda} = \frac{750\ \text{nm} + 400\ \text{nm}}{2} = 575\ \text{nm}$$

Daraus ergibt sich für die Photonenenergie der Wert:

$$\frac{400\ \text{nm} \cdot 3{,}1\ \text{eV}}{575\ \text{nm}} \approx 2{,}16\ \text{eV}$$

b) Eine Strahlungsleistung von 1 000W je Quadratmeter bedeutet, dass pro Sekunde und Quadratmeter 1 000 J Energie auf der Erde ankommen, das sind umgerechnet $1\,000 \cdot 6{,}25 \cdot 10^{18}\ \text{eV} = 6{,}25 \cdot 10^{21}\ \text{eV}$. Also treffen pro Sekunde

$$\frac{6{,}25 \cdot 10^{21}\ \text{eV}}{2{,}16\ \text{eV}} \approx 2{,}9 \cdot 10^{21}$$

Sonnenphotonen hier ein.

13. a) Die Wertepaare sind produktgleich, denn für zwei zueinander umgekehrt proportionale Größen a und b gilt:

$$a \sim \frac{1}{b} \quad \Rightarrow \quad a \cdot b = \text{konst.}$$

b) Wertetabelle:

U in kV	20	25	30	35	40	50
λ_G in nm	0,062	0,049	0,040	0,0345	0,0305	0,025
$\frac{\lambda_G \cdot U}{\text{nm} \cdot \text{kV}}$	1,24	1,23	1,2	1,21	1,22	1,25

c) Mit einem mittleren Produktwert von $1{,}22\ \text{nm} \cdot \text{kV}$ ergibt sich für eine Beschleunigungsspannung von 45 kV die Grenzwellenlänge:

$$\lambda_G = \frac{1{,}22\ \text{nm} \cdot \text{kV}}{45\ \text{kV}} \approx 0{,}027\ \text{nm}$$

Die zugehörige Linie ist im folgenden Diagramm schwarz eingezeichnet.

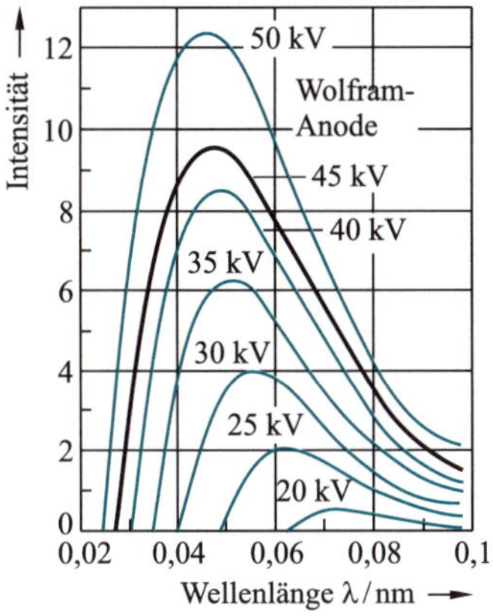

14. Die Grenzwellenlänge wird kleiner, die maximale Photonenenergie also größer. Außerdem treten alle größeren Wellenlängen mit erhöhter Intensität auf.

15. Die Röntgenstrahlung wird durch Knochengewebe stärker geschwächt (d. h. davon stärker absorbiert) als durch Fleisch, sodass die Stellen des Films, die von den Knochen abgedeckt werden, ungeschwärzt bleiben.

16. a) Die Halbwertsdicke beträgt gerade 2,7 cm, also besteht eine 5,4 cm dicke Bleischicht aus 5,4 : 2,7 = 2 Halbwertsdicken, der Anteil an Strahlung beträgt also noch $\frac{1}{2^2} = \frac{1}{4} = 25\ \%$.

b) Eine 8,1 cm dicke Bleischicht besteht aus 8,1 : 2,7 = 3 Halbwertsdicken, der Anteil an Strahlung beträgt also noch $\frac{1}{2^3} = \frac{1}{8} = 12{,}5\ \%$.

c) Wenn die Reststrahlung auf höchstens 1 % abgesunken sein soll, dann lässt sich die notwendige Anzahl x der Halbwertsdicken in folgender Weise berechnen:

$$\frac{1}{2^x} = \frac{1}{100} \quad\Rightarrow\quad 2^x = 100 \quad\Rightarrow\quad x = \log_2 100 = \frac{\log_{10} 100}{\log_{10} 2} \approx 6{,}64\ ,$$

Zur Berechnung des Zweierlogarithmus muss dabei die Formel zum Basiswechsel bei Logarithmen angewendet werden. Damit ergibt sich für die Mindestdicke d_{min}:

$$d_{min} = 6{,}64 \cdot 2{,}7\ \text{cm} \approx 18\ \text{cm}$$

17. Mit der Umrechnungsformel $1\ \text{N} \stackrel{*}{=} 1\frac{\text{kg} \cdot \text{m}}{\text{s}^2}$ erhält man

$$E = mc^2 = 1\ \text{kg} \cdot (300\,000\,000\ \tfrac{\text{m}}{\text{s}})^2 = 9 \cdot 10^{16}\ \frac{\text{kg} \cdot \text{m}^2}{\text{s}^2} \stackrel{*}{=} 9 \cdot 10^{16}\ \text{J} = 9 \cdot 10^7\ \text{MJ}$$

18. a) Rechnet man die Energie je Spaltung in Joule um, so erhält man

$$200\ \text{MeV} = 200 \cdot 10^6 \cdot \frac{1{,}6\ \text{J}}{10^{19}} = \frac{3{,}2}{10^{11}}\ \text{J}$$

und mithilfe der Einsteinformel $E = m \cdot c^2$ für die Masse:

$$\frac{3{,}2}{10^{11}}\ \text{J} = m \cdot \left(3{,}0 \cdot 10^8\ \frac{\text{m}}{\text{s}}\right)^2 \quad \Rightarrow \quad m = \frac{\frac{3{,}2}{10^{11}}\ \text{J}}{9{,}0 \cdot 10^{16}\ \frac{\text{m}^2}{\text{s}^2}} \approx \frac{0{,}356}{10^{27}}\ \text{kg}$$

Dabei wurde die Beziehung $1\ \text{N} = 1\frac{\text{kg} \cdot \text{m}}{\text{s}^2}$ bzw. $1\ \text{J} = 1\ \text{Nm} = 1\frac{\text{kg} \cdot \text{m}^2}{\text{s}^2}$ verwendet.

b) Bei einer Abgabeleistung von $P_{output} = 1\,000\ \text{MW} = 1\,000\,000\,000\ \text{W}$ und einem Wirkungsgrad von $\mu = 30\ \% = 0{,}30$ benötigt man eine Primärleistung von

$$P_{input} = \frac{P_{output}}{0{,}30} = 3\,333\ \text{MW},$$

dies bedeutet einen jährlichen Primärenergieeinsatz von

$E_{output} = 3\,333\ \text{MW} \cdot 365 \cdot 24 \cdot 3\,600\ \text{s} = 1{,}0512 \cdot 10^{17}\ \text{J}.$

Wenn bei jeder Spaltung die Energie $200\ \text{MeV} = \frac{3{,}2}{10^{11}}\ \text{J}$ frei wird, dann benötigt man jährlich die folgende Anzahl an Kernspaltungen:

$$N = \frac{1{,}0512 \cdot 10^{17}\ \text{J}}{\frac{3{,}2}{10^{11}}\ \text{J}} = 3{,}285 \cdot 10^{27}$$

In jedem Kilogramm Uran befinden sich laut Angabe $2{,}56 \cdot 10^{24}$ Kerne, also benötigt das Kraftwerk jährlich die Uranmasse

$$M = \frac{3{,}285 \cdot 10^{27}}{2{,}56 \cdot 10^{24}}\ \text{kg} \approx 1\,280\ \text{kg}.$$

19. a) Einsetzen liefert:

$$E = \Delta m \cdot c^2 = 0{,}001\ \text{kg} \cdot (3{,}0 \cdot 10^8\ \tfrac{\text{m}}{\text{s}})^2 = 9 \cdot 10^{13}\ \frac{\text{kg} \cdot \text{m}^2}{\text{s}^2} = 9 \cdot 10^{13}\ \text{J}.$$

b) Bei einem durchschnittlichen Jahresverbrauch von

$5\,000\ \text{kWh} = 5\,000 \cdot 1\,000\ \text{W} \cdot 3\,600\ \text{s} = 1{,}8 \cdot 10^{10}\ \text{J}$

können von 1 kg Uran etwa

$$\frac{9 \cdot 10^{13}\ \text{J}}{1{,}8 \cdot 10^{10}\ \text{J}} = 5\,000$$

Haushalte ein Jahr lang versorgt werden.

20. a) Eine Kugelschale um die Sonne mit dem Abstand Erde – Sonne als Radius hätte die Oberfläche

$4r^2 \cdot \pi = 4 \cdot (1{,}5 \cdot 10^{11}\ \text{m})^2 \cdot \pi \approx 2{,}8 \cdot 10^{23}\ \text{m}^2.$

Davon wird jeder Quadratmeter mit etwa 1 400 W versorgt, also beträgt die Gesamtleistung der Sonne:

$$P = 1400\,\frac{W}{m^2} \cdot 2{,}8 \cdot 10^{23}\,m^2 \approx 3{,}9 \cdot 10^{26}\,W$$

b) Löst man die Formel $E = \Delta m \cdot c^2$ nach der Masse auf, erhält man:

$$\Delta m = \frac{E}{c^2} = \frac{P \cdot t}{c^2} = \frac{3{,}9 \cdot 10^{26}\,W \cdot 365 \cdot 24 \cdot 3600\,s}{(3{,}0 \cdot 10^8\,\frac{m}{s})^2} = 1{,}4 \cdot 10^{17}\,kg$$

Die Sonnenmasse nimmt jährlich um $1{,}4 \cdot 10^{17}$ kg ab.

21. a) Erst muss der Nulleffekt abgezogen werden, deshalb gilt: Es zerfallen $(430 - 30) \cdot 2 = 800$ Po210-Kerne pro Minute.

b) Die Aktivität gibt die Zerfälle pro Sekunde an, also:

$$A(0\,d) = A_0 = \frac{800}{60\,s} \approx 13{,}3\,Bq$$

c) 138 Tage beträgt genau die Halbwertszeit von Po210. Daher folgt:

$$A(138\,d) = \frac{1}{2} \cdot A_0 = \frac{1}{2} \cdot 13{,}3\,Bq = 6{,}67\,Bq$$

d) 0,1 % ist der tausendste Teil der Ausgangsaktivität, also muss mit $n = \frac{t}{T_H}$ gelten:

$$A(t) = A_0 \cdot \left(\frac{1}{2}\right)^{\frac{t}{T_H}} < \frac{A_0}{1000} \quad \Rightarrow \quad \left(\frac{1}{2}\right)^n < \frac{1}{1000} \quad \Rightarrow \quad 2^n > 1000$$

Wegen $2^{10} = 1\,024$ ist die Aktivität erst nach mindestens 10 Halbwertszeiten oder 1 380 Tagen genügend weit abgeklungen.

22. a) Wegen $32 = 2^5$ bzw. $\frac{1}{32} = \left(\frac{1}{2}\right)^5$ beträgt die Abklingzeit der Aktivität 5 Halbwertszeiten, also $5 \cdot 55\,s = 275\,s = 4\,min\,35\,s$.

b) Da es sich um einen α-Zerfall handelt, besitzt der Tochterkern eine um 2 verringerte Protonenzahl und eine um 4 verringerte Massenzahl. Es entsteht Polonium 216 ($^{216}_{84}Po$).

23. Die in der ersten Tabellenzeile angegebenen Zeiten sind Vielfache der Halbwertszeit $T_H = 1\,600$ a, daher erhält man die fehlenden Aktivitäten aus der gegebenen, indem man links von $A = 140$ Bq die Aktivitäten verdoppelt, rechts davon halbiert:

Zeit in a	0	1 600	3 200	4 800	6 400	8 000	9 600
A in Bq	1 120	560	280	140	70	35	17,5

Da ein α-Zerfall vorliegt, nimmt die Massen- bzw. Protonenzahl um 4 bzw. 2 Einheiten ab, das Tochternuklid ist also Radon 222 ($^{222}_{86}Rn$).

Diagramm:

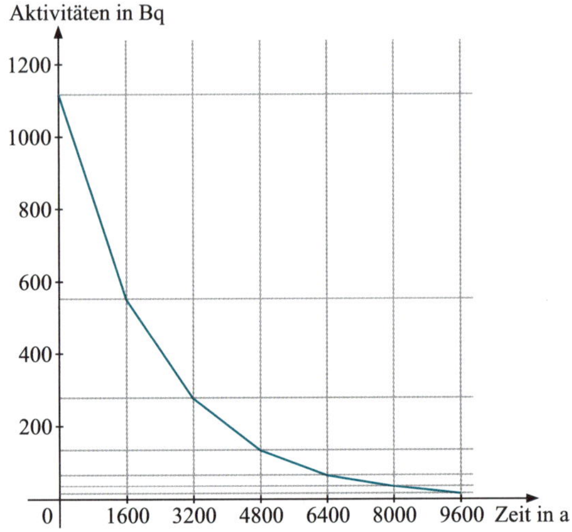

24. a) Wegen der längeren Halbwertszeit zerfällt das Rn 222 langsamer, der Graph verläuft also oberhalb des anderen.

b) Ra224 zerfällt in Rn220; Rn222 zerfällt in Polonium Po218.

25. Man liest ab, bei welchem t-Wert sich die Aktivität halbiert hat (siehe Diagramm).

Dies ist jeweils nach etwa 186 s der Fall.

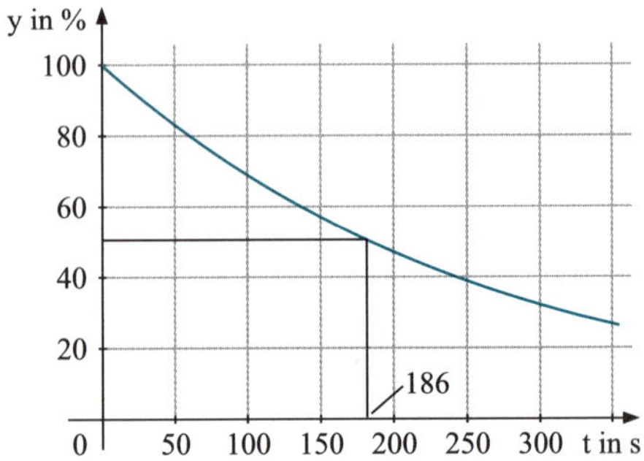

26. Gegeben: $T_{H,Po} = 138\,d$; $T_{H,Co} = 5{,}3\,a = 5{,}3\,a \cdot 365\,\frac{d}{a} = 1\,934{,}5\,d$

$A_{0,Po} = 1000\,Bq$; $A_{0,Co} = 250\,Bq$

Für die zeitliche Entwicklung der Aktivitäten gilt:

$$A_{Po}(t) = A_{0,Po} \cdot \left(\frac{1}{2}\right)^{\frac{t}{T_{H,Po}}}; \quad A_{Co}(t) = A_{0,Co} \cdot \left(\frac{1}{2}\right)^{\frac{t}{T_{H,Co}}}$$

Zur gesuchten Zeit t_g sind beide Aktivitäten gleich groß, also:
$A_{Po}(t_g) = A_{Co}(t_g)$

In diese Gleichung setzen wir die Aktivitätsformeln ein und vereinfachen:

$$A_{0,Po} \cdot \left(\frac{1}{2}\right)^{\frac{t_g}{T_{H,Po}}} = A_{0,Co} \cdot \left(\frac{1}{2}\right)^{\frac{t_g}{T_{H,Co}}}$$

$$1000\ \text{Bq} \cdot \frac{1}{2^{\frac{t_g}{T_{H,Po}}}} = 250\ \text{Bq} \cdot \frac{1}{2^{\frac{t_g}{T_{H,Co}}}}$$

$$\frac{4}{2^{\frac{t_g}{T_{H,Po}}}} = \frac{1}{2^{\frac{t_g}{T_{H,Co}}}}$$

Die 4 im Zähler können wir als 2^2 schreiben und erhalten nach Stürzen beider Seiten und Anwendung der Potenzgesetze:

$$\frac{2^{\frac{t_g}{T_{H,Po}}}}{2^2} = 2^{\frac{t_g}{T_{H,Co}}} \quad \Rightarrow \quad 2^{\frac{t_g}{T_{H,Po}} - 2} = 2^{\frac{t_g}{T_{H,Co}}}$$

Bei Gleichheit der Potenz müssen auch die Exponenten gleich sein, also folgt:

$$\frac{t_g}{T_{H,Po}} - 2 = \frac{t_g}{T_{H,Co}} \quad \Rightarrow \quad t_g \cdot \left(\frac{1}{T_{H,Po}} - \frac{1}{T_{H,Co}}\right) = 2 \quad \Rightarrow \quad t_g = \frac{2}{\frac{1}{T_{H,Po}} - \frac{1}{T_{H,Co}}}$$

Jetzt können wir die Halbwertszeiten einsetzen:

$$t_g = \frac{2}{\frac{1}{138\ \text{d}} - \frac{1}{1934{,}5\ \text{d}}} \approx 297\ \text{d}$$

Nach rund 297 Tagen sind die beiden Aktivitäten gleich groß.

27. Die Aktivität kann nur ansteigen, wenn beim Zerfall Kerne entstehen, die selbst weiter zerfallen, und zwar langsamer als der Ausgangskern. Der Tochterkern muss also wiederum radioaktiv sein und dabei eine größere Halbwertszeit besitzen als der Mutterkern.

28. Wenn die Kerne eine extrem kurze Halbwertszeit haben (damit in 1 s möglichst viele zerfallen) und in radioaktive Tochterkerne mit ebenfalls extrem kurzer Halbwertszeit weiter zerfallen, dann ist dies möglich. Ist der Enkelkern wieder radioaktiv, können sogar noch höhere Aktivitäten auftreten, die dann aber rasch abflauen.

29. a) Vor 5 740 Jahren (also einer Halbwertszeit) wäre die Aktivität doppelt so groß gewesen, hätte also 46 Bq betragen. Vor 11 480 Jahren (also zwei Halbwertszeiten) hätte sie den vierfachen Wert, also 92 Bq.

b) Wenn die Probe nur noch $\frac{1}{16}$ der ursprünglichen Aktivität hat, dann hat sie wegen

$$\frac{1}{16} = \left(\frac{1}{2}\right)^4$$

gerade 4 Halbwertszeiten von je 5 740 Jahren, also 22 960 Jahre, hinter sich.

30. Aus dem Diagramm liest man die der Aktivität 8,4 Bq zugeordnete Zeit auf der t-Achse ab: Die Mumie ist etwa 3 600 Jahre alt.

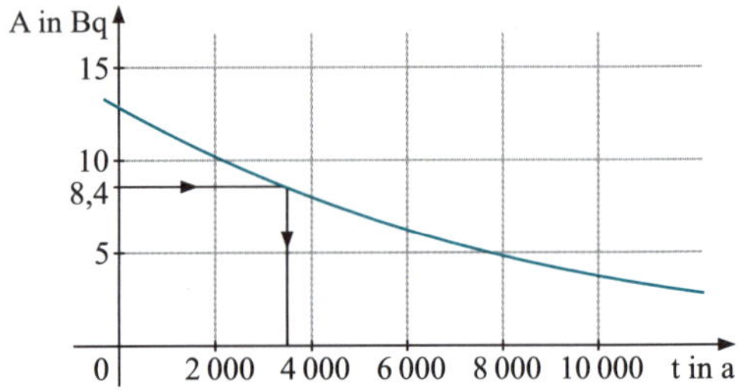

31. Nach 10 000 Jahren beträgt die Aktivität noch ca. 3,9 Bq, nach 20 000 Jahren nur noch 1,2 Bq.

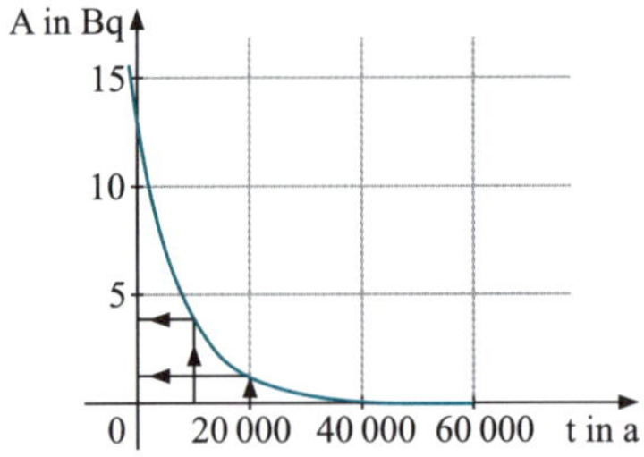

32. b) Nach 5 700 Jahren sind noch mehr, nach 5 800 Jahren dann weniger als die Hälfte der Kerne da, nämlich 500 000.

60	5600	508525
61	5700	502421
62	5800	496390
63	5900	490432

c) Ein Zehntel der Kern, also 100 000, sind noch nach etwa 19 000 Jahren übrig.

192	18800	103288
193	18900	102048
194	19000	100823
195	19100	99613
196	19200	98417

10 000 Kerne (also den hundertsten Teil) bleiben nach gut 38 100 Jahren.

383	37900	[illegible]
384	38000	10165
385	38100	10043
386	38200	9923
387	38300	9804

d) Die in den Zellen D1 und F1 veränderte Tabelle sieht nun so aus:

	B	C	D	E	F
	1000000	T 1/2=	12,3	Schrittweite t	1
	N(t)				
0	1000000				
1	945205				
2	893413				
3	844458				
4	798186				
5	[illegible]				

Die 80 %-Marke (hier 800 000 Kerne) wird nach knapp vier Jahren unterschritten; unter 0,1 % sinkt die Aktivität nach gut 122 Jahren.

125	121	1093
126	122	1033
127	123	977
128	124	923

33. a) Schlüssel dieser Teilaufgabe ist die Nukleonenzahl 222 des Radon. Beim α-Zerfall ändert sich die Nukleonenzahl um 4, beim β-Zerfall dagegen gar nicht, weil hier wird ein Neutron zum Proton umgewandelt wird. Um die Zahl N_α der α-Zerfälle zu bestimmen, berechnet man daher die Differenz der Nukleonenzahlen von Ausgangs- und Endkern und teilt diese durch 4:

$N_\alpha = (222 - 206) : 4 = 4$

Mit den vier α-Teilchen, die ja als Heliumkern jeweils 2 Protonen besitzen, verlassen insgesamt 8 Protonen den Kern. Von den für Radon typischen 86 Kernprotonen bleiben also noch 78 Protonen übrig. Blei hat aber 82 Protonen im Kern, folglich müssen die fehlenden 4 Protonen durch β-Zerfälle aus Neutronen entstehen, d. h. es finden auch 4 β-Zerfälle statt:

$N_\beta = 4$

b) Da Rn222 durch α-Zerfall aus dem gesuchten Mutterkern hervorgeht, besitzt dieser eine um 4 höhere Nukleonenzahl und eine um 2 höhere Ordnungszahl. Mithilfe des Periodensystems der Elemente stellt man fest, dass es sich um Ra226 handelt. Die Zerfallsgleichung lautet somit:

$$^{226}_{88}\text{Ra} \rightarrow {}^{222}_{86}\text{Rn} + {}^{4}_{2}\text{He}$$

c) Das gasförmige Radon tritt aus den Baustoffen und aus dem Untergrund durch das Mauerwerk in den Raum ein. Gerade im Keller ist die Konzentration sehr hoch. Bei Radon besteht die Gefahr der Inkorporation (Einatmen), kräftiges und häufiges Lüften der Räume ist der beste Schutz. Zusätzlich sollte man Fugen und Risse im Mauerwerk abdichten.

34. Gemäß Kraftgesetz ist $F = m \cdot a$, also:
$F = 1\,800\ \text{kg} \cdot 2{,}8\,\frac{\text{m}}{\text{s}^2} = 4\,320\ \text{N} = 4{,}32\ \text{kN}$

35. a) Um die Kraft gemäß $F = m \cdot a$ bestimmen zu können, benötigen wir die Bremsbeschleunigung a. Da Anfangsgeschwindigkeit $v_0 = 90\,\frac{\text{km}}{\text{h}} = 25\,\frac{\text{m}}{\text{s}}$, Endgeschwindigkeit $v = 0\,\frac{\text{m}}{\text{s}}$ und die Bremszeit $t = 50$ s bekannt sind, verwenden wir das Zeit-Geschwindigkeit-Gesetz:

$$v = v_0 + a \cdot t \;\Rightarrow\; 0 = v_0 + a \cdot t \;\Rightarrow\; a = -\frac{v_0}{t}$$

Die Bremskraft beträgt somit:

$$F = m \cdot \left(-\frac{v_0}{t}\right) = 1\,800\ \text{kg} \cdot \left(-\frac{25\,\frac{\text{m}}{\text{s}}}{50\ \text{s}}\right) = -900\ \text{N}$$

Das Minuszeichen bei a bzw. F. weist darauf hin, das die Richtung der Bremsbeschleunigung bzw. -kraft der Bewegungsrichtung entgegengesetzt ist.

b) Hier ist statt der Bremszeit der Bremsweg bekannt, also setzt man das Weg-Geschwindigkeit-Gesetz an:

$$v^2 = v_0^2 + 2a \cdot s \;\Rightarrow\; 0 = v_0^2 + 2a \cdot s \;\Rightarrow\; a = -\frac{v_0^2}{2s}$$

$$F = m \cdot \left(-\frac{v_0^2}{2s}\right) = 1\,800\ \text{kg} \cdot \left(-\frac{\left(25\,\frac{\text{m}}{\text{s}}\right)^2}{2 \cdot 50\ \text{m}}\right) = -11\,250\ \text{N} = -11{,}25\ \text{kN}$$

Die nötige Bremskraft ist deutlich höher als bei Teilaufgabe a.

36. Aus dem Kraftgesetz $F = m \cdot a$ erhält man zunächst die Beschleunigung:
$a = \frac{F}{m}$
Diese wirkt über die Strecke s, sodass nach dem s-v-Gesetz (Anfangsgeschwindigkeit $v_0 = 0\,\frac{\text{m}}{\text{s}}$) für die Geschossgeschwindigkeit folgt:

$$v^2 = 2a \cdot s = 2 \cdot \frac{F}{m} \cdot s \;\Rightarrow\; v = \sqrt{2 \cdot \frac{F}{m} \cdot s} = \sqrt{2 \cdot \frac{200\ \text{N}}{0{,}005\ \text{kg}} \cdot 0{,}5\ \text{m}} = 200\,\frac{\text{m}}{\text{s}}$$

Hinweis: Achte darauf, dass du Zahlenwerte immer in den physikalischen Grundeinheiten in die Formeln einsetzt, hier also die Kraft in Newton, die Masse in Kilogramm, die Länge in Meter. Wenn eine Größe in einer anderen Einheit angegeben ist (hier m in Gramm, s in Zentimeter), musst du sie vor dem Einsetzen in die jeweilige Grundeinheit umrechnen!

37. a) Die Durchschnittsgeschwindigkeit berechnet sich nach der Formel $v = \frac{s}{t}$. In der Tabelle sind die Geschwindigkeiten für jede Teilstrecke berechnet. Die Werte in Klammern geben die zurückgelegte Gesamtstrecke bzw. die benötigte Gesamtzeit am jeweiligen Bahnhof an.

Haltestelle	Strecke in km	Zeit in Minuten	Durchschnitts-geschwindigkeit
Wertheim			
	5 (5)	5 (5)	$\frac{5\,\text{km}}{5\,\text{min}} = 60\,\frac{\text{km}}{\text{h}}$
Reicholzheim			
	3 (8)	3 (8)	$\frac{3\,\text{km}}{3\,\text{min}} = 60\,\frac{\text{km}}{\text{h}}$
Bronnbach			
	4 (12)	5 (13)	$\frac{4\,\text{km}}{5\,\text{min}} = 48\,\frac{\text{km}}{\text{h}}$
Gamburg			
	2 (14)	3 (16)	$\frac{2\,\text{km}}{3\,\text{min}} = 40\,\frac{\text{km}}{\text{h}}$
Niklashausen			
	5 (19)	5 (21)	$\frac{5\,\text{km}}{5\,\text{min}} = 60\,\frac{\text{km}}{\text{h}}$
Hochhausen			
	5 (24)	5 (26)	$\frac{5\,\text{km}}{5\,\text{min}} = 60\,\frac{\text{km}}{\text{h}}$
Tauberbischofsheim			

b) Für die Gesamtstrecke ist $v = \frac{24\,\text{km}}{26\,\text{min}} = \frac{60\,\frac{\text{min}}{\text{h}} \cdot 24\,\text{km}}{26\,\text{min}} \approx 55{,}4\,\frac{\text{km}}{\text{h}}$.

38. a) Bei zwei gleich langen Zügen, die gleichzeitig den Bereich des Ausweichgleises verlassen (nicht einfahren! Vergleiche unterschiedliche Geschwindigkeiten!), genügt die größere der vorkommenden Zuglängen, also 300 m für das Ausweichgleis.

b) Bei unterschiedlich langen Zügen kann die Ausweichstrecke kürzer sein, weil der lange Zug von seiner Ausgleichstrecke schon wieder auf den eingleisigen Abschnitt bei Weiche 2 fahren kann, wenn der kurze Gegenzug diese Weiche verlassen hat und noch längst nicht an der Weiche 1 angekommen ist.

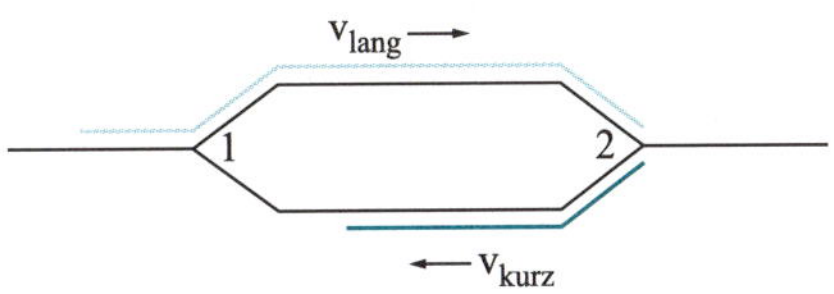

Es müssen also die Fahrtzeiten von diesem Augenblick an gleich sein für das hintere Ende des Langzuges bis zur Weiche 1 sowie für das vordere Ende des Kurzzuges bis zur Weiche 1. Bezeichnet L die gesuchte Länge des Ausweichgleises, dann gilt also:

$$t = \frac{300\text{ m} - L}{v_{lang}} = \frac{L - 240\text{ m}}{v_{kurz}}$$

$$\Rightarrow v_{kurz} \cdot 300\text{ m} - v_{kurz} \cdot L = v_{lang} \cdot L - v_{lang} \cdot 240\text{ m}$$

$$v_{kurz} \cdot 300\text{ m} + v_{lang} \cdot 240\text{ m} = L \cdot (v_{lang} + v_{kurz})$$

$$L = \frac{v_{kurz} \cdot 300\text{ m} + v_{lang} \cdot 240\text{ m}}{v_{lang} + v_{kurz}}$$

Dabei kann der Langzug sowohl schneller als auch langsamer sein als der Kurzzug. Es gibt demnach zwei Möglichkeiten:

- Wenn der lange Zug schneller fährt (mit $v_{lang} = 60\,\frac{km}{h}$), dann ist

$$L = \frac{45\,\frac{km}{h} \cdot 300\text{ m} + 60\,\frac{km}{h} \cdot 240\text{ m}}{60\,\frac{km}{h} + 45\,\frac{km}{h}} \approx 265{,}7\,\frac{\frac{km}{h} \cdot m}{\frac{km}{h}} = 265{,}7\text{ m}$$

- Wenn dagegen der lange Zug langsamer fährt (mit $v_{lang} = 45\,\frac{km}{h}$), ist

$$L = \frac{60\,\frac{km}{h} \cdot 300\text{ m} + 45\,\frac{km}{h} \cdot 240\text{ m}}{45\,\frac{km}{h} + 60\,\frac{km}{h}} \approx 274{,}3\text{ m}$$

Um für beide Fälle gerüstet zu sein, muss das Ausweichgleis also mindestens die Länge 274,3 m besitzen.

39. Die Relativgeschwindigkeit der beiden Fahrzeuge, mit der das Mädchen den Lkw vorbeifahren sieht, ist 160 km/h; bei einer Fahrzeuglänge von 30 m dauert die Vorbeifahrt also

$$t = \frac{s}{v} = \frac{30\text{ m}}{160\,\frac{km}{h}} = \frac{0{,}030\text{ km}}{160\,\frac{km}{h}} = \frac{0{,}030\text{ km}}{160\,\frac{km}{3\,600\text{ s}}} = 3\,600 \cdot \frac{0{,}030}{160}\text{ s} = 0{,}675\text{ s}.$$

40. Der Abstand zweier aufeinander folgender Züge wird mit a bezeichnet, die gesuchte Zuggeschwindigkeit mit v_Z.
Jeder Gegenzug hat bezüglich unserem Fußgänger die um v_F vergrößerte Relativgeschwindigkeit, also $v_Z + v_F$. Für die Dauer zwischen dem Eintreffen zweier Folgezüge gilt also:

$$18\text{ min} = \frac{a}{v_Z + v_F}$$

Die Züge in gleicher Richtung haben bezüglich Fußgänger die Relativgeschwindigkeit $v_Z - v_F$, für die Intervalldauer gilt hier:

$$21\text{ min} = \frac{a}{v_Z - v_F}$$

Damit liegen zwei Gleichungen mit den beiden Unbekannten a und v_Z vor, die sich eindeutig bestimmen lassen. Wir lösen beide Gleichungen nach a auf und setzen die linken Seiten der Gleichungen gleich:

$$\left.\begin{array}{l} 18\,\text{min}\cdot(v_Z+v_F)=a \\ 21\,\text{min}\cdot(v_Z-v_F)=a \end{array}\right\} \Rightarrow \begin{array}{r} 18\,\text{min}\cdot v_Z+18\,\text{min}\cdot v_F=21\,\text{min}\cdot v_Z-21\,\text{min}\cdot v_F \\ 39\,\text{min}\cdot v_F=3\,\text{min}\cdot v_Z \\ v_Z=13v_F \end{array}$$

Mit $v_F=5\,\frac{\text{km}}{\text{h}}$ folgt $v_Z=13\cdot 5\,\frac{\text{km}}{\text{h}}=65\,\frac{\text{km}}{\text{h}}$. Durch Einsetzen in eine der beiden Gleichungen (hier die erste) können wir a berechnen:

$$a=18\,\text{min}\cdot\left(65\,\frac{\text{km}}{\text{h}}+5\,\frac{\text{km}}{\text{h}}\right)=\frac{18\,\text{min}}{60\,\frac{\text{min}}{\text{h}}}\cdot 70\,\frac{\text{km}}{\text{h}}=21\,\text{km}$$

Der Zugtakt ist die Zeit T, die der Zug für das Durchfahren des Streckenabschnitts a benötigt:

$$T=\frac{a}{v_Z}=\frac{21\,\text{km}}{65\,\frac{\text{km}}{\text{h}}}\approx 0{,}323\,\text{h}=19\,\text{min}\;23\,\text{s}$$

41. Bezeichnet man die Lkw-Geschwindigkeit mit v und ihren paarweisen Abstand mit y, dann ergeben sich folgende Gleichungen:

- Blickt man seitlich aus dem Pkw, so sieht man die entgegenkommenden Lkw mit der Geschwindigkeit $v+120\,\frac{\text{km}}{\text{h}}$ vorbeifahren im zeitlichen Abstand von $\frac{1}{580}$ h; das bedeutet für ihren gegenseitigen Abstand y:

$$\frac{1}{580}\,\text{h}=\frac{y}{v+120\,\frac{\text{km}}{\text{h}}} \quad\Rightarrow\quad \frac{1}{580}\,\text{h}\cdot\left(v+120\,\frac{\text{km}}{\text{h}}\right)=y \qquad (*)$$

- Die überholten Lkw scheinen mit der Geschwindigkeit $120\,\frac{\text{km}}{\text{h}}-v$ vorbeizufahren in Intervallen von jeweils $\frac{1}{100}$ h; hier gilt also:

$$\frac{1}{100}\,\text{h}=\frac{y}{120\,\frac{\text{km}}{\text{h}}-v} \quad\Rightarrow\quad \frac{1}{100}\,\text{h}\cdot\left(120\,\frac{\text{km}}{\text{h}}-v\right)=y$$

Gleichsetzen der linken Seiten der beiden Gleichungen liefert nach Umformen die tatsächliche Lkw-Geschwindigkeit v:

$$\frac{1}{100}\,\text{h}\cdot\left(120\,\frac{\text{km}}{\text{h}}-v\right)=\frac{1}{580}\,\text{h}\cdot\left(v+120\,\frac{\text{km}}{\text{h}}\right)$$

$$120\,\frac{\text{km}}{\text{h}}\cdot\left(\frac{1}{100}\,\text{h}-\frac{1}{580}\,\text{h}\right)=v\cdot\left(\frac{1}{580}\,\text{h}+\frac{1}{100}\,\text{h}\right)$$

$$120\,\frac{\text{km}}{\text{h}}\cdot\frac{48}{5\,800}\,\text{h}=v\cdot\frac{68}{5\,800}\,\text{h}$$

$$v=\frac{120\,\frac{\text{km}}{\text{h}}\cdot\frac{48}{5\,800}\,\text{h}}{\frac{68}{5\,800}\,\text{h}}=\frac{120\cdot 48}{68}\,\frac{\text{km}}{\text{h}}\approx 84{,}7\,\frac{\text{km}}{\text{h}}$$

Nach Einsetzen dieses Wertes in Gleichung (∗) folgt für den paarweisen Abstand y der Lkws:

$$y=\frac{1}{580}\,h\cdot\left(84{,}7\,\frac{km}{h}+120\,\frac{km}{h}\right)\approx 0{,}353\ km=353\ m$$

42. Für das Funksignal gilt $v=\frac{s}{t}$ und damit

$$t=\frac{s}{v}=\frac{2\cdot 2\cdot 40\,000\ km}{30\,000\ \frac{km}{s}}\approx 0{,}53\ s.$$

Es muss mit einer halben Sekunde Verzögerung gerechnet werden.

43. a) Der Wanderer benötigt für die Tour die Zeit

$$t=\frac{s}{v}=\frac{10{,}8\ km}{1\ \frac{m}{s}}=\frac{10\,800\ m}{1\ \frac{m}{s}}=10\,800\ s=180\ min=3\ h.$$

Er kommt also (mit Hund) um 12.45 Uhr oben an.

b) Auch der Hund ist 3 h lang gelaufen und hat damit die Gesamtstrecke

$$s=v_{Hund}\cdot t=3\ \frac{m}{s}\cdot 10\,800\ s=32\,400\ m=32{,}4\ km$$

zurückgelegt, also erwartungsgemäß die dreifache Strecke.

c) Nach der ersten „Etappe“ ist der Wanderer die Strecke x gegangen, der Hund war schon oben und hat insgesamt den Weg

$$\underbrace{10{,}8\ km}_{\text{Hinweg}}+\underbrace{(10{,}8\ km-x)}_{\text{Rückweg}}=21{,}6\ km-x$$

zurückgelegt. Nachdem beide gleichlang unterwegs waren dorthin, ist

$$t_1=\frac{x}{v_{Wanderer}}=\frac{21{,}6\ km-x}{v_{Hund}},$$

sodass für x folgt:

$$x\cdot v_{Hund}=(21{,}6\ km-x)\cdot v_{Wanderer}$$
$$x\cdot(v_{Hund}+v_{Wanderer})=21{,}6\ km\cdot v_{Wanderer}$$
$$x=\frac{21{,}6\ km\cdot v_{Wanderer}}{v_{Hund}+v_{Wanderer}}=\frac{21{,}6\ km\cdot 1\ \frac{m}{s}}{3\ \frac{m}{s}+1\ \frac{m}{s}}=5{,}4\ km$$

Das ist gerade die halbe Strecke zum Gipfel. Entsprechend kommt der Wanderer während der zweiten „Etappe“ des Hundes wiederum die Hälfte des Restes weiter, also 2,7 km, beim dritten Mal dann 1,35 km. Insgesamt hat er dann also gerade 5,4 km + 2,7 km + 1,35 km = 9,45 km hinter sich, folglich noch 10,8 km − 9,45 km = 1,35 km vor sich. Während der vierten „Etappe“ läuft er wiederum die Hälfte des Restes, nämlich 675 m. Der Hund legt dabei dann 1 350 m + 675 m = 2 025 m zurück.

44. a) Herrchen und Frauchen zusammen schaffen in jeder Sekunde 2,2 m. Würde das Frauchen warten und das Herrchen mit $2{,}2\,\frac{m}{s}$ losrennen, würde es ebenso lange dauern bis zum Treffen, nämlich

$$t = \frac{11\,000\text{ m}}{2{,}2\,\frac{m}{s}} = 5\,000\text{ s}.$$

In dieser Zeit ist der Mann aber wegen $v_{Herrchen} = 1\,\frac{m}{s}$ tatsächlich nur 5 000 m weit gekommen, Frauchen dagegen 6 000 m.

b) Der Hund hat in den 5 000 s insgesamt $5\,000\text{ s} \cdot 4\,\frac{m}{s} = 20\,000\text{ m} = 20\text{ km}$ hinter sich.

45. Während der 2 h in der ersten Etappe kommt er wegen $v_1 = 8\,\frac{m}{s}$ gerade

$$s_1 = v_1 \cdot t = 8\,\frac{m}{s} \cdot 7\,200\text{ s} = 57{,}6\text{ km}$$

weit; zusammen mit der zweiten Teilstrecke hat er dann

$$s_1 + s_2 = 57{,}6\text{ km} + 32{,}5\text{ km} = 90{,}1\text{ km}$$

hinter und

$$s_3 = 178\text{ km} - 90{,}1\text{ km} = 87{,}9\text{ km}$$

vor sich. Um die dafür zur Verfügung stehende Zeit zu berechnen, benötigt man zunächst die Dauer der zweiten Etappe. Mit $v_2 = 6{,}5\,\frac{m}{s}$ ist

$$t = \frac{s_2}{v_2} = \frac{32\,500\text{ m}}{6{,}5\,\frac{m}{s}} = 5\,000\text{ s} = 1\text{ h }23\text{ min }20\text{ s},$$

sodass er für die ersten beiden Teilstrecken also 3 h 23 min 20 s unterwegs war. Bis zum Streckenrekord verbleiben also noch für den dritten Abschnitt 7 h 30 min – 3 h 23 min 20 s = 4 h 6 min 40 s = 14 800 s, in denen die Reststrecke s_3 durchfahren werden muss. Die erforderliche Mindestgeschwindigkeit ist demnach

$$v_3 = \frac{87\,900\text{ m}}{14\,800\text{ s}} \approx 5{,}94\,\frac{m}{s},$$

der alte Rekord wackelt also ziemlich.

46. Die Strecke muss zweimal durchlaufen werden, also ergibt sich die Signallaufzeit

$$t = \frac{s}{v} = \frac{2 \cdot 100\,000\,000\text{ km}}{300\,000\,\frac{km}{s}} \approx 666\text{ s} \approx 11\text{ min}.$$

47. Mit der Gleichung $s = v \cdot t$ erhält man:

$$s = 3{,}0 \cdot 10^8\,\frac{m}{s} \cdot \frac{1}{10^{12}}\,s = \frac{3{,}0 \cdot 10^8}{10^{12}}\,m = \frac{3{,}0}{10^4}\,m = 0{,}30\text{ mm}$$

48. Die gesuchte Teilstrecke hat die Länge x, die übrige dann 240 km – x. Für die Fahrzeit gilt insgesamt

$$t = \frac{x}{80\,\frac{km}{h}} + \frac{240\text{ km} - x}{120\,\frac{km}{h}} = 2\text{ h }25\text{ min} = 8\,700\text{ s}$$

und damit:

$$\frac{x}{80\,\frac{km}{h}} + \frac{240\text{ km} - x}{120\,\frac{km}{h}} = \frac{8\,700}{3\,600}\text{ h}$$

Wir multiplizieren die Gleichung zuerst mit der Einheit km/h und anschließend mit dem Hauptnenner 720, fassen zusammen und lösen nach x auf:

$$\frac{x}{80} + \frac{240\text{ km} - x}{120} = \frac{87}{36}\text{ km}$$

$$9x + 6 \cdot (240\text{ km} - x) = 1\,740\text{ km}$$

$$3x + 1\,440\text{ km} = 1\,740\text{ km}$$

$$x = \frac{1\,740\text{ km} - 1\,440\text{ km}}{3} = 100\text{ km}$$

Das Auto fährt 100 km bei 80 km/h und die übrigen 140 km bei 120 km/h.

49. Der Überholvorgang beginnt 25 m hinter dem langsamen Fahrzeug und endet 25 m vor ihm, von diesem aus gesehen ist der Gesamtweg 54 m. Relativ zum langsamen Fahrzeug fährt das schnellere mit 10 km/h und benötigt für die 54 m die Zeit

$$t = \frac{s_{relativ}}{v_{relativ}} = \frac{54\text{ m}}{10\,\frac{km}{h}} = \frac{0{,}054\text{ km}}{10\,\frac{km}{h}} = 0{,}0054\text{ h} = 19{,}44\text{ s.}$$

In dieser Zeit fährt er aber tatsächlich (vom Straßenrand aus betrachtet) die Strecke

$$s = v \cdot t = 90\,\frac{km}{h} \cdot 0{,}0054\text{ h} = 0{,}486\text{ km} = 486\text{ m.}$$

50. Wenn man zu Beginn der Grünphase der ersten Ampel losfährt, muss man mindestens 55 Sekunden, höchstens aber 75 Sekunden bis zur zweiten Ampel unterwegs sein. Dies erreicht man bei Geschwindigkeiten zwischen

$$v_1 = \frac{750\text{ m}}{55\text{ s}} \approx 13{,}6\,\frac{m}{s} \approx 49\,\frac{km}{h} \quad \text{und} \quad v_2 = \frac{750\text{ m}}{75\text{ s}} = 10\,\frac{m}{s} = 36\,\frac{km}{h}.$$

51. a) Bei nur 2 m Abstand zum Ausgang und 38 m Abstand zum Eingang, der zudem früher vom Zug erreicht wird, kann die Antwort nur sein:
Er muss zum Ausgang A laufen. Die Zeit dafür genügt leicht, denn er benötigt für die 2 m gerade 2 Sekunden, dann ist der Zug immer noch $980\text{ m} - 50\,\frac{m}{s} \cdot 2\text{ s} = 880\text{ m}$ vom Eingang entfernt und damit 920 m von ihm.

b) Bis zum Eingang E würde er 38 Sekunden benötigen. Während dieser Zeit wäre der Zug bereits um $50\frac{m}{s}\cdot 38\ m = 1\,900\ m$ weitergefahren und hätte ihn längst überrollt. Makaber aber mathematisch interessant ist es, den Unfallort zu berechnen: Der Abstand zwischen Zug und Räuber beträgt zur Startzeit $980\ m + 38\ m = 1\,018\ m$, gesucht ist der Treffpunkt bei gleichzeitigem Start in entgegengesetzter Richtung. Bis zum Treffpunkt ist die benötigte Zeit für beide gleich, also gilt für die Laufstrecke y des Gauners:

$$y = v_M \cdot t = 1{,}0\frac{m}{s}\cdot t;$$

Gleichermaßen gilt für den Zug:

$$1\,018\ m - y = v_{Zug}\cdot t = 50\frac{m}{s}\cdot t$$

Addition der beiden Gleichungen liefert:

$$1\,018\ m = 51\frac{m}{s}\cdot t \quad\Rightarrow\quad t = \frac{1\,018\ m}{51\frac{m}{s}} \approx 19{,}96\ s$$

Der Übeltäter käme also keine 20 m weit.

c) Diesmal muss er natürlich zum Eingang E laufen, denn bis er diesen in 2 m Entfernung nach 2 Sekunden erreicht hat, ist der Zug gerade 100 m vorwärts gekommen und befindet sich noch 880 m vor dem Eingang des Tunnels.

d) Jetzt bewegen sich beide in die gleiche Richtung, bis zum Unfallort im Abstand y von M dauert es für beide gleich lang, es ist also wieder $y = v_M \cdot t = 1{,}0\frac{m}{s}\cdot t$ und diesmal $982\ m + y = v_Z \cdot t = 50\frac{m}{s}\cdot t$. Nach Subtraktion der beiden Gleichungen ergibt sich:

$$982\ m = 49\frac{m}{s}\cdot t \quad\Rightarrow\quad t = \frac{982\ m}{49\frac{m}{s}} \approx 20{,}04\ s$$

Der Räuber kommt also nur unwesentlich weiter als in der Situation in b.

e) Wenn für einen Wert x beide Richtungen in Frage kommen, dann muss zunächst für die Laufzeit in Gegenrichtung nach E, also für die Strecke $(40m - x)$ gelten:

$$t_E = \frac{40\ m - x}{v_M} = \frac{40\ m - x}{1{,}0\frac{m}{s}} = 40\ s - x\frac{s}{m}$$

Während dieser Zeit fährt der Zug die Strecke

$$v_Z \cdot t_E = 50\frac{m}{s}\cdot\left(40\ s - x\frac{s}{m}\right) = 2\,000\ m - 50x,$$

die kleiner als der Abstand des Zuges von E sein soll:

$$2\,000\ m - 50x \le 980\ m \;\Rightarrow\; 1\,020\ m \le 50x \;\Rightarrow\; 20{,}4\ m \le x$$

In Richtung zum Ausgabe A muss die Laufzeit auch reichen, sie ist hier
$t_A = \frac{x}{v_M} = \frac{x}{1\frac{m}{s}} = x\,\frac{s}{m}.$

Während dieser Zeit fährt der Zug die Strecke
$v_Z \cdot t_A = 50\frac{m}{s} \cdot x\frac{s}{m} = 50x,$
für die gelten muss:

$$50x \le 980\text{ m} + 40\text{ m} \quad \Rightarrow \quad x \le \frac{1\,020\text{ m}}{50} = 20{,}4\text{ m}$$

Für den Fall $x = 20{,}4$ m schafft es der Täter also in beiden Richtungen, den Tunnel rechtzeitig zu verlassen.

f) **Zu a:** Bei doppelter Laufgeschwindigkeit gilt unverändert, dass der Ganove zum Ausgang A laufen muss. Er benötigt hierfür gerade 1 s, der Zug ist dann noch $980\text{ m} - 50\text{ m} = 930$ m vom Eingang entfernt.

Zu b: Zum Eingang E benötigt der Ganove 19 s. Während dieser Zeit wäre der Zug um nur $19 \cdot 50\text{ m} = 950$ m weitergefahren und hätte den Eingang noch nicht erreicht. Der Ganove könnte also auch in dieser Richtung entkommen.

Zu c: Es ist natürlich wieder richtig, zum Eingang E zu laufen, denn bis er diesen in 2 m Entfernung nach 1 s erreicht hat, ist der Zug gerade 50 m vorwärts gekommen und befindet sich noch 930 m vor dem Eingang des Tunnels.

Zu d: Mit $y = v_M \cdot t = 2{,}0\frac{m}{s} \cdot t$ und $982\text{ m} + y = v_Z \cdot t = 50\frac{m}{s} \cdot t$ ergibt die analoge Rechnung $982\text{ m} = 48\frac{m}{s} \cdot t$ oder $t \approx 20{,}46$ s, der Räuber kommt also etwa 40,9 m weit und ist bereits außerhalb der Gefahrenzone.
Alternativ könnte man auch so argumentieren: Für die fälligen 38 m benötigt er 19 s; in dieser Zeit fährt der Zug $19 \cdot 50\text{ m} = 950$ m weit und hat den Eingang E noch nicht erreicht, also erst recht nicht das Ende E.
Fazit hier also: Er schafft es so oder so, weil er recht flink ist!

Zu e: Wir berechnen wie zuvor für
Richtung E:

$$t_E = \frac{40\text{ m} - x}{v_M} = \frac{40\text{ m} - x}{2{,}0\frac{m}{s}} = 20\text{ s} - \frac{x}{2}\frac{s}{m}$$

$$v_Z \cdot t_E = 50\frac{m}{s} \cdot \left(20\text{ s} - \frac{x}{2}\frac{s}{m}\right) = 1000\text{ m} - 25x \le 980\text{ m} \quad \Rightarrow \quad x \ge 0{,}8\text{ m}$$

Richtung A:

$$t_A = \frac{x}{v_M} = \frac{x}{2\frac{m}{s}} = \frac{x}{2}\frac{s}{m}$$

$$v_Z \cdot t_A = 50\frac{m}{s} \cdot \frac{x}{2}\frac{s}{m} = 25x \le 980\text{ m} + 40\text{ m} \quad \Rightarrow \quad x \le 40{,}8\text{ m}$$

Die letzte Bedingung ist wegen der Tunnellänge von 40 m in jedem Fall erfüllt, d. h.: Solange der Ganove weiter als 0,8 m von A entfernt ist, kann er beide Tunnelenden rechtzeitig erreichen.

g) **Zu a:** Er muss zum Ausgang A laufen: Nach den 2 Sekunden, die er dorthin benötigt, ist der Zug immer noch $980\ \text{m} - 80\frac{\text{m}}{\text{s}} \cdot 2\ \text{s} = 820\ \text{m}$ vom Eingang entfernt.

Zu b: Bei dem schnelleren Zug würde er es erst recht nicht bis zum Eingang E schaffen: Während seiner benötigten 38 s Laufzeit wäre der Zug um $38 \cdot 80\frac{\text{m}}{\text{s}} = 3\,040\ \text{m}$ weitergefahren und hätte den Eingang schon lang erreicht (Auf die Bestimmung des Unfallorts wird hier verzichtet).

Zu c: Es ist natürlich wieder richtig, zum Eingang E zu laufen, denn bis er diesen in 2 m Entfernung nach 2 Sekunden erreicht hat, ist der Zug gerade 160 m vorwärts gekommen und befindet sich noch 820 m vor dem Eingang des Tunnels.

Zu d: Da er es bei dem langsameren Zug nicht rechtzeitig schafft, gelingt es ihm beim ICE erst recht nicht: Mit $y = 1{,}0\frac{\text{m}}{\text{s}} \cdot t$ und $982\ \text{m} + y = 80\frac{\text{m}}{\text{s}} \cdot t$ ergibt sich jetzt für die Zeit bis zum Aufeinandertreffen $982\ \text{m} = 79\frac{\text{m}}{\text{s}} \cdot t$ oder $t \approx 12{,}43\ \text{s}$. Der Räuber kommt also etwa 12,4 m weit und wäre damit leider noch im Tunnel.
Wiederum lässt sich auch so argumentieren: Für die fälligen 38 m benötigt er 38 Sekunden; in dieser Zeit fährt der Zug $38 \cdot 80\frac{\text{m}}{\text{s}} = 3\,040\ \text{m}$ weit und hat den Ausgang A schon lang vor dem Räuber erreicht.

Zu e: Die Berechnung der Laufzeiten in beide Richtungen ergibt für Richtung E:

$$t_E = 40\ \text{s} - x\,\frac{\text{s}}{\text{m}}$$

$$v_Z \cdot t_E = 80\frac{\text{m}}{\text{s}} \cdot \left(40\ \text{s} - x\,\frac{\text{s}}{\text{m}}\right) = 3\,200\ \text{m} - 80x \le 980\ \text{m} \quad \Rightarrow \quad x \ge 27{,}75\ \text{m}$$

Richtung A:

$$t_A = \frac{x}{v_M} = x\,\frac{\text{s}}{\text{m}}$$

$$v_Z \cdot t_A = 80\frac{\text{m}}{\text{s}} \cdot x\,\frac{\text{s}}{\text{m}} = 80x \le 980\ \text{m} + 40\ \text{m} \quad \Rightarrow \quad x \le 12{,}75\ \text{m}$$

Er kann es also je nach Standort bestenfalls nur entweder in der einen oder in der anderen Richtung schaffen, den Tunnel zu verlassen; ist er mehr als 12,75 m, aber weniger als 27,75 m vom Ausgang entfernt, kann er den Tunnel gar nicht rechtzeitig verlassen.

52. Wir benutzen das s-v-Gesetz zur Berechnung der Beschleunigung und das t-v-Gesetz zur Bestimmung der Beschleunigungszeit:

$$v^2 = v_0^2 + 2a \cdot s \quad \Rightarrow \quad a = \frac{v^2 - v_0^2}{2s} = \frac{\left(45\,\frac{\text{m}}{\text{s}}\right)^2 - \left(30\,\frac{\text{m}}{\text{s}}\right)^2}{2 \cdot 250\ \text{m}} = 2{,}25\,\frac{\text{m}}{\text{s}^2}$$

$$v = v_0 + a \cdot t \quad \Rightarrow \quad t = \frac{v - v_0}{a} = \frac{45\,\frac{\text{m}}{\text{s}} - 30\,\frac{\text{m}}{\text{s}}}{2{,}25\,\frac{\text{m}}{\text{s}^2}} \approx 6{,}67\ \text{s}$$

Alternativ kann man die gesuchten Größen auch über die *mittlere Geschwindigkeit* berechnen: Die Strecke s wird in der Zeit t mit der konstanten mittleren Geschwindigkeit $\overline{v} = \frac{v + v_0}{2}$ durchfahren, sodass gilt:

$$s = \overline{v} \cdot t \quad \Rightarrow \quad t = \frac{s}{\overline{v}} = \frac{2s}{v + v_0} = \frac{2 \cdot 250\ \text{m}}{45\ \frac{\text{m}}{\text{s}} + 30\ \frac{\text{m}}{\text{s}}} \approx 6{,}67\ \text{s}$$

Die Beschleunigung folgt dann aus dem t-v-Gesetz:

$$v = v_0 + a \cdot t \quad \Rightarrow \quad a = \frac{v - v_0}{t} = \frac{45\ \frac{\text{m}}{\text{s}} - 30\ \frac{\text{m}}{\text{s}}}{6{,}67\ \text{s}} \approx 2{,}25\ \frac{\text{m}}{\text{s}^2}$$

53. Mit $v_0 = 6\ \frac{\text{m}}{\text{s}}$, $t = 5$ s und $s = 40$ m erhält man die Beschleunigung a aus dem t-s-Gesetz:

$$s = v_0 \cdot t + \tfrac{1}{2} a \cdot t^2 \quad \Rightarrow \quad a = \frac{2 \cdot (s - v_0 \cdot t)}{t^2}$$

$$a = \frac{2 \cdot \left(40\ \text{m} - 6\ \frac{\text{m}}{\text{s}} \cdot 5\ \text{s}\right)}{(5\ \text{s})^2} = \frac{20\ \text{m}}{25\ \text{s}^2} = 0{,}8\ \frac{\text{m}}{\text{s}^2}$$

54. Bremsstrecke sowie Anfangs- und Endgeschwindigkeit sind gegeben, es lässt sich daher zunächst die Beschleunigung mit dem s-v-Gesetz ermitteln:

$$v^2 = v_0^2 + 2a \cdot s \quad \Rightarrow \quad a = \frac{v^2 - v_0^2}{2s}$$

Aus dem t-v-Gesetz und mit $v_0 = 60\ \frac{\text{km}}{\text{h}} = 16\frac{2}{3}\ \frac{\text{m}}{\text{s}}$ und $v = 40\ \frac{\text{km}}{\text{h}} = 11\frac{1}{9}\ \frac{\text{m}}{\text{s}}$ folgt dann t:

$$v = v_0 + a \cdot t \quad \Rightarrow \quad t = \frac{v - v_0}{a} = \frac{(v - v_0) \cdot 2s}{v^2 - v_0^2} = \frac{(v - v_0) \cdot 2s}{(v - v_0) \cdot (v + v_0)} = \frac{2s}{v + v_0}$$

$$t = \frac{2 \cdot 800\ \text{m}}{11\frac{1}{9}\ \frac{\text{m}}{\text{s}} + 16\frac{2}{3}\ \frac{\text{m}}{\text{s}}} = 57{,}6\ \text{s}$$

Hinweis: An dieser Rechnung sieht man, dass es sinnvoll ist, Zahlenwerte erst am Schluss einzusetzen: Die Ergebnisformel ist einfach, die Wahrscheinlichkeit, einen Fehler beim Einsetzen der Zahlen zu begehen, daher gering. Außerdem erkennt man, dass die Formel auch direkt aus dem Ansatz der konstanten mittleren Geschwindigkeit folgt:

$$s = \overline{v} \cdot t = \frac{v + v_0}{2} \cdot t \quad \Rightarrow \quad t = \frac{2s}{v + v_0}$$

55. Gegeben sind die beiden Geschwindigkeiten v_0 und v sowie die Beschleunigungszeit t, gesucht a und s. Mit dem t-v-Gesetz kann a bestimmt werden, durch Einsetzen des Ergebnisses und der gegebenen Werte in das t-s-Gesetz die Beschleunigungsstrecke s:

$$v = v_0 + a \cdot t \quad \Rightarrow \quad a = \frac{v - v_0}{t} = \frac{60\ \frac{\text{km}}{\text{h}} - 50\ \frac{\text{km}}{\text{h}}}{40\ \text{s}} = \frac{10\ \frac{\text{km}}{\text{h}}}{40\ \text{s}} = \frac{\frac{10}{3{,}6}\ \frac{\text{m}}{\text{s}}}{40\ \text{s}} = 0{,}069\ \frac{\text{m}}{\text{s}^2}$$

$$s = v_0 \cdot t + \tfrac{1}{2} a \cdot t^2 = \frac{50}{3{,}6}\ \frac{\text{m}}{\text{s}} \cdot 40\ \text{s} + \tfrac{1}{2} \cdot 0{,}069\ \frac{\text{m}}{\text{s}^2} \cdot (40\ \text{s})^2 \approx 611\ \text{m}$$

Alternativ kann s wiederum aus der mittleren Geschwindigkeit berechnet werden, denn es gilt:

$$s = v_0 \cdot t + \frac{1}{2} a \cdot t^2 = v_0 \cdot t + \frac{1}{2} \cdot \left(\frac{v - v_0}{t}\right) \cdot t^2 = v_0 \cdot t + \frac{1}{2} \cdot (v \cdot t - v_0 \cdot t)$$

$$= \frac{1}{2} \cdot (v \cdot t + v_0 \cdot t) = \frac{v + v_0}{2} \cdot t = \overline{v} \cdot t$$

56. Das t-v-Gesetz liefert unmittelbar die Geschwindigkeit:

$$v = a \cdot t = 0{,}2 \frac{m}{s^2} \cdot 150\,s = 30 \frac{m}{s} = 108 \frac{km}{h}$$

57. Löst man das t-v-Gesetz nach t auf $\left(v_0 = 0 \frac{m}{s}\right)$, ergibt sich nach Einsetzen der gegebenen Größen:

$$v = a \cdot t \quad \Rightarrow \quad t = \frac{v}{a} = \frac{72 \frac{km}{h}}{0{,}65 \frac{m}{s^2}} = \frac{20 \frac{m}{s}}{0{,}65 \frac{m}{s^2}} \approx 31\,s$$

58. a) Gegeben sind hier die Größen s, t und v, gesucht sind mit a und v_0 zwei Unbekannte, wir benötigen also zu deren Bestimmung zwei Gleichungen. v_0 lässt sich z. B. über das t-v-Gesetz berechnen, das Ergebnis in das t-s-Gesetz einsetzen und die resultierende Gleichung nach a auflösen. Da der Wagen gebremst wird, erwarten wir dabei einen negativen Wert für die Beschleunigung:

$$v = v_0 + a \cdot t \quad \Rightarrow \quad v_0 = v - a \cdot t \qquad (*)$$

$$s = v_0 \cdot t + \frac{1}{2} a \cdot t^2 = (v - a \cdot t) \cdot t + \frac{1}{2} a \cdot t^2 = v \cdot t - \frac{1}{2} a \cdot t^2$$

$$\Rightarrow \quad a = 2 \cdot \frac{v \cdot t - s}{t^2} = 2 \cdot \frac{12 \frac{m}{s} \cdot 25\,s - 500\,m}{(25\,s)^2} = -0{,}64 \frac{m}{s^2}$$

b) Zur Berechnung der Ausgangsgeschwindigkeit muss nur noch in Gleichung (∗) aus Teilaufgabe a eingesetzt werden:

$$v_0 = 12 \frac{m}{s} - \left(-0{,}64 \frac{m}{s^2}\right) \cdot 25\,s = 28 \frac{m}{s}$$

59. a) Bei einer Geschwindigkeit von $v_0 = 50 \frac{km}{h} \approx 13{,}89 \frac{m}{s}$ fährt das Auto zunächst während der Schrecksekunde noch 13,89 m weiter. Die Bremsstrecke ergibt sich bei gegebenen Geschwindigkeiten $\left(v = 0 \frac{m}{s}\right)$ aus dem s-v-Gesetz:

$$v^2 = v_0^2 + 2a \cdot s \quad \Rightarrow \quad s = \frac{v^2 - v_0^2}{2a} = \frac{\left(0 \frac{m}{s}\right)^2 - \left(13{,}89 \frac{m}{s}\right)^2}{2 \cdot \left(-7{,}5 \frac{m}{s^2}\right)} \approx 12{,}9\,m$$

Als „Anhalteweg“ erhält man also Reaktionsweg plus Bremsweg und damit rund 26,8 m, die Katze hat folglich diesmal noch Glück.

b) Auf regennasser Fahrbahn bleibt der Reaktionsweg gleich, wegen der geringeren Bremswirkung wird aber der Bremsweg länger:

$$s_{\text{nass}} = \frac{-\left(13{,}89\,\frac{\text{m}}{\text{s}}\right)^2}{2\cdot\left(-4{,}5\,\frac{\text{m}}{\text{s}^2}\right)} \approx 21{,}4\ \text{m}$$

Der Anhalteweg wächst somit auf für die Katze unglückliche 35,3 m.

c) Durch die überhöhte Geschwindigkeit werden Reaktionsweg und Bremsweg größer: $v = 60\,\frac{\text{km}}{\text{h}} \approx 16{,}67\,\frac{\text{m}}{\text{s}}$ bedeutet 16,67 m Reaktionsweg. Mit

$$s_{\text{überhöht}} = \frac{-\left(16{,}67\,\frac{\text{m}}{\text{s}}\right)^2}{2\cdot\left(-7{,}5\,\frac{\text{m}}{\text{s}^2}\right)} \approx 18{,}5\ \text{m}$$

ergibt sich zum Leidwesen der Katze ein Anhalteweg von 35,2 m.

60. Hier bieten sich zwei mögliche Lösungswege an. In jedem Fall muss die Beschleunigung mit einem Minuszeichen eingesetzt werden, da es sich um eine Verzögerung handelt.

Lösungsmöglichkeit 1: Berechnung von v_0 mit dem s-v-Gesetz und von t mit dem t-v-Gesetz

$$v^2 = v_0^2 + 2a\cdot s \quad\Rightarrow\quad v_0^2 = v^2 - 2a\cdot s = \left(0\,\frac{\text{m}}{\text{s}}\right)^2 - 2\cdot\left(-6{,}5\,\frac{\text{m}}{\text{s}^2}\right)\cdot 45\ \text{m} = 585\,\frac{\text{m}^2}{\text{s}^2}$$

$$v_0 = \sqrt{585\,\frac{\text{m}^2}{\text{s}^2}} \approx 24{,}2\,\frac{\text{m}}{\text{s}}$$

$$v = v_0 + a\cdot t \quad\Rightarrow\quad t = \frac{v - v_0}{a} = \frac{0\,\frac{\text{m}}{\text{s}} - 24{,}2\,\frac{\text{m}}{\text{s}}}{-6{,}5\,\frac{\text{m}}{\text{s}^2}} \approx 3{,}72\ \text{s}$$

Lösungsmöglichkeit 2: Berechnung von t mit dem t-s-Gesetz und dem t-v-Gesetz, anschließend Berechnung von v_0

$$v = v_0 + a\cdot t \quad\overset{v = 0\,\frac{\text{m}}{\text{s}}}{\Rightarrow}\quad v_0 = -a\cdot t \qquad (*)$$

$$s = v_0\cdot t + \tfrac{1}{2}a\cdot t^2 = (-a\cdot t)\cdot t + \tfrac{1}{2}a\cdot t^2 = -\tfrac{1}{2}a\cdot t^2$$

$$\Rightarrow\quad t^2 = -\frac{2s}{a} = -\frac{2\cdot 45\ \text{m}}{-6{,}5\,\frac{\text{m}}{\text{s}^2}} \approx 13{,}85\ \text{s}^2 \quad\Rightarrow\quad t = \sqrt{13{,}85\ \text{s}^2} \approx 3{,}72\ \text{s}$$

Eingesetzt in (*) folgt:

$$v_0 = -\left(-6{,}5\,\frac{\text{m}}{\text{s}^2}\right)\cdot 3{,}72\ \text{s} = 24{,}2\ \text{m}$$

61. a) Bis zur Bremsreaktion legt das Auto bei der angegebenen Geschwindigkeit von $v = 50\,\frac{\text{km}}{\text{h}} \approx 13{,}9\,\frac{\text{m}}{\text{s}}$ eine Strecke von 13,9 m zurück.

b) Mit dem s-v-Gesetz folgt:

$$v^2 = v_0^2 + 2a \cdot s \quad \Rightarrow \quad s = \frac{v^2 - v_0^2}{2a} = \frac{\left(0\,\frac{m}{s}\right)^2 - \left(13{,}89\,\frac{m}{s}\right)^2}{2 \cdot \left(-5{,}0\,\frac{m}{s^2}\right)} \approx 19{,}3\text{ m}$$

c) Der Anhalteweg als Summe von Reaktionsweg und Bremsweg beträgt $13{,}9\text{ m} + 19{,}3\text{ m} = 33{,}2\text{ m}$.

d) Für die 33,21 m bis zur Haltelinie benötigt das Fahrzeug bei $v = 13{,}9\,\frac{m}{s}$ gerade die Zeit

$$t = \frac{s}{v} \approx \frac{33{,}2\text{ m}}{13{,}9\,\frac{m}{s}} \approx 2{,}4\text{ s.}$$

Bei einer Gelbphase von 3 Sekunden wäre das noch ausreichend Zeit, die Kreuzung zu überqueren.

e) Wegen $50\text{ m} > 33{,}2\text{ m}$ ist der Abstand zur Haltelinie zum Bremsen ausreichend, ein Weiterfahren würde wegen

$$t \approx \frac{50\text{ m}}{13{,}9\,\frac{m}{s}} \approx 3{,}6\text{ s}$$

zu einem Überfahren der Kreuzung während der Rotphase führen (weil nur 3 Sekunden lang Gelb gezeigt wird).
Bei nur 20 m ($> 33{,}2$ m) Abstand zur Haltelinie genügt die Strecke zum Bremsen nicht, ein Weiterfahren würde wegen

$$t \approx \frac{20\text{ m}}{13{,}89\,\frac{m}{s}} \approx 1{,}4\text{ s}$$

zu einem Überfahren der Haltelinie noch während der Gelbphase führen.

62. Wenn die beiden Wagen zum Zeitpunkt t aufeinander treffen, hat der schnellere Wagen die Strecke des langsameren Wagens plus dessen Vorsprung zurückgelegt:

$$s_{schnell} = s_{langsam} + 10\text{ m}$$

Die Strecken lassen sich mit dem t-s-Gesetz berechnen, sodass folgt:

$$\frac{1}{2} a_{schnell} \cdot t^2 = \frac{1}{2} a_{langsam} \cdot t^2 + 10\text{ m}$$

$$\frac{1}{2} t^2 \cdot (a_{schnell} - a_{langsam}) = 10\text{ m}$$

$$t^2 = 2 \cdot \frac{10\text{ m}}{a_{schnell} - a_{langsam}} = 2 \cdot \frac{10\text{ m}}{1{,}2\,\frac{m}{s^2} - 1{,}0\,\frac{m}{s^2}} = 100\text{ s}^2$$

$$\Rightarrow \quad t = 10\text{ s}$$

Der schnelle Wagen ist bis dorthin gerade $s_{schnell} = \frac{1}{2} \cdot 1{,}2\,\frac{m}{s^2} \cdot 100\text{ s}^2 = 60\text{ m}$ gefahren.

63. a) Die Geschwindigkeit nimmt fortwährend, aber in immer geringerem Maße zu.

b) Die Beschleunigung wird nach unten zu immer kleiner. Die Ursache der Beschleunigung ist nämlich die Gewichtskraft, deren Anteil parallel zur Bahn (Hangabtriebskraft) mit flacherer Bahn einen immer kleineren Betrag aufweist (erinnere dich daran, dass Kräfte Betrag und Richtung haben und sich zerlegen lassen).

64. Bis zum Ende der fünften Sekunde hat er die Flugstrecke

$s_1 = \frac{1}{2} g \cdot t_1^2 = \frac{1}{2} \cdot 10 \frac{m}{s^2} \cdot (5\,s)^2 = 125\,m$

hinter sich, am Ende der sechsten Sekunde

$s_2 = \frac{1}{2} g \cdot t_2^2 = \frac{1}{2} \cdot 10 \frac{m}{s^2} \cdot (6\,s)^2 = 180\,m.$

Innerhalb der sechsten Sekunde fliegt er also $180\,m - 125\,m = 55\,m$.

65. a) Für die obere Fallhöhe h gilt

$h = \frac{1}{2} g \cdot t_1^2, \quad (*)$

für die untere

$h + 16\,m = \frac{1}{2} g \cdot t_2^2.$

Ersetzt man h in der dieser Gleichung durch die Gleichung (*), ergibt sich:

$\frac{1}{2} g \cdot t_1^2 + 16\,m = \frac{1}{2} g \cdot t_2^2$

Wegen $t_2 = t_1 + 1\,s$ folgt weiter:

$\frac{1}{2} g \cdot t_1^2 + 16\,m = \frac{1}{2} g \cdot (t_1 + 1\,s)^2$

Den rechten Term können wir mithilfe der ersten binomischen Formel umschreiben, ausmultiplizieren und die Gleichung nach t_1 auflösen:

$\frac{1}{2} g \cdot t_1^2 + 16\,m = \frac{1}{2} g \cdot (t_1^2 + 2\,s \cdot t_1 + 1\,s^2)$

$\frac{1}{2} g \cdot t_1^2 + 16\,m = \frac{1}{2} g \cdot t_1^2 + g \cdot t_1 \cdot 1\,s + \frac{1}{2} g \cdot 1 s^2$

$$t_1 = \frac{16\,m - \frac{1}{2} g \cdot 1 s^2}{g \cdot 1\,s} = \frac{16\,m - \frac{1}{2} \cdot 10 \frac{m}{s^2} \cdot 1\,s^2}{10 \frac{m}{s^2} \cdot 1\,s} = \frac{11\,m}{10 \frac{m}{s}} = 1{,}1\,s$$

Eingesetzt in Gleichung (*) erhält man für die Fallhöhe:

$h = \frac{1}{2} \cdot 10 \frac{m}{s^2} \cdot (1{,}1\,s)^2 = 6{,}05\,m$

b) Für diese Geschwindigkeit gilt $v_1 = g \cdot t_1 = 10 \frac{m}{s^2} \cdot 1{,}1\,s = 11 \frac{m}{s}$.

c) Am unteren Punkt sind $t_2 = 1{,}1\,s + 1\,s = 2{,}1\,s$ verstrichen, die Geschwindigkeit beträgt $v_2 = g \cdot t_2 = 10\frac{m}{s^2} \cdot 2{,}1\,s = 21\frac{m}{s}$.

66. Die Aufgabe lässt sich auf zwei Arten lösen, entweder ausschließlich mithilfe des s-v-Gesetzes oder unter Zuhilfenahme der Energieerhaltung.

Lösungsweg 1: s-v-Gesetz
Die Gesamtbewegung läst sich unterteilen in die Fallbewegung zum Boden und die Sprungbewegung nach oben. Die letztere können wir auffassen als beschleunigte Bewegung mit Anfangsgeschwindigkeit v (der Auf- bzw. Rückprallgeschwindigkeit) und Endgeschwindigkeit null.
Da die Sprunghöhe h_2 bekannt ist, folgt für v, wenn wir berücksichtigen, dass die Bewegung entgegen der Erdbeschleunigung gerichtet ist und diese daher mit einem Minuszeichen eingeht (Verzögerung!):

$$0 = v^2 - 2g \cdot h_2 \quad \Rightarrow \quad v^2 = 2g \cdot h_2 \qquad (*)$$

Für die Fallbewegung aus der Höhe h_1 setzen wir ebenfalls das s-v-Gesetz an (jetzt mit positiver Erdbeschleunigung):

$$v^2 = v_0^2 + 2g \cdot h_1$$

Einsetzen von (*) und Auflösen nach v_0 liefert:

$$2g \cdot h_2 = v_0^2 + 2g \cdot h_1 \quad \Rightarrow \quad v_0^2 = 2g \cdot (h_2 - h_1) = 2 \cdot 10\frac{m}{s^2} \cdot (5\,m - 1{,}8\,m) = 64\frac{m^2}{s^2}$$

$$v_0 = \sqrt{64\frac{m^2}{s^2}} = 8\frac{m}{s}$$

Lösungsweg 2: Energieerhaltung
Die Aufprallgeschwindigkeit v ergibt sich daraus, dass die kinetische Energie des Balles nach dem Aufprall vollständig in potenzielle Energie der Lage umgewandelt ist, sobald der Ball die maximale Sprunghöhe h_2 erreicht hat:

$$\frac{1}{2} m \cdot v^2 = m \cdot g \cdot h_2 \quad \Rightarrow \quad v^2 = 2g \cdot h_2$$

Die weitere Rechnung erfolgt dann wie bei Lösungsweg 1.

67. a) Es handelt sich hier um eine verzögerte Bewegung, die Erdbeschleunigung geht also mit einem Minuszeichen in die Rechnung ein. Mit dem Weg-Geschwindigkeit-Gesetz lässt sich die Startgeschwindigkeit unmittelbar berechnen:

$$v^2 = v_0^2 - 2g \cdot h \Rightarrow v_0 = \sqrt{v^2 + 2g \cdot h} = \sqrt{\left(2\frac{m}{s}\right)^2 + 2 \cdot 10\frac{m}{s^2} \cdot 24\,m} = 22\frac{m}{s}$$

b) Entweder wendet man erneut das h-v-Gesetz an, jetzt aber für die Endgeschwindigkeit $v = 0\,\frac{m}{s}$:

$$0 = v_0^2 - 2g \cdot h_{max} \quad \Rightarrow \quad h_{max} = \frac{v_0^2}{2g} = \frac{\left(22\frac{m}{s}\right)^2}{2 \cdot 10\frac{m}{s^2}} = 24{,}2\,m$$

Man kann die maximale Höhe aber auch mit dem Energieerhaltungssatz bestimmen, da die die gesamte Bewegungsenergie in Höhenenergie umgewandelt wird:

$\frac{1}{2}m \cdot v_0^2 = m \cdot g \cdot h_{max} \quad \Rightarrow \quad h_{max} = \frac{v_0^2}{2g}$

Der Ball steigt noch etwa 20 cm.

c) Das t-h-Gesetz liefert die Hälfte der Gesamtzeit:

$h_{max} = \frac{1}{2}g \cdot t^2 \quad \Rightarrow \quad t = \sqrt{\frac{2h_{max}}{g}} = \sqrt{\frac{2 \cdot 24{,}2\ m}{10\frac{m}{s^2}}} = \sqrt{4{,}84\ s^2} = 2{,}2\ s$

Es dauert also insgesamt 4,4 Sekunden, bis der Ball wieder aufprallt.

68. Nimmt man den Treffpunkt zur Zeit t in der Höhe h an, dann hat der fallende Körper bis dahin die Strecke 1 000 m – h zurückgelegt, sodass nach dem Zeit-Weg-Gesetz gilt:

$1\,000\ m - h = \frac{1}{2}g \cdot t^2 \qquad (*)$

Für den steigenden Körper setzen wir ebenfalls das Weg-Zeit-Gesetz an, wobei wir die Anfangsgeschwindigkeit v_0 und das negative Vorzeichen bei der Erdbeschleunigung (Verzögerung!) berücksichtigen müssen:

$h = v_0 \cdot t - \frac{1}{2}g \cdot t^2$

Setzt man diesen Term für h in die Gleichung (∗) ein, erhält man eine Gleichung für t:

$1\,000\ m - \left(v_0 \cdot t - \frac{1}{2}g \cdot t^2\right) = \frac{1}{2}g \cdot t^2$

$1\,000\ m - v_0 \cdot t + \frac{1}{2}g \cdot t^2 = \frac{1}{2}g \cdot t^2$

$1\,000\ m - v_0 \cdot t = 0 \quad \Rightarrow \quad t = \frac{1\,000\ m}{v_0} = \frac{1\,000\ m}{200\ \frac{m}{s}} = 5\ s$

Die Treffpunkthöhe kann dann mit Gleichung (∗) berechnet werden:

$h = 1\,000\ m - \frac{1}{2} \cdot 10\frac{m}{s^2} \cdot (5\ s)^2 = 875\ m$

69. a) Fahrzeug 2 ist schneller, weil die Gerade steiler ist. Bis zum Treffpunkt ist Fahrzeug 2 auch weiter gefahren ($\Delta s_1 < \Delta s_2$), aber beide waren gleich lang unterwegs ($t_1 = t_2$).

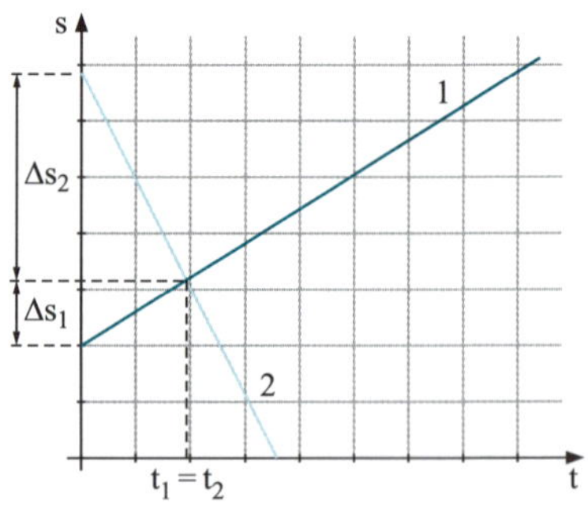

b) Fahrzeug 1 ist schneller, weil die Gerade steiler ist. Bis zum Treffpunkt ist Fahrzeug 1 auch weiter gefahren ($\Delta s_1 > \Delta s_2$), aber beide waren gleich lang unterwegs ($t_1 = t_2$).

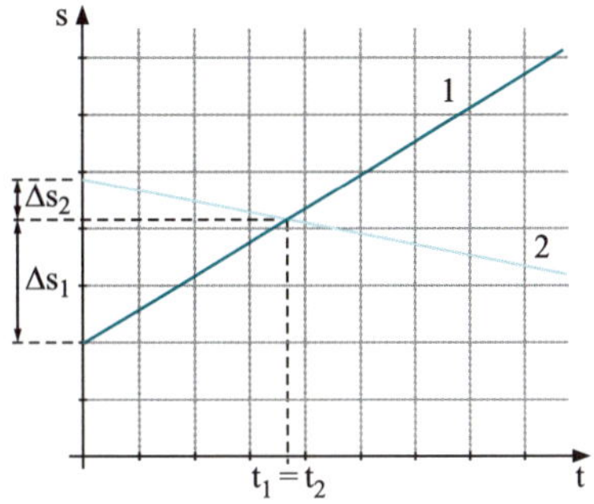

70. a)

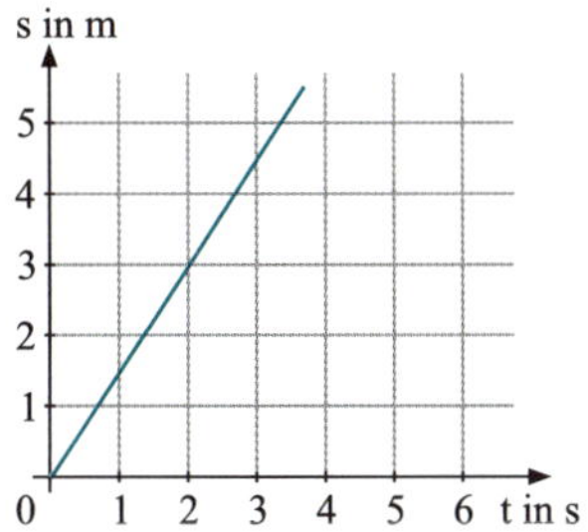

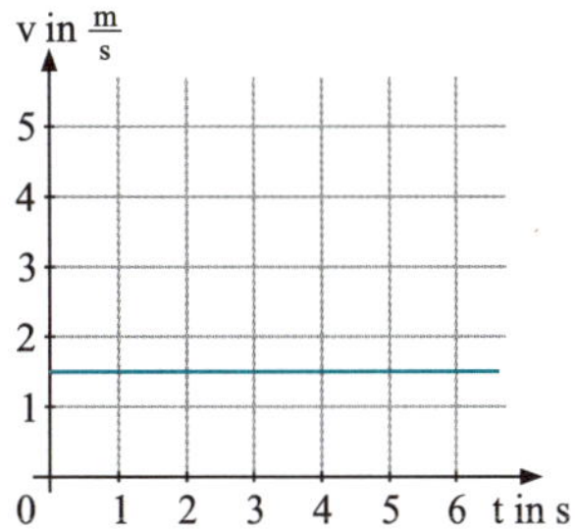

b)

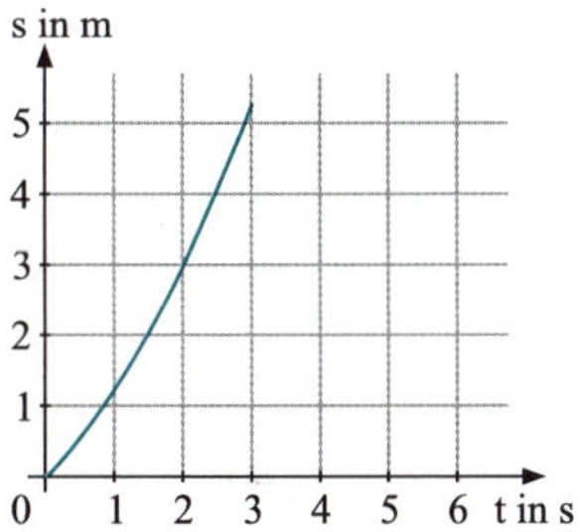

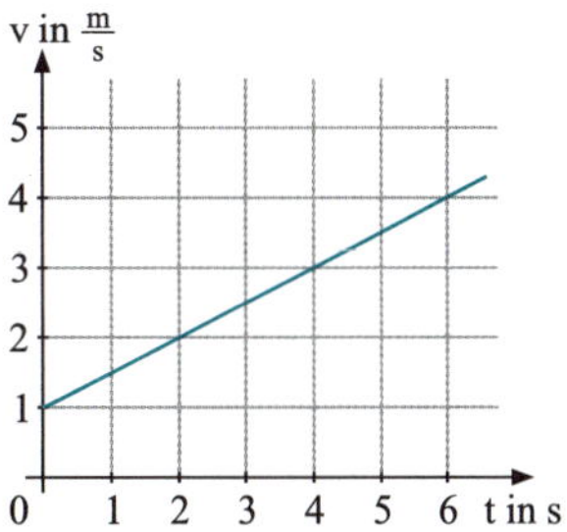

Das t-s-Diagramm ist eine Parabel mit der Gleichung

$s = \frac{1}{2} \cdot 0{,}5 \frac{m}{s^2} \cdot t^2 + 1 \frac{m}{s} \cdot t = 0{,}25 \frac{m}{s^2} \cdot t^2 + 1 \frac{m}{s} \cdot t.$

Sie ist nach oben geöffnet, ihr Scheitel liegt am Punkt S(–2 | –1).

c)

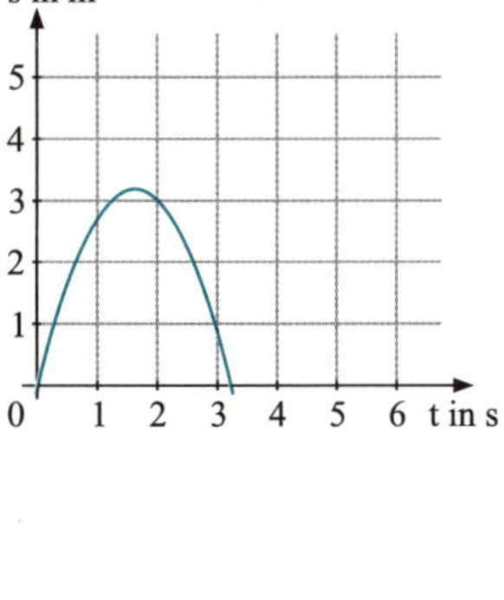

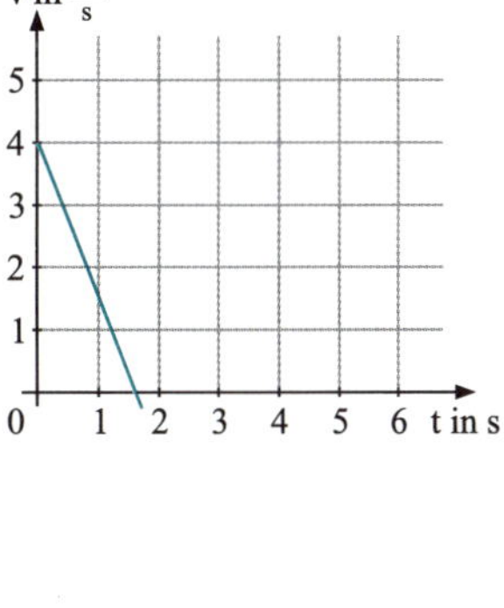

Das t-s-Diagramm ist wiederum eine Parabel, jetzt mit der Gleichung

$$s = \frac{1}{2} \cdot \left(-2{,}5\,\frac{m}{s^2}\right) \cdot t^2 + 4\,\frac{m}{s} \cdot t = -1{,}25\,\frac{m}{s^2} \cdot t^2 + 4\,\frac{m}{s} \cdot t.$$

Sie ist nach unten geöffnet, ihr Scheitel liegt am Punkt S(1,6 | 3,2).

71. Sämtliche Bewegungen sind geradlinig gleichförmig, es gilt für die Geschwindigkeiten in den einzelnen Abschnitten:

$$v = \frac{\Delta s}{\Delta t}$$

Zeitintervall in s	$0 \leq t < 2$	$2 \leq t < 3$	$3 \leq t < 4$	$4 \leq t < 6$	$6 \leq t \leq 8$
Geschwindigkeit in $\frac{m}{s}$	0,5	4	0	–0,5	–2

t-v-Diagramm:

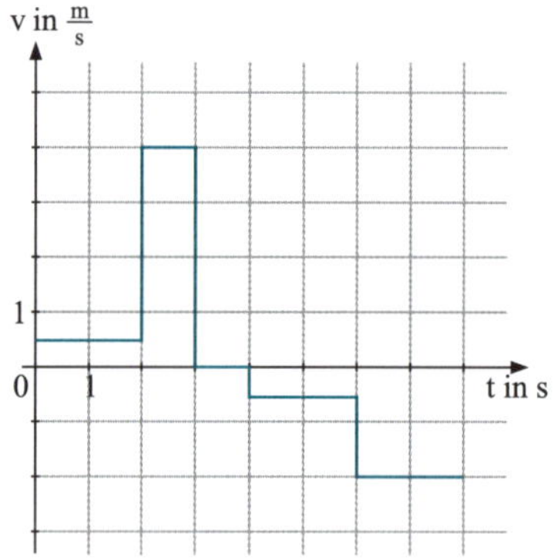

72. Fährt man zunächst nach „oben" los und steigt von C nach A um, benötigt man zunächst 12 Minuten auf Linie C, dann 7 Minuten zum Umsteigen und schließlich 18 Minuten auf Linie A, insgesamt also 37 Minuten. Der Fahrpreis beträgt hier 15 €.

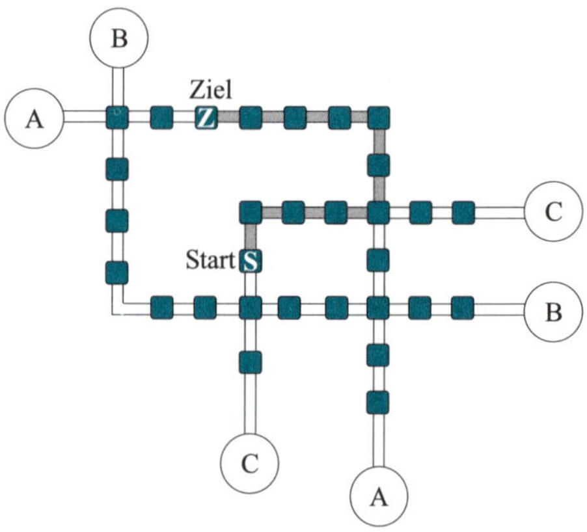

Wählt man stattdessen den Weg von S aus nach „unten“, steigt zunächst in Linie B nach „links“ um und dann nochmals „links oben“ in Linie A, dann benötigt man zunächst 3 Minuten, dann 7 Minuten zum ersten Umsteigen, 18 Minuten bis zur Kreuzung B/A und schließlich nach 7 Minuten Warten auf das zweite Umsteigen nochmals 6 Minuten bis zum Ziel, also zusammen 41 Minuten für 13,50 €. Diese Variante ist also billiger, aber langsamer.

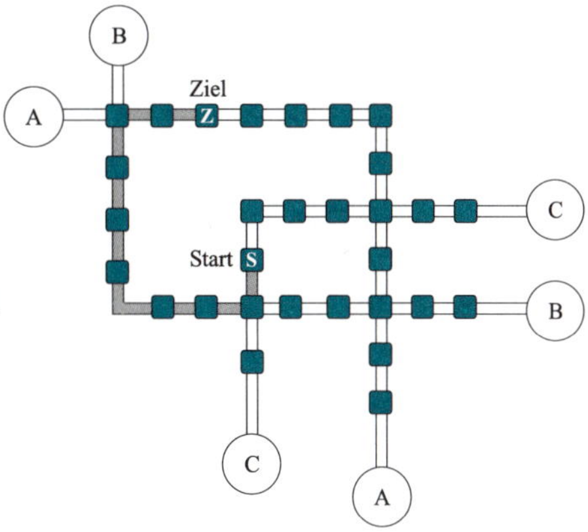

73.

74. a) Die Durchschnittsgeschwindigkeit berechnet sich nach der Formel $v = \frac{s}{t}$. In der Tabelle sind die Geschwindigkeiten für jede Teilstrecke berechnet. Die Werte in Klammern geben die zurückgelegte Gesamtstrecke bzw. die benötigte Gesamtzeit am jeweiligen Bahnhof an.

Haltestelle	**Strecke in km**	**Fahrzeit in Minuten**	**Durchschnittsgeschwindigkeit**
Stuttgart Hbf.			
	22 (22)	14 (14)	$\frac{22\text{ km}}{14\text{ min}} \approx 94{,}3\frac{\text{km}}{\text{h}}$
Plochingen			
	20 (42)	11 (25)	$\frac{20\text{ km}}{11\text{ min}} \approx 109{,}1\frac{\text{km}}{\text{h}}$
Göppingen			
	19 (61)	11 (36)	$\frac{19\text{ km}}{11\text{ min}} \approx 103{,}6\frac{\text{km}}{\text{h}}$
Geislingen			
	33 (94)	23 (59)	$\frac{33\text{ km}}{23\text{ min}} \approx 86{,}1\frac{\text{km}}{\text{h}}$
Ulm Hbf.			

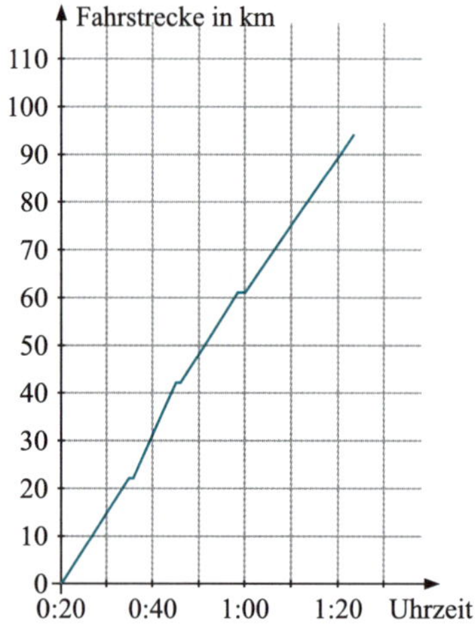

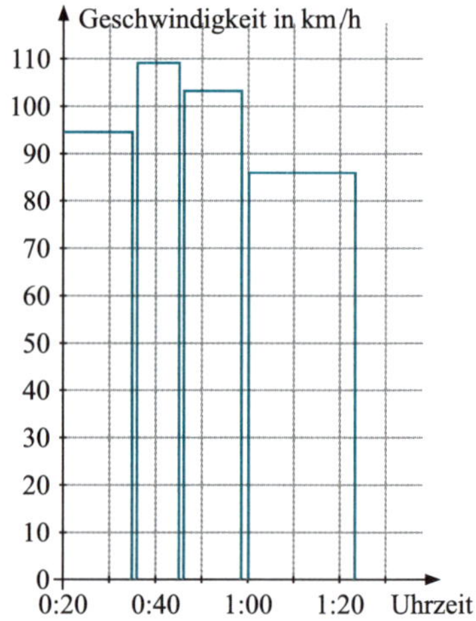

b) Die Durchschnittsgeschwindigkeit für die Gesamtstrecke beträgt (die benötigte Zeit setzt sich aus der Fahrzeit und den Standzeiten zusammen):
$v = \frac{94\,\text{km}}{63\,\text{min}} \approx 89{,}5\,\frac{\text{km}}{\text{h}}$

75. a)

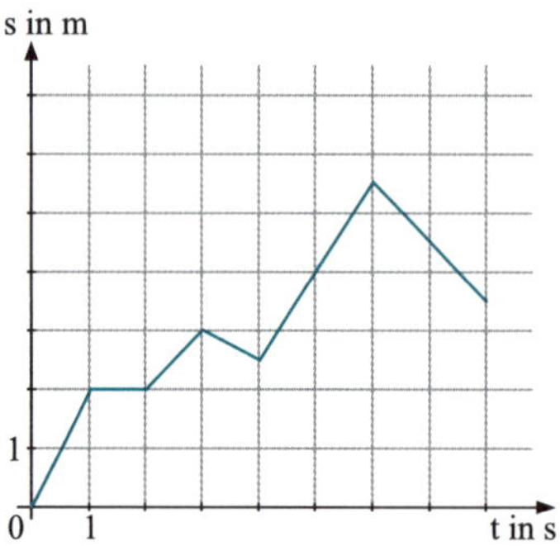

b)

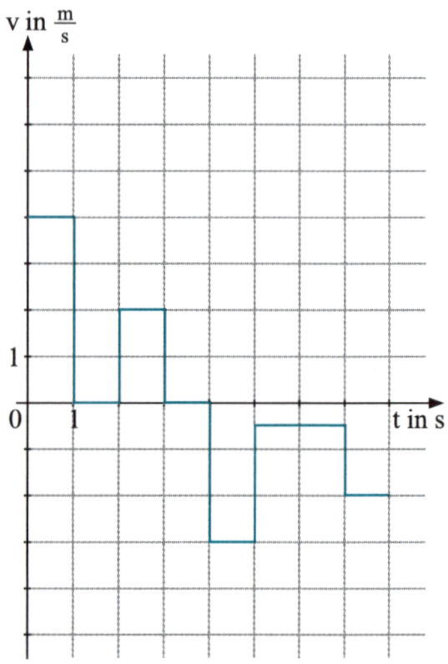

c)
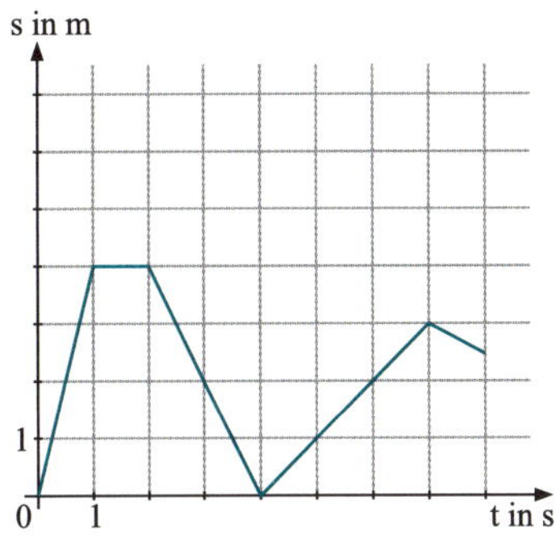

d)
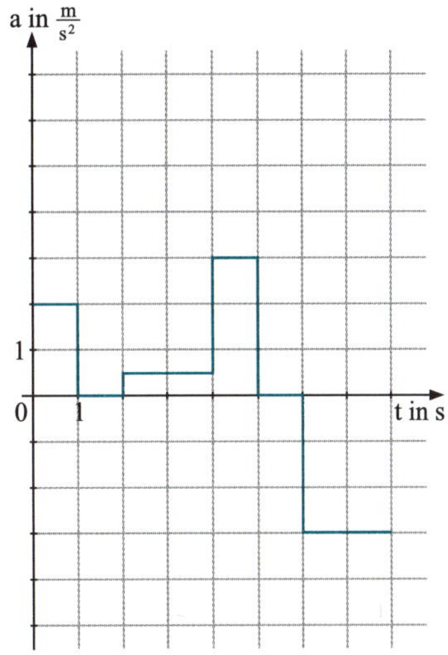

e)
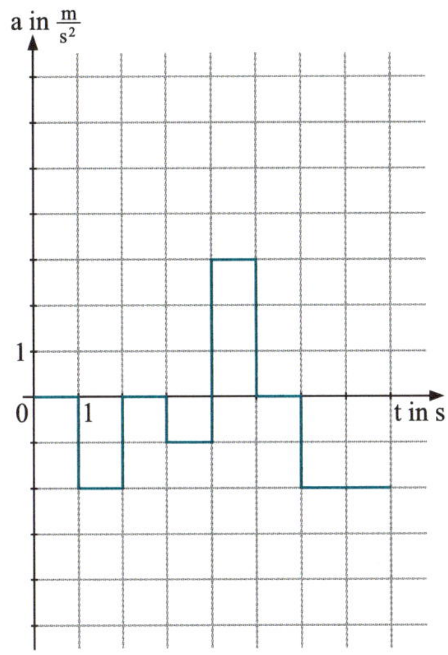

f)
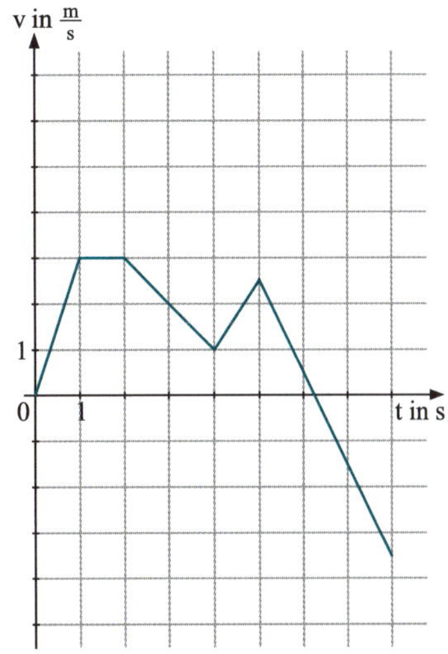

g)

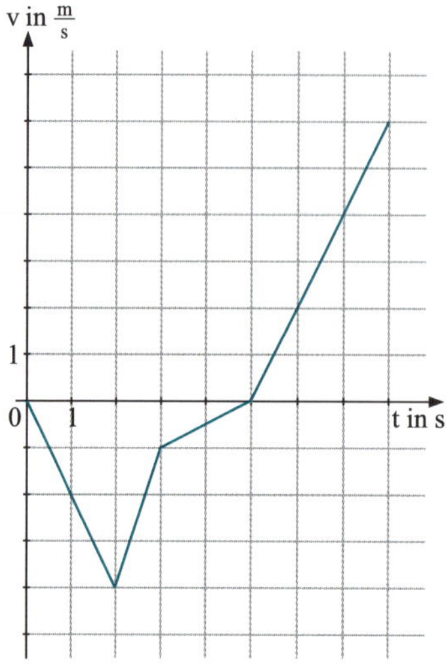

76. a) Bei der zeichnerischen Lösung ist die Pfeiladdition für Geschwindigkeiten wichtig:
Bei einer Eigengeschwindigkeit von $v_{Schwimmer} = 1\frac{m}{s}$ ist er genau 20 s unterwegs und wird währenddessen um genau 14 m abgetrieben.

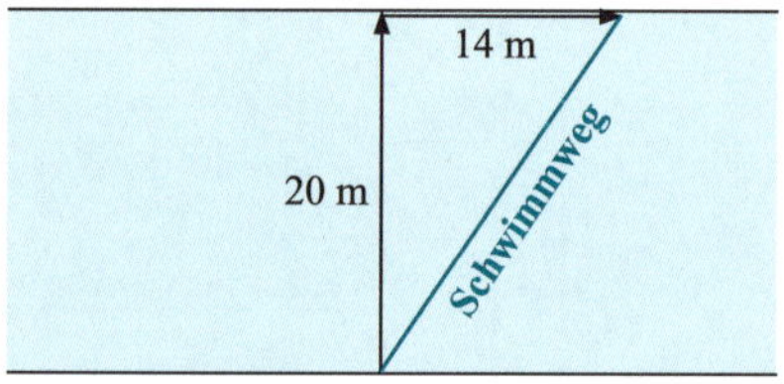

b) Er muss gegen die Strömung (hier von links nach rechts) mit seiner Eigengeschwindigkeit von $v_{Schwimmer} = 1\frac{m}{s}$ so anschwimmen, dass er während 20 s (da schwimmt er genau 20 m weit) auch um 14 m gegen den Strom schwimmt, sodass er in Bilanz nicht abgetrieben wird. Zeichnerisch ist dies mit dem Zirkel zu konstruieren: Man zeichnet eine Senkrechte zum Ufer durch den Startpunkt O und eine Senkrechte parallel dazu im Abstand von 14 Längeneinheiten (LE). Der Kreis um O mit Radius 20 LE liefert den Schnittpunkt S; die Verbindungsgerade OS schließt mit dem Ufer den gesuchten Winkel ein. Man misst 45,6°.

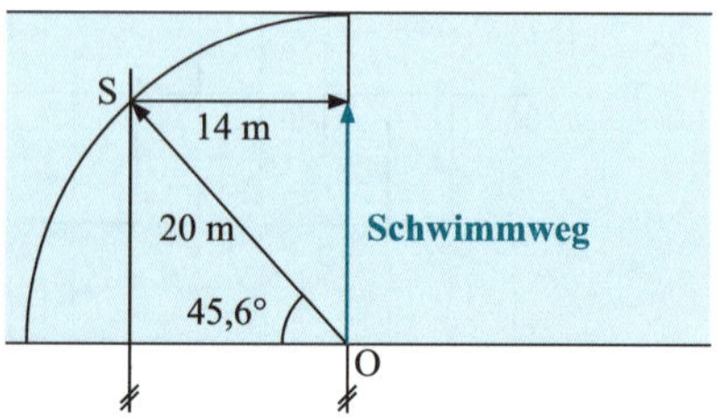

77. Bremst oder lenkt der Fahrer, werden Kräfte auf die Räder ausgeübt, um die geradlinig gleichförmige Bewegung zu ändern: Beim Bremsen durch die Bremsscheiben auf alle vier Räder, beim Lenken durch das Drehen der Vorderräder gegenüber der ursprünglichen Fahrtrichtung. Die Räder vermitteln diese Kräfte ihrerseits durch Haftreibung zwischen dem Reifengummi und der Straße. Schnee- oder Eisbelag auf der Straße verringert diese Haftreibung so stark, dass die Brems- und Lenkkräfte den Betrag der Haftreibungskraft übersteigen. Dann tritt nur noch die wesentlich geringere Gleitreibung auf, die Brems- bzw. Lenkkraft kann nicht auf die Straße übertragen werden und das Auto rutscht nach dem Trägheitsgesetz geradeaus weiter. Da die Brems- und Lenkkräfte umso größer sind, je schneller das Auto fährt, muss bei winterlichen Straßenverhältnissen die Fahrgeschwindigkeit verringert werden.

78. Für die Masse m, denn $F = m \cdot a$ lässt sich als Geradengleichung interpretieren mit Steigung m, „unabhängiger Variable" a (statt x wie in der Mathematik) und „abhängiger Variable" F (statt des üblichen y in der Mathematik).

79. Löst man das Kraftgesetz $F = m \cdot a$ nach m auf, erhält man:

$$m = \frac{F}{a} = \frac{0{,}6\,\text{N}}{24\,\frac{\text{m}}{\text{s}^2}} = 0{,}025\,\text{kg} = 25\,\text{g}$$

80. a) Wegen „actio gegengleich reactio" müssen die Kraftbeträge der beiden in dieser Situation gleich groß sein. Es gilt daher nach dem Kraftgesetz

$$F = m_1 \cdot a_1 \quad \Rightarrow \quad a_1 = \frac{F}{m_1} = \frac{20\,\text{N}}{50\,\text{kg}} = 0{,}4\,\frac{\text{m}}{\text{s}^2}$$

sowie entsprechend

$$F = m_2 \cdot a_2 \quad \Rightarrow \quad a_2 = \frac{F}{m_2} = \frac{20\,\text{N}}{80\,\text{kg}} = 0{,}25\,\frac{\text{m}}{\text{s}^2}$$

Der leichtere Schüler wird also stärker beschleunigt.

b) Bei konstanter Beschleunigung gilt:

$$s = \frac{1}{2} a \cdot t^2 \quad \Rightarrow \quad t = \sqrt{\frac{2s}{a}}$$

Vorsicht: Aufgrund der unterschiedlichen Beschleunigungen teilt sich die Abstoßungsstrecke der Länge 0,50 m für den im Physiksaal ruhenden Beobachter ungleich auf die beiden Schüler auf, die Beschleunigungsstrecken sind also für beide unterschiedlich groß! Dagegen entfernt sich aus der Sicht des einen Schülers der andere über die volle Distanz von 0,50 m, wobei er aber aus diesem Blickwinkel die Gesamtbeschleunigung

$$a = a_1 + a_2 = 0{,}65\,\frac{\text{m}}{\text{s}^2}$$

erfährt. Die hierfür nötige Beschleunigungszeit beträgt daher:

$$t = \sqrt{\frac{2 \cdot 0{,}50\,\text{m}}{0{,}65\,\frac{\text{m}}{\text{s}^2}}} \approx 1{,}24\,\text{s}$$

c) Die Wegstrecken folgen unmittelbar aus dem t-s-Gesetz:

$$s_1 = \tfrac{1}{2} a_1 \cdot t^2 \approx \tfrac{1}{2} \cdot 0{,}40\,\tfrac{\text{m}}{\text{s}^2} \cdot (1{,}24\,\text{s})^2 \approx 0{,}308\,\text{m}$$

$$s_2 = \tfrac{1}{2} a_2 \cdot t^2 \approx \tfrac{1}{2} \cdot 0{,}25\,\tfrac{\text{m}}{\text{s}^2} \cdot (1{,}24\,\text{s})^2 \approx 0{,}192\,\text{m}$$

Hinweis: Man kann auch die allgemeine Formel aus Teilaufgabe b in das t-s-Gesetz einsetzen und erhält:

$$s_1 = \tfrac{1}{2} a_1 \cdot \left(\sqrt{\frac{2 \cdot s}{a}}\right)^2 = \frac{a_1}{a} \cdot s \quad \text{und} \quad s_2 = \tfrac{1}{2} a_2 \cdot \left(\sqrt{\frac{2 \cdot s}{a}}\right)^2 = \frac{a_2}{a} \cdot s$$

Die Wegstrecken verhalten sich also wie die zugehörigen Beschleunigungen. Insbesondere folgt $s_1 + s_2 = s$, wie es auch sein muss.

d) Aus dem t-v-Gesetz folgt unmittelbar:

$$v = a \cdot t \quad \Rightarrow \quad \begin{cases} v_1 = a_1 \cdot t = 0{,}4\,\frac{\text{m}}{\text{s}^2} \cdot 1{,}24\,\text{s} = 0{,}496\,\frac{\text{m}}{\text{s}} \\ v_2 = a_2 \cdot t = 0{,}25\,\frac{\text{m}}{\text{s}^2} \cdot 1{,}24\,\text{s} = 0{,}31\,\frac{\text{m}}{\text{s}} \end{cases}$$

81. Das Toilettenpapier besitzt an der Perforation eine geringere Reißfestigkeit als innerhalb der einzelnen Blätter, d. h., die nötige Reißkraft F_R ist dort geringer. Zieht man langsam am letzten Blatt, dann bedeutet dies eine pro Zeiteinheit geringe Geschwindigkeitszunahme, also Beschleunigung. Nach dem Kraftgesetz ist dann wegen $m = \frac{F}{a}$ die Masse, die bei gegebener Zugkraft $F < F_R$ beschleunigt werden kann, groß: es wird die gesamte Papiermasse beschleunigt, die Blätter rollen ab. Zieht man dagegen schnell – in einem Ruck – und mit festem Griff an dem letzten Blatt, so erfährt dieses eine große Beschleunigung, der nur eine relativ kleine Masse folgen kann; das beschleunigte Blatt reißt an der nächstmöglichen schwächsten Stelle ab, also an der Perforation zum nächsten Blatt (würde man nicht fest das Blatt greifen, würde das Blatt durch die Finger rutschen).

Beachte: Der Riss erfolgt *nicht*, weil die Zugkraft größer als F_R wäre; sie liegt in beiden Fällen darunter. Würde man gleichmäßig schnell mit derselben Kraft ziehen, würde auch nichts reißen. In dem Vorgang drückt sich vielmehr sehr schön die Trägheit der Masse aus, also ihr Bestreben, sich einer Änderung des Bewegungszustands zu widersetzen.

82. a) Die *beschleunigende* Masse ist die Masse m_K, die durch die Gewichtskraft F_G nach unten gezogen wird. Die *beschleunigte* Masse ist dagegen die Gesamtmasse $m = m_W + m_K$ beider Körper. In das Kraftgesetz müssen wir daher für F die Kraft F_G einsetzen und erhalten für die Beschleunigung a_{Erde}:

$$F_G = m \cdot a_{Erde} \quad \Rightarrow \quad m_K \cdot g = (m_K + m_W) \cdot a$$

$$a_{Erde} = \frac{m_K}{m_K + m_W} \cdot g_{Erde}$$

$$a_{Erde} = \frac{1{,}2\,\text{kg} \cdot 9{,}81\,\frac{\text{N}}{\text{kg}}}{3{,}0\,\text{kg}} \approx 3{,}9\,\frac{\text{m}}{\text{s}^2}$$

b) Wegen des kleineren Ortsfaktors ist auf dem Mond auch die Beschleunigung a_{Mond} um den gleichen Faktor kleiner, da $a \sim g$ ist:

$$a_{Mond} = \frac{1}{6} a_{Erde} = \frac{1}{6} \cdot 3{,}9\,\frac{\text{m}}{\text{s}^2} \approx 0{,}65\,\frac{\text{m}}{\text{s}^2}$$

c) Um in der ersten Sekunde 5,0 m zurückzulegen, muss die Beschleunigung nach dem t-s-Gesetz

$$s = \frac{1}{2} a \cdot t^2 \quad \Rightarrow \quad a = \frac{2s}{t^2} = \frac{10\,\text{m}}{1\,\text{s}^2} = 10\,\frac{\text{m}}{\text{s}^2}$$

betragen. In die in Teilaufgabe a ermittelte Gleichung für die Beschleunigung müssen wir jetzt die veränderliche Masse einbeziehen. Bezeichnet M die Masse, die umgelagert wird, so gilt:

$$a = \frac{m_K + M}{(m_K + M) + (m_W - M)} \cdot g_{Erde} = \frac{m_K + M}{m_K + m_W} \cdot g_{Erde}$$

Diese Beziehung stellen wir nach M um und setzen die Zahlenwerte ein:

$$a \cdot (m_K + m_W) = m_K \cdot g_{Erde} + M \cdot g_{Erde}$$

$$M = \frac{a \cdot (m_K + m_W) - m_K \cdot g_{Erde}}{g_{Erde}}$$

$$M = \frac{10\,\frac{\text{m}}{\text{s}^2} \cdot 3{,}0\,\text{kg} - 1{,}2\,\text{kg} \cdot 9{,}81\,\frac{\text{m}}{\text{s}^2}}{9{,}81\,\frac{\text{m}}{\text{s}^2}} \approx 1{,}86\,\text{kg}$$

83. a) Wir rechnen zunächst die Größen in ihre Grundeinheiten um:

$m = 1\,800\,\text{kg}; \quad v_0 = 72\,\frac{\text{km}}{\text{h}} = 20\,\frac{\text{m}}{\text{s}}; \quad v = 144\,\frac{\text{km}}{\text{h}} = 40\,\frac{\text{m}}{\text{s}}$

Die Kraft können wir aus dem Kraftgesetz ermitteln, die hierfür nötige Beschleunigung ergibt sich aus dem t-v-Gesetz:

$$a = \frac{v - v_0}{t} = \frac{(40\,\frac{\text{m}}{\text{s}} - 20\,\frac{\text{m}}{\text{s}})}{10{,}0\,\text{s}} = 2{,}0\,\frac{\text{m}}{\text{s}^2}$$

$$\Rightarrow \quad F = m \cdot a = 1\,800\,\text{kg} \cdot 2{,}0\,\frac{\text{m}}{\text{s}^2} = 3\,600\,\text{N}$$

b) Um W zu bestimmen, müssen wir zuerst die Beschleunigungsstrecke s berechnen. Wir verwenden, da die Geschwindigkeiten und die Beschleunigung bekannt sind, das s-v-Gesetz und erhalten unmittelbar:

$$v^2 = v_0^2 + 2a \cdot s \quad \Rightarrow \quad s = \frac{v^2 - v_0^2}{2a} = \frac{\left(40\,\frac{m}{s}\right)^2 - \left(20\,\frac{m}{s}\right)^2}{2 \cdot 2{,}0\,\frac{m}{s^2}} = \frac{1\,200\,\frac{m^2}{s^2}}{4{,}0\,\frac{m}{s^2}} = 300\text{ m}$$

Damit folgt:

$$W = F \cdot s = 3\,600\text{ N} \cdot 300\text{ m} = 1\,080\,000\text{ J} = 1{,}08\text{ MJ}$$

c) Die Leistung P ist definiert als der Quotient aus Arbeit und aufgewendete Zeit, also gilt hier:

$$P = \frac{W}{t} = \frac{1\,080\,000\text{ J}}{10{,}0\text{ s}} = 108\,000\text{ W} = 108\text{ kW}$$

d) Gleiche Leistung bedeutet, dass gleiche Energiezuwächse in gleichen Zeitabschnitten erzielt werden. Wird das Auto aus dem Stand auf v_0 beschleunigt(Vorgang 1), ist zwar die Geschwindigkeitsdifferenz ebenso groß wie zuvor bei der Beschleunigung von v_0 auf $2v_0$ (Vorgang 2); die Energiedifferenz ist aber *kleiner*, weil die kinetische Energie *quadratisch* von der Geschwindigkeit abhängt:

$$\left.\begin{aligned} \Delta E_1 &= \tfrac{1}{2} m \cdot v_0^2 \\ \Delta E_2 &= \tfrac{1}{2} m \cdot (v^2 - v_0^2) = \tfrac{1}{2} m \cdot \left((2v_0)^2 - v_0^2\right) = \tfrac{1}{2} m \cdot 3v_0^2 = \tfrac{3}{2} m \cdot v_0^2 \end{aligned}\right\} \Rightarrow$$

$$\Rightarrow \Delta E_1 = \tfrac{1}{3} \cdot \Delta E_2$$

Für Vorgang 1 ist daher bei gleicher Leistung nur ein Drittel der Zeit nötig:

$$t_1 = \frac{\Delta E_1}{P} = \frac{\frac{1}{3} \cdot \Delta E_2}{P} = \frac{1}{3} \cdot \frac{W}{P} = \frac{1}{3} \cdot t_2 = \frac{1}{3} \cdot 10\text{ s} = 3{,}33\text{ s}$$

e) Der Gegenwind übt eine zusätzliche Kraft auf das Auto entgegen der Fahrtrichtung aus. Die beschleunigende Kraft ist daher bei sonst gleichen Bedingungen um den Betrag dieser Luftwiderstandskraft reduziert:

$$F_{neu} = F_{alt} - F_{Wind}$$

Nach dem Kraftgesetz sinkt daher die Beschleunigung:

$$a_{neu} = \frac{F_{neu}}{m} = \frac{F_{alt} - F_{Wind}}{m} = \frac{F_{alt}}{m} - \frac{F_{Wind}}{m} = a_{alt} - a_{Wind}$$

Da Anfangs- und Endgeschwindigkeit gleich geblieben sind, muss zum einen die Beschleunigungszeit nach dem t-v-Gesetz größer werden:

$$\left.\begin{aligned} v &= v_0 + a_{alt} \cdot t_{alt} \\ v &= v_0 + a_{neu} \cdot t_{neu} \end{aligned}\right\} \Rightarrow a_{neu} \cdot t_{neu} = a_{alt} \cdot t_{alt} \Rightarrow t_{neu} = \frac{a_{alt}}{a_{neu}} \cdot t_{alt}$$

$$\Rightarrow t_{neu} > t_{alt}$$

Zum anderen bleibt die notwendige Beschleunigungsarbeit gleich groß:

$$W_{neu} = E = \frac{1}{2} m \cdot (v^2 - v_0^2) = W_{alt}$$

Da sich aber die beschleunigende Kraft verringert hat, muss die Beschleunigungsstrecke länger werden:

$$W_{neu} = W_{alt} \;\Leftrightarrow\; F_{neu} \cdot s_{neu} = F_{alt} \cdot s_{alt} \;\Leftrightarrow\; s_{neu} = \frac{F_{alt}}{F_{neu}} \cdot s_{alt} \;\Rightarrow\; s_{neu} > s_{alt}$$

Die Leistung nimmt ab, da die Arbeit gleich bleibt, die Zeit dagegen größer wird:

$$P_{neu} = \frac{W}{t_{neu}} = \frac{P_{alt} \cdot t_{alt}}{t_{neu}} = \frac{t_{alt}}{t_{neu}} \cdot P_{alt} \;\Rightarrow\; P_{neu} < P_{alt}$$

Das heißt aber nicht, dass der Motor jetzt weniger Leistung aufbringen muss! Vielmehr ist ein Teil der bisherigen Leistung P_{alt} für die Überwindung des zusätzlichen Luftwiderstands nötig, sodass für die reine Beschleunigungsarbeit weniger Leistung zur Verfügung steht und daher mehr Zeit und Weg nötig ist, die gleiche Endgeschwindigkeit zu erreichen.

84. Beim freien Fall wirkt auf einen Körper die Gewichtskraft $F_G = m \cdot g$. Befinden sich zwei Körper mit den Massen m_1 und m_2 an einem beliebigen, aber gemeinsamen Ort auf der Erde, besitzen sie den gleichen Ortsfaktor g. Wirken keine weiteren Kräfte (z. B. Reibungskräfte), ist die Gewichtskraft die beschleunigende Kraft auf die beiden Körper und es gilt nach dem Kraftgesetz:

$$m_1 \cdot g = m_1 \cdot a \;\Rightarrow\; a = g$$
$$m_2 \cdot g = m_2 \cdot a \;\Rightarrow\; a = g$$

Auf beide Körper wirkt also unabhängig von ihrer Masse die gleiche Beschleunigung g. Nach den Bewegungsgesetzen sind dann bei gleichen Anfangsbedingungen (Anfangsort und -geschwindigkeit) auch die zurückgelegten Wege, die Fallzeiten und die erreichten Endgeschwindigkeiten gleich: Beide Körper fallen gleich schnell.

85. Wir müssen zunächst die auf die fallenden Kugeln wirkenden Kräfte betrachten: Auf jede Kugel wirkt die Gewichtskraft und dazu entgegengesetzt die Reibungskraft aufgrund des Luftwiderstands der Kugeln. Da beide Körper gleiche Gestalt und Größe besitzen, setzen sie beide der Luft den gleichen Widerstand entgegen, sodass die Reibungskraft F_R jeweils gleich groß ist. Die auf die Kugeln wirkenden Gesamtkräfte betragen somit:

$$F_E = F_{G,E} - F_R = m_E \cdot g - F_R$$
$$F_H = F_{G,H} - F_R = m_H \cdot g - F_R$$

Nach dem Kraftgesetz wirkt auf die Eisenkugel die Beschleunigung:

$$F_E = m_E \cdot a_E \quad \Leftrightarrow \quad m_E \cdot g - F_R = m_E \cdot a_E \quad \Leftrightarrow \quad a_E = \frac{m_E \cdot g - F_R}{m_E} = g - \frac{F_R}{m_E}$$

Entsprechend erhält man für die Holzkugel:

$$F_H = m_H \cdot a_H \quad \Leftrightarrow \quad m_H \cdot g - F_R = m_H \cdot a_H \quad \Leftrightarrow \quad a_H = \frac{m_H \cdot g - F_R}{m_H} = g - \frac{F_R}{m_H}$$

Da bei gleicher Größe $m_H < m_E$ gilt, folgt $a_H < a_E$. Nach dem t-s-Gesetz ist die Fallzeit der Eisenkugel bei gleicher Fallstrecke kleiner:

$$\left.\begin{array}{l} s = \frac{1}{2} a_E \cdot t_E^2 \\ s = \frac{1}{2} a_H \cdot t_H^2 \end{array}\right\} \Rightarrow \quad a_E \cdot t_E^2 = a_H \cdot t_H^2 \quad \Rightarrow \quad t_E^2 = \frac{a_H}{a_E} \cdot t_H^2 \quad \Rightarrow \quad t_E < t_H$$

Die Größe des Zeitunterschieds hängt vom Unterschied der Beschleunigungen und damit vom Verhältnis der Reibungskraft zur Kugelmasse ab. Für die Reibung in Luft und angesichts der relativ kleinen Widerstandsflächen der beiden Kugeln kann F_R gegenüber den Massen in guter Näherung vernachlässigt werden, sodass bei üblichen Tischhöhen praktisch kein Unterschied in den Fallzeiten festgestellt werden kann. Bei sehr leichtem Kugelmaterial (Styropor statt Holz) und genügend großer Fallhöhe ist der Unterschied aber gut messbar.

86. a) Die Kugel besitzt unmittelbar nach dem Abschuss die kinetische Energie $\frac{1}{2} m \cdot v_0^2$. Legen wir die Abschusshöhe mit $h = 0$ fest, nimmt mit zunehmender Höhe die Lageenergie auf Kosten der abnehmenden Bewegungsenergie zu. Bei Erreichen des Umkehrpunktes in der Höhe h ist die kinetische Energie vollständig in Lageenergie umgewandelt, sodass gilt:

$$\frac{1}{2} m \cdot v_0^2 = m \cdot g \cdot h \quad \Rightarrow \quad h = \frac{v_0^2}{2g} = \frac{\left(180 \, \frac{m}{s}\right)^2}{2 \cdot 9{,}81 \, \frac{m}{s^2}} \approx 1\,650 \text{ m} \qquad (*)$$

b) Die halbe Flugzeit lässt sich aus dem freien Fall im zweiten Teil der Kugelbewegung mithilfe des t-s-Gesetzes berechnen:

$$h(t) = \frac{1}{2} g \cdot t^2 \quad \Rightarrow \quad t = \sqrt{\frac{2h}{g}} = \sqrt{\frac{2 \cdot 1\,650 \text{ m}}{9{,}81 \, \frac{m}{s^2}}} \approx 18{,}3 \text{ s}$$

Die Gesamtflugzeit beträgt dann etwa 36,6 s.

c) Auf dem Mond wäre der Nenner in der Formel (*) um den Faktor 6 kleiner, also die Höhe um den Faktor 6 größer und läge bei etwa 9,9 km.

d) Ein Teil der Anfangsenergie geht in Reibungswärme über, der Rest wird in Lageenergie umgewandelt, sodass die tatsächliche Steighöhe kleiner als in a berechnet ausfällt. Auf dem Mond gibt es keine Atmosphäre und folglich keine Luftreibung, daher stimmt dort die berechnete mit der tatsächlichen Steighöhe überein.

Hinweis: Dabei ist aber vorausgesetzt, dass die Gravitationsbeschleunigung auf dem Mond konstant ist. Tatsächlich nimmt sie mit zunehmendem Abstand von der Mondoberfläche ab, was sich bei der in c berechneten Steighöhe von knapp 10 km durchaus bemerkbar macht: Die tatsächliche Steighöhe ist geringfügig höher.

87. Im Gleichgewicht von Gewichts- und Federkraft gilt:

$$m \cdot g = D \cdot s \quad \Leftrightarrow \quad D = \frac{m \cdot g}{s} = \frac{2\,\text{kg} \cdot 9{,}81\,\frac{\text{m}}{\text{s}^2}}{7\,\text{cm}} \approx 2{,}8\,\frac{\text{N}}{\text{cm}}$$

88. a) Alle drei Federn werden durch das Gewicht gleichermaßen ausgelenkt, auf jede einzelne entfällt daher ein Drittel der Gesamtdehnungskraft:

$$\frac{1}{3} m \cdot g = D \cdot s \quad \Leftrightarrow \quad s = \frac{1}{3} \cdot \frac{m \cdot g}{D} = \frac{1}{3} \cdot \frac{3\,\text{kg} \cdot 9{,}81\,\frac{\text{m}}{\text{s}^2}}{10\,\frac{\text{N}}{\text{cm}}} \approx 0{,}98\,\text{cm}$$

b) Die Federhärte der gesamten Anordnung beträgt nach dem Hooke'schen Gesetz:

$$D_{ges} = \frac{m \cdot g}{s}$$

Multiplizieren wir die Gleichung aus Teilaufgabe a mit 3 und setzen die rechte Seite in den Zähler ein, erhalten wir:

$$D_{ges} = \frac{3D \cdot s}{s} = 3D$$

Das Ergebnis gilt ganz allgemein: Bei „Parallelschaltung" mehrerer Federn ist die Gesamtfederhärte gleich der Summe der Einzelfederhärten.

89. Wir setzen die gegebenen Größen direkt in das Gravitationsgesetz ein und erhalten:

$$F_{Gr} = \gamma \cdot \frac{M \cdot m}{r^2} = 6{,}673 \cdot 10^{-11}\,\frac{\text{m}^3}{\text{kg} \cdot \text{s}^2} \cdot \frac{5\,775\,\text{kg} \cdot 75\,\text{kg}}{(0{,}20\,\text{m})^2} \approx 7{,}2 \cdot 10^{-3}\,\text{N}$$

90. a) Nimmt Kurt um 25 % zu, dann hat er nachher 125 % seiner ursprünglichen Masse, also das 1,25-Fache, sein Freund 2 entsprechend das 1,20-Fache. Damit wird der Zähler im Gravitationsgesetz

$$F_{Gr} = \gamma \cdot \frac{M \cdot m}{r^2}$$

um den Faktor $1{,}25 \cdot 1{,}20 = 1{,}50$ größer, die Anziehungskraft zwischen den beiden Freunden also auch um 50 %.

b) Wegen des Zunahmefaktors $1,25 = \frac{5}{4}$ der Masse von Kurt muss Paul zum Ausgleich den Kehrwert dazu liefern, nämlich $\frac{4}{5} = 0,80$. Er muss also um 20 % abnehmen, sodass er noch 80 % seiner ursprünglichen Masse besitzt.

91. a) Das Gravitationsgesetz liefert unmittelbar durch Einsetzen:

$$F_{Gr} = \gamma \cdot \frac{M \cdot m}{r^2} = 6,673 \cdot 10^{-11} \frac{m^3}{kg \cdot s^2} \cdot \frac{5,98 \cdot 10^{24}\,kg \cdot 7,36 \cdot 10^{22}\,kg}{(384\,000\,000\,m)^2}$$
$$\approx 2,0 \cdot 10^{20}\,N$$

b) Mond und Erde umkreisen einander mit so großer Geschwindigkeit, dass auf den Mond eine der Gravitationskraft entgegengesetzt gerichtete Zentrifugalkraft wirkt, die gerade den gleich großen Betrag wie F_{Gr} besitzt. Die resultierende Kraft auf den Mond ist somit null.

92. Das Kind fliegt waagerecht los (waagerechter Wurf). Gesucht ist die Horizontalgeschwindigkeit v_x; sie bleibt während des Flugs konstant. Während des Fluges nimmt die Vertikalgeschwindigkeit des Kindes zu wie beim freien Fall. Für die Flugzeit t gilt nach dem Zeit-Weg-Gesetz:

$$h = \frac{1}{2} g \cdot t^2 \quad \Rightarrow \quad t = \sqrt{\frac{2h}{g}}$$

Währenddessen hat es in waagerechter Richtung die gegebene Strecke $x = v_x \cdot t$ zurückgelegt, sodass wir v_x berechnen können:

$$v_x = \frac{x}{t} = \frac{x}{\sqrt{\frac{2h}{g}}} = x \cdot \sqrt{\frac{g}{2h}} = 1,60\,m \cdot \sqrt{\frac{9,81\,\frac{m}{s^2}}{2 \cdot 1,20\,m}} \approx 3,23\,\frac{m}{s}$$

93. Es wirkt überall nur die Erdbeschleunigung g.

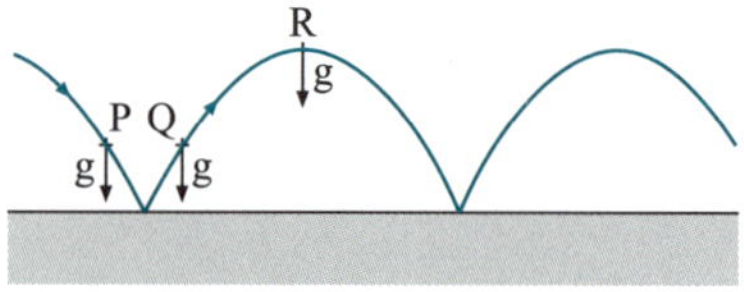

Aufgrund seiner Elastizität wird der Ball beim Aufprall nach oben zurückgeworfen, er vollführt bis zum nächsten Aufprall einen senkrechten Wurf (Energieumwandlungen: elastische Energie → kinetische Energie → Lageenergie → kinetische Energie → elastische Energie). Dieser vertikalen Bewegung ist eine horizontale Bewegung mit konstanter Geschwindigkeit überlagert. Die gesamte Energie des Balls ist die Summe aus der kinetischen Energie der Horizontalbewegung und der Lageenergie im höchsten Punkt der Vertikalbewegung.

94. a) Minimale Schusshöhe bedeutet, dass der Scheitel der Bahnparabel sich beim Torwart in $h = 2{,}50$ m Höhe befinden muss. Der Startpunkt der Flugbahn liegt 32 m auf der einen Seite, das Tor steht 8,0 m auf der anderen Seite davon. Vom Freistoßpunkt bis zum sich reckenden Torhüter dauert die Flugphase

$$h = \frac{1}{2} g \cdot t_1^2 \quad \Rightarrow \quad t_1 = \sqrt{\frac{2h}{g}},$$

zwischen Torwart und Tor dann nur noch ein Viertel davon (wegen $32\text{ m} = 4 \cdot 8\text{ m}$), also:

$$t_2 = \frac{1}{4} t_1$$

Während der Zeit t_2 fällt der Ball von der Scheitelhöhe h wieder um

$$\Delta h = \frac{1}{2} g \cdot t_2^2 = \frac{1}{2} g \cdot \left(\frac{1}{4} t_1\right)^2 = \frac{1}{16} \cdot \frac{1}{2} g \cdot t_1^2 = \frac{1}{16} \cdot h = \frac{1}{16} \cdot 2{,}50\text{ m} \approx 0{,}156\text{ m}$$

Er hat bei Passieren der Torlinie also noch eine Höhe von etwa

$2{,}50\text{ m} - 0{,}156\text{ m} = 2{,}344\text{ m} < 2{,}44\text{ m}$,

der Ball landet also noch im Tor.

b) Bei Teilaufgabe a war noch ein Spielraum von knapp 10 cm, der jetzt noch ausgenützt werden soll: Gesucht ist also der Abstand s des Scheitels der Parabel vom Freistoßpunkt, sodass der Ball beim Weiterflug gerade noch die zulässigen $\Delta h = 2{,}50\text{ m} - 2{,}44\text{ m} = 0{,}06\text{ m}$ an Höhe verliert. Der erste Teil der Flugbahn wird wieder während der Zeit $t_1 = \sqrt{\frac{2h}{g}}$ durchflogen und hat die horizontale Länge (40 m − s), es gilt also:

$$40\text{ m} - s = v_x \cdot t_1 \quad \Rightarrow \quad v_x = \frac{40\text{ m} - s}{t_1} = \frac{40\text{ m} - s}{\sqrt{\frac{2h}{g}}} \qquad (*)$$

Die Flugphase nach Durchfliegen des Scheitels dauert

$$\Delta h = \frac{1}{2} g \cdot t_2^2 \quad \Rightarrow \quad t_2 = \sqrt{\frac{2\Delta h}{g}},$$

die Horizontalstrecke ist dann

$$s = v_x \cdot t_2 = v_x \cdot \sqrt{\frac{2\Delta h}{g}}.$$

Einsetzen der rechten Seite von (*) für v_x in diese Gleichung ergibt:

$$s = \frac{40\text{ m} - s}{\sqrt{\frac{2h}{g}}} \cdot \sqrt{\frac{2\Delta h}{g}} = (40\text{ m} - s) \cdot \sqrt{\frac{\Delta h}{h}}$$

$$s \cdot \left(1 + \sqrt{\frac{\Delta h}{h}}\right) = 40\text{ m} \cdot \sqrt{\frac{\Delta h}{h}}$$

$$s = 40\text{ m} \cdot \frac{\sqrt{\frac{\Delta h}{h}}}{1 + \sqrt{\frac{\Delta h}{h}}} = 40\text{ m} \cdot \frac{\sqrt{\frac{0{,}06\text{ m}}{2{,}50\text{ m}}}}{1 + \sqrt{\frac{0{,}06\text{ m}}{2{,}50\text{ m}}}} \approx 5{,}37\text{ m}$$

Solange der Torwart weiter als 5,37 m vom Tor entfernt steht, funktioniert der Heber.

Hinweis: Der Torwart könnte durch plötzliches Zurücklaufen in diesem Fall den Ball leicht erreichen, deshalb muss der Schütze den Ball höher über den Keeper setzen und damit auch den Scheitelpunkt der Flugbahn „vorverlegen". Diese weitere Überlegung wäre zwar sehr reizvoll, würde aber auf ein aufwendig zu lösendes Gleichungssystem mit vier Gleichungen und vier Unbekannten führen – nur ein wahrhaft genialer Freistoßschütze wird hier den Torwart überlisten!

95. a) Die Skizze zeigt die Situation in der Seitenansicht.

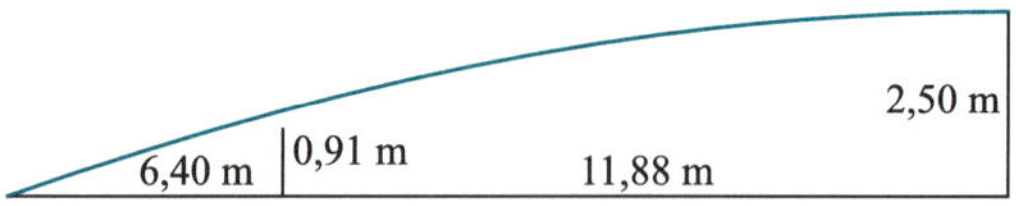

Vertikal findet ein freier Fall aus 2,50 m Höhe statt, dies dauert nach der Gleichung $h = \frac{1}{2} g \cdot t^2$ gerade

$$t = \sqrt{\frac{2h}{g}}.$$

Während dieser Zeit t fliegt der Ball aber mit seiner Ausgangsgeschwindigkeit v_x in waagerechter Richtung über eine Strecke von

$$6{,}40\text{ m} + 11{,}88\text{ m} = 18{,}38\text{ m},$$

sodass folgt:

$$18{,}38\text{ m} = v_x \cdot t = v_x \cdot \sqrt{\frac{2h}{g}}$$

$$\Rightarrow \quad v_x = 18{,}38\text{ m} \cdot \sqrt{\frac{g}{2h}} = 18{,}38\text{ m} \cdot \sqrt{\frac{9{,}81\,\frac{\text{m}}{\text{s}^2}}{2 \cdot 2{,}50\text{ m}}} \approx 25{,}7\,\frac{\text{m}}{\text{s}} = 77{,}2\,\frac{\text{km}}{\text{h}}$$

b) Für den Höhenverlust von 2,50 m auf 0,91 m benötigt der Ball im freien Fall die Zeit

$$t = \sqrt{\frac{2\Delta h}{g}} = \sqrt{\frac{2 \cdot (2{,}50\text{ m} - 0{,}91\text{ m})}{9{,}81\,\frac{\text{m}}{\text{s}^2}}} = \sqrt{\frac{3{,}18\text{ m}}{9{,}81\,\frac{\text{m}}{\text{s}^2}}} \approx 0{,}57\text{ s}$$

Derweil ist er in waagerechter Richtung bereits etwa

$$v_x \cdot t \approx 25{,}7\,\frac{\text{m}}{\text{s}} \cdot 0{,}57\text{ s} \approx 14{,}63\text{ m} > 11{,}88\text{ m}$$

geflogen, hat also bei Absinken auf Netzhöhe dieses bereits längst überwunden.

c) In vertikaler Richtung liegt wieder ein „freier Fall" aus der unbekannten Höhe h vor, während der Flugzeit t_1 bis zur Netzkante verliert der Ball höchstens

$$h - 0{,}91\text{ m} = \frac{1}{2} g \cdot t_1^2 \quad (*)$$

an Höhe. Während dieser Zeit t_1 ist er in waagerechter Richtung über das halbe Feld geflogen, es gilt also auch $11{,}88\ \text{m} = v_x \cdot t_1$.
Weiterhin gilt die Bedingung, dass der Ball in der Zeit t_2 von der Netzkante bis zur T-Linie fliegen muss, also für die Horizontalbewegung
$v_x \cdot t_2 = 6{,}40\ \text{m}$,
für die Vertikalbewegung (v_y: Vertikalgeschwindigkeit bei der Netzkante):

$$0{,}91\ \text{m} = v_y \cdot t_2 + \tfrac{1}{2} g \cdot t_2^2 \overset{v_y = g \cdot t_1}{=} g \cdot t_1 \cdot t_2 + \tfrac{1}{2} g \cdot t_2^2 \qquad (**)$$

Da das Verhältnis c der beiden Flugzeiten bekannt ist,

$$c := \frac{t_1}{t_2} = \frac{v_x \cdot t_1}{v_x \cdot t_2} = \frac{11{,}88\ \text{m}}{6{,}40\ \text{m}} \approx 1{,}856,$$

können wir aus Gleichung (**) t_2 bestimmen:

$$0{,}91\ \text{m} = g \cdot c \cdot t_2 \cdot t_2 + \tfrac{1}{2} g \cdot t_2^2 = g \cdot \left(c + \tfrac{1}{2}\right) \cdot t_2^2$$

$$\Rightarrow \quad t_2 = \sqrt{\frac{0{,}91\ \text{m}}{g \cdot (c + \frac{1}{2})}} = \sqrt{\frac{0{,}91\ \text{m}}{9{,}81\ \frac{\text{m}}{\text{s}^2} \cdot (1{,}856 + \frac{1}{2})}} \approx 0{,}20\ \text{s}$$

Damit folgt $t_1 = c \cdot t_2 \approx 1{,}856 \cdot 0{,}20\ \text{s} = 0{,}37\ \text{s}$ und schließlich für h nach Einsetzen in (*):

$$h = \tfrac{1}{2} g \cdot t_1^2 + 0{,}91\ \text{m} = \tfrac{1}{2} \cdot 9{,}81\ \tfrac{\text{m}}{\text{s}^2} \cdot (0{,}37\ \text{s})^2 + 0{,}91\ \text{m} \approx 1{,}6\ \text{m}$$

Der Aufschlag erfordert aber mit $v_x = \frac{6{,}40\ \text{m}}{0{,}20\ \text{s}} = 32\ \frac{\text{m}}{\text{s}} \approx 115\ \frac{\text{km}}{\text{h}}$ eine deutlich höhere Ausgangsgeschwindigkeit.

d) In der Praxis werden die Aufschläge natürlich nicht waagerecht gespielt, sondern schräg nach unten mit einer vertikalen Anfangsgeschwindigkeit. Außerdem wird dem Ball oftmals durch geeigneten Drall eine weit günstigere Flugbahn verliehen; schließlich wurde hier auch die Luftreibung vernachlässigt, damit die Rechnung einigermaßen einfach bleibt. Insofern ist das Ergebnis dieser Aufgabe nur bedingt brauchbar.

96. a) Das Motorrad fliegt waagerecht los, seine Horizontalgeschwindigkeit v_x bleibt während des Stunts gleich. Während der Flugphase nimmt jedoch die Vertikalgeschwindigkeit zu wie beim freien Fall, es gilt für die überwundene Höhe h die Gleichung $h = \frac{1}{2} g \cdot t^2$ und damit für die Flugzeit $t = \sqrt{\frac{2h}{g}}$.

Währenddessen hat das Motorrad in waagerechter Richtung die Strecke $x = v_x \cdot t$ zurückgelegt. Daraus folgt für die Mindestgeschwindigkeit:

$$v_x = \frac{x}{t} = \frac{x}{\sqrt{\frac{2h}{g}}} = x \cdot \sqrt{\frac{g}{2h}} \qquad (*)$$

$$v_x = 12{,}0\text{ m} \cdot \sqrt{\frac{9{,}81\,\frac{\text{m}}{\text{s}^2}}{2 \cdot 3{,}80\text{ m}}} \approx 13{,}6\,\frac{\text{m}}{\text{s}} \approx 49{,}1\,\frac{\text{km}}{\text{h}}$$

b) An der Gleichung (∗) sieht man gleich, dass Geschwindigkeit und Sprungweite x proportional zueinander sind. Er würde also auch doppelt so weit springen.

c) Wieder an der Gleichung (∗) sieht man, dass eine Viertelung der Höhe h im Nenner unter der Wurzel den Radikanden vervierfacht, bei gleichem x muss also v verdoppelt werden.

97. Der Fahrer hebt waagerecht mit konstanter Geschwindigkeit ab. Während des Sprungs fällt er frei nach unten und benötigt dabei für den gegebenen Höhenunterschied die Zeit

$$h = \frac{1}{2} g \cdot t^2 \;\Rightarrow\; t = \sqrt{\frac{2h}{g}} = \sqrt{\frac{2 \cdot 2{,}20\text{ m}}{9{,}81\,\frac{\text{m}}{\text{s}^2}}} \approx 0{,}67\text{ s}$$

In dieser Zeit kann der Fahrer

$$x = v_x \cdot t = \frac{20}{3{,}6}\,\frac{\text{m}}{\text{s}} \cdot 0{,}67\text{ s} \approx 3{,}72\text{ m}$$

weit springen. Um sicher, d. h. mit beiden Rädern, auf der anderen Grabenseite zu landen, sollte der Graben um mindestens eine halbe Fahrradlänge kürzer sein, also etwa 3,7 m − 0,9 m = 2,8 m.

98. a) Die maximale Spritzhöhe erreicht der Gärtner, wenn er den Wasserstrahl senkrecht nach oben führt, weil dann die Anfangsgeschwindigkeit für die Vertikalbewegung am größten ist. Die Bewegungsenergie des Wassers ist am Umkehrpunkt vollständig in Höhenenergie umgewandelt, also gilt nach dem Energieerhaltungssatz:

$$\frac{1}{2} m \cdot v^2 = m \cdot g \cdot h \;\Rightarrow\; h = \frac{v^2}{2g} = \frac{\left(9{,}0\,\frac{\text{m}}{\text{s}}\right)^2}{2 \cdot 9{,}81\,\frac{\text{m}}{\text{s}^2}} \approx 4{,}13\text{ m}$$

b) Um den Winkel für die maximale Spritzweite zu finden, können wir jetzt nicht das Argument mit der maximalen Austrittsgeschwindigkeit verwenden: Da sich Start- und Zielpunkt des Wasserstrahls in gleicher Höhe befinden, scheidet die waagerechte Spritzrichtung aus. Vielmehr muss der Strahl schräg nach oben gerichtet werden (schräger Wurf).

Bei einem Abspritzwinkel α lässt sich die Austrittsgeschwindigkeit v zerlegen in den horizontalen Anteil $v_x = v \cdot \cos\alpha$ und den vertikalen Anteil $v_y = v \cdot \sin\alpha$. Die Flugweite s des Wassers ergibt sich aus der Flugzeit t als $s = v_x \cdot t$; die Hälfte dieser Zeit kann man aber mit dem t-h-Gesetz der Vertikalbewegung bestimmen:

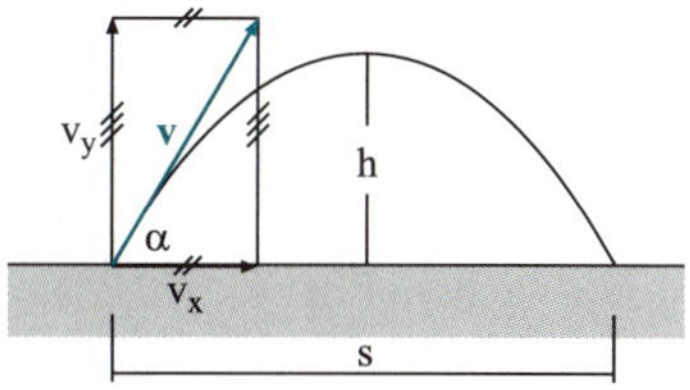

$$h = \frac{1}{2} g \cdot \left(\frac{t}{2}\right)^2 \quad \Rightarrow \quad t = 2 \cdot \sqrt{\frac{2h}{g}}$$

Die Flughöhe h lässt sich schließlich mithilfe der Energieerhaltung ermitteln:

$$\frac{1}{2} m \cdot v_y^2 = m \cdot g \cdot h \quad \Rightarrow \quad h = \frac{v_y^2}{2g}$$

Setzt man nun nach und nach diese Teilergebnisse ineinander ein, erhält man die Spritzweite allein in Abhängigkeit von der Austrittsgeschwindigkeit und des Abspritzwinkels:

$$s = v_x \cdot t = v \cdot \cos\alpha \cdot t = v \cdot \cos\alpha \cdot 2 \cdot \sqrt{\frac{2h}{g}} = v \cdot \cos\alpha \cdot 2 \cdot \sqrt{\frac{2 \cdot \frac{v_y^2}{2g}}{g}}$$
$$= v \cdot \cos\alpha \cdot 2 \cdot \frac{v_y}{g} = v \cdot \cos\alpha \cdot 2 \cdot \frac{v \cdot \sin\alpha}{g}$$
$$= 2 \cdot \frac{v^2}{g} \cdot \cos\alpha \cdot \sin\alpha \qquad (*)$$

s ist proportional zum Produkt aus Sinus und Cosinus des Winkels α. Für welches α wird s maximal? Im Folgenden sind zwei Wege zur Lösung dargestellt.

Lösungsweg 1: Verwendet man den sogenannten „trigonometrischen Pythagoras" $\sin^2\alpha + \cos^2\alpha = 1$, kann man s allein durch den Cosinus ausdrücken:

$$s(\alpha) = 2 \cdot \frac{v^2}{g} \cdot \cos\alpha \cdot \sqrt{1 - \cos^2\alpha} = 2 \cdot \frac{v^2}{g} \cdot \sqrt{\cos^2\alpha \cdot (1 - \cos^2\alpha)}.$$

Es handelt sich hier um eine Extremwertaufgabe, dabei soll der Wurzelterm den größtmöglichen Wert annehmen. Übersichtlicher wird das Problem, wenn man das Quadrat des Cosinus durch eine andere Variable ersetzt („substituiert"), etwa durch z:

$$z = \cos^2\alpha$$

Dann muss man das Problem am Term $\sqrt{z \cdot (1 - z)}$ lösen. Da die Quadratwurzel bei wachsendem Argument ebenfalls wächst, genügt es den Maximalwert des Radikanden $z \cdot (1 - z)$ zu bestimmen.

Diesen Maximalwert findet man leicht, denn der Graph der Funktion

$f(z) = z \cdot (1-z) = z - z^2$

ist eine nach unten geöffnete Parabel mit Scheitel bei (0,5 | 0,25): Also liegt der Maximalwert bei 0,25 und wird erreicht bei $z_{max} = 0{,}5$. Wegen $z = \cos^2 \alpha$ folgt dann für den Winkel α_{max}:

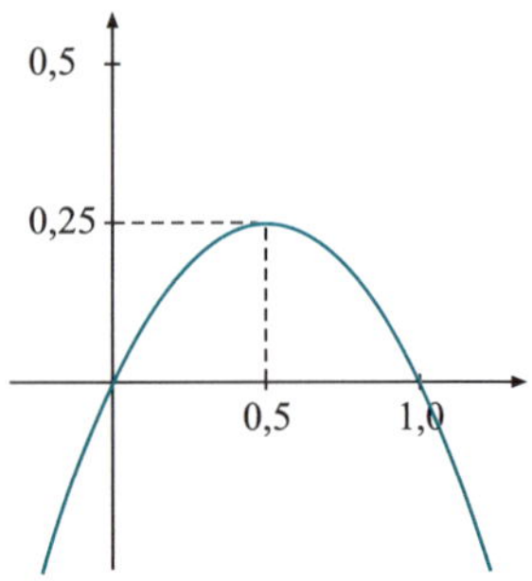

$$\cos \alpha_{max} = \sqrt{\tfrac{1}{2}} = \tfrac{1}{2}\sqrt{2} \;\Rightarrow\; \alpha_{max} = 45°$$

Für die maximale Wasserreichweite ergibt sich durch Einsetzen in die Gleichung (∗):

$$s_{max} = s(45°) = 2 \cdot \frac{v^2}{g} \cdot \sin 45° \cdot \cos 45° = 2 \cdot \frac{v^2}{g} \cdot \frac{1}{2}\sqrt{2} \cdot \frac{1}{2}\sqrt{2} = \frac{v^2}{g}$$

$$s_{max} = \frac{\left(9\,\frac{m}{s}\right)^2}{9{,}81\,\frac{m}{s^2}} \approx 8{,}26\text{ m}$$

Lösungsweg 2: Kennt man die Winkelbeziehung

$$2 \cdot \sin \alpha \cdot \cos \alpha = \sin(2\alpha),$$

kommt man schneller zum Ziel, denn dann wird Gleichung (∗) zu:

$$s = \frac{v^2}{g} \cdot \sin(2\alpha)$$

α liegt zwischen 0° und 90°, 2α also zwischen 0° und 180°. In diesem Winkelbereich nimmt die Sinusfunktion ihren maximalen Wert 1 bei 90° an:

$$\sin(2\alpha_{max}) = 1 \;\Rightarrow\; 2\alpha_{max} = 90° \;\Rightarrow\; \alpha_{max} = 45°$$

$$\Rightarrow\; s_{max} = \frac{v^2}{g} \cdot 1 = \frac{v^2}{g}$$

c) Jetzt wird der Schlauch waagerecht gehalten (waagerechter Wurf) und die Bewegung in einen rein vertikalen und einen rein horizontalen Anteil zerlegt: Senkrecht fällt das Wasser frei und benötigt zum Boden die Zeit

$$h = \frac{1}{2} g \cdot t^2 \;\Rightarrow\; t = \sqrt{\frac{2h}{g}}$$

Waagerecht fliegt das Wasser mit konstanter Austrittsgeschwindigkeit $v = v_x = 9{,}0\,\frac{m}{s}$ und legt in der Flugzeit t die gegebene horizontale Strecke x zurück:

$$x = v_x \cdot t = v_x \cdot \sqrt{\frac{2h}{g}}$$

Für die gesuchte Höhe h ergibt sich nach Umstellen:

$$h = \frac{g \cdot x^2}{2 \cdot v_x^2} = \frac{9{,}81\,\frac{m}{s^2} \cdot (5{,}0\text{ m})^2}{2 \cdot \left(9{,}0\,\frac{m}{s}\right)^2} \approx 1{,}51\text{ m}$$

99. Die vier gesuchten Größen v_0, h, x und t sind in der Skizze eingezeichnet. Es handelt sich um einen waagerechten Wurf. Die Horizontalgeschwindigkeit ist also zeitlich konstant, die **Anfangsgeschwindigkeit v_0** ist daher gleich der horizontalen Komponente v_x der Auftreffgeschwindigkeit v. Der Auftreffwinkel von 63° tritt im aus v, v_x und v_y aufgespannten Dreieck als Winkel zwischen v und v_x auf. Wegen des rechten Winkels zwischen v_x und v_y gilt:

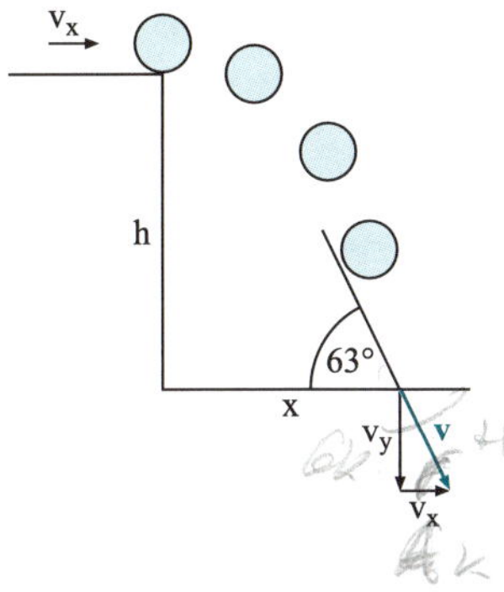

$$v_0 = v_x = v \cdot \cos 63° = 4{,}20\,\frac{m}{s} \cdot \cos 63° \approx 1{,}91\,\frac{m}{s}$$

Der Vertikalanteil der Geschwindigkeit ergibt sich aus dem Geschwindigkeitsdreieck zu $v_y = v \cdot \sin 35°$. Andererseits gilt wegen der gleichmäßigen Beschleunigung in senkrechter Richtung auch $v_y = g \cdot t$ und somit für die **Flugzeit t**:

$$g \cdot t = v \cdot \sin 63° \quad \Rightarrow \quad t = \frac{v \cdot \sin 63°}{g} = \frac{4{,}20\,\frac{m}{s} \cdot \sin 63°}{9{,}81\,\frac{m}{s^2}} \approx 0{,}38\,s$$

Daraus lässt sich sofort mit dem t-h-Gesetz die **Tischhöhe h** berechnen:

$$h = \frac{1}{2} g \cdot t^2 = \frac{1}{2} \cdot 9{,}81\,\frac{m}{s^2} \cdot (0{,}38\,s)^2 \approx 0{,}71\,m$$

Die **Flugweite x** schließlich ergibt sich aus der Horizontalbewegung zu:

$$x = v_x \cdot t = v_0 \cdot t = 1{,}91\,\frac{m}{s} \cdot 0{,}38\,s \approx 0{,}73\,m$$

100. Der Reifenradius ist $r = 0{,}35$ m, die Bahngeschwindigkeit eines Punktes auf der Profilfläche $v = 108\,\frac{km}{h} = 30\,\frac{m}{s}$. Der Umfang des Reifens ist $u = 2\pi \cdot r$, die Drehzahl des Reifens muss demnach

$$n = \frac{1}{T} = \frac{\omega}{2\pi} = \frac{\frac{v}{r}}{2\pi} = \frac{v}{2\pi \cdot r} \quad \Rightarrow \quad n = \frac{30\,\frac{m}{s}}{2\pi \cdot 0{,}35\,m} \approx 13{,}6\,\frac{1}{s} \approx 818\,\frac{1}{min}$$

betragen.

101. a) Die Umlaufdauer der Erde um ihre eigene Achse ist eine Tageslänge:

$$\omega_{Erde} = \frac{2\pi}{T_{Erde}} = \frac{2\pi}{24\,h} = \frac{2\pi}{24 \cdot 3\,600\,s} \approx 0{,}0000727\,\frac{1}{s}$$

b) Der Umlauf der Erde um die Sonne dauert ein Jahr:

$$\omega_{Sonne} = \frac{2\pi}{T_{Sonne}} = \frac{2\pi}{365\,d} = \frac{2\pi}{365 \cdot 24 \cdot 3\,600\,s} \approx 0{,}00000020\,\frac{1}{s}$$

102. Am Äquator ist der Abstand zur Drehachse gleich dem Erdradius. Die Bahngeschwindigkeit des Punktes beträgt daher:

$$v = \omega_{Erde} \cdot r_{Erde} = \frac{2\pi}{T_{Erde}} \cdot r_{Erde}$$

$$= \frac{2\pi}{24\ h} \cdot 6\,370\ km = \frac{2\pi}{24 \cdot 3\,600\ s} \cdot 6\,370\,000\ m$$

$$\approx 463\ \frac{m}{s} \approx 1\,670\ \frac{km}{h}$$

103. a) Für die Winkelgeschwindigkeit gilt:

$$\omega = \sqrt{\frac{D}{m}} = \sqrt{\frac{9{,}0\ \frac{N}{m}}{0{,}64\ kg}} = \sqrt{\frac{9{,}0\ \frac{\frac{kg \cdot m}{s^2}}{m}}{0{,}64\ kg}} = 3{,}75\ \frac{1}{s}$$

Daraus ergibt sich die Schwingungsdauer

$$\omega = \frac{2\pi}{T}$$

$$\Rightarrow \quad T = \frac{2\pi}{\omega} = \frac{2\pi}{3{,}75\ \frac{1}{s}} \approx 1{,}68\ s$$

und die Frequenz

$$f = \frac{1}{T} = \frac{1}{1{,}68\ s} \approx 0{,}60\ \frac{1}{s} = 0{,}60\ Hz.$$

b) Wir benutzen die Analogie der harmonischen Schwingung zur Kreisbewegung: Die Bahngeschwindigkeit v entspricht der maximalen Geschwindigkeit v_{max} des Schwungkörpers an der Feder, der Kreisradius r entspricht der maximalen Auslenkung, also der Amplitude A der Schwingung. Es gilt daher der Zusammenhang:

$$v_{max} = \omega \cdot A \quad \Rightarrow \quad A = \frac{v_{max}}{\omega} = \frac{1{,}2\ \frac{m}{s}}{3{,}75\ \frac{1}{s}} = 0{,}32\ m$$

c) Die maximale Bewegungsenergie ist

$$E_{kin,\,max} = \frac{1}{2} m \cdot v_{max}^2 = \frac{1}{2} \cdot 0{,}64\ kg \cdot \left(1{,}2\ \frac{m}{s}\right)^2 = 0{,}4608\ J,$$

die maximale Spannenergie bei Amplitudenausschlag

$$E_{spann,\,max} = \frac{1}{2} D \cdot A^2 = \frac{1}{2} \cdot 9{,}0\ \frac{N}{m} \cdot (0{,}32\ m)^2 = 0{,}4608\ J.$$

Beide Energiebeträge sind exakt gleich. Das ist ein Beleg für die Energieerhaltung, die bei der reibungsfreien Schwingung gilt: Die Spannungsenergie der Feder wird innerhalb einer Periode vollständig in kinetische Energie des Schwingkörpers umgewandelt und umgekehrt.

104. a) Der Fahrer muss sich in die Kurve legen. Die Gewichtskraft dreht dann das Motorrad um die Längsachse. Dadurch entsteht eine Kraftkomponente in Richtung Kurvenmittelpunkt, die das Motorrad auf eine Kreisbahn zwingt; sie liefert die nötige Zentripetalkraft der Kreisbewegung. Das Motorrad kippt dabei soweit nach innen, bis die zweite Komponente im Kräfteparallelogramm genau durch den Schwerpunkt des Motorrads längs seiner Hochachse in Richtung Straße zeigt; diese Kraft sorgt für die Straßenhaftung.

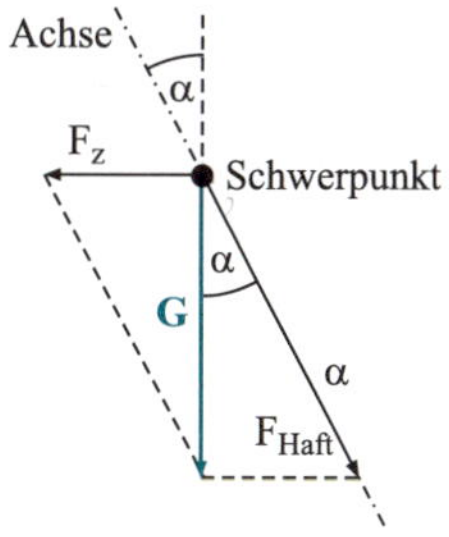

Die Gewichtskraft selbst wird nach dem Wechselwirkungsgesetz durch eine gleich große Gegenkraft des Erdbodens ausgeglichen, sodass sich insgesamt ein Kräftegleichgewicht einstellt.

b) Der Neigungswinkel α folgt aus dem Verhältnis von Gewichtskraft und Haftkraft im Gleichgewichtsfall:

$$\tan\alpha = \frac{F_Z}{G} = \frac{m\cdot\omega^2\cdot r}{m\cdot g} = \frac{\frac{v^2}{r^2}\cdot r}{g} = \frac{v^2}{g\cdot r} = \frac{\left(15\,\frac{m}{s}\right)^2}{9{,}81\,\frac{m}{s^2}\cdot 35\,m} \approx 0{,}65531$$

$$\Rightarrow \quad \alpha \approx 33{,}2°$$

c) Der Tangens des Winkels wächst quadratisch mit der Geschwindigkeit, bei vierfacher Geschwindigkeit also um das 16-Fache:

$\tan\alpha = 16\cdot 0{,}65531 \approx 10{,}5 \quad \Rightarrow \quad \alpha \approx 84{,}6°$

Dieser Winkel ist vollkommen unrealistisch: der Fahrer würde bei dieser Schräglage zum einen den Boden berühren, zum anderen wäre der durch die Haftkraft erzeugte Druck auf die Straße so klein, dass das Motorrad wegrutschen würde.

105. Die Skizze zeigt einen Querschnitt durch den Teller, R bezeichnet den Tellerradius, r den Bahnradius einer Kugel. Wenn eine Kugel in dem Suppenteller auf einer Kreisbahn rollt, dann muss die resultierende Kraft auf die Kugel senkrecht auf dem Tellerprofil stehen, sonst würde sie nach unten oder nach oben abgelenkt.

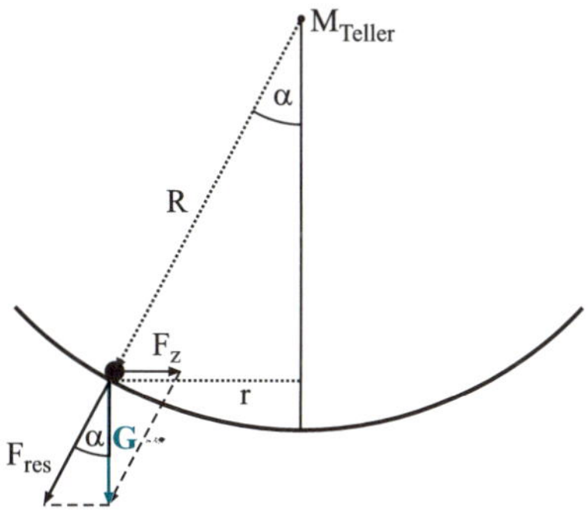

Da die einzig wirkende Kraft die Gewichtskraft ist, ergibt sich das in der Skizze dargestellte Kräfteparallelogramm. Die Kraftkomponente in waagerechter Richtung stellt die Zentripetalkraft dar. Für das Verhältnis zwischen Zentripetalkraft und Gewichtskraft gilt folglich:

$$\tan\alpha = \frac{F_Z}{G} = \frac{m \cdot \frac{v^2}{r}}{m \cdot g} = \frac{v^2}{g \cdot r}$$

Der Winkel α und damit auch der Bahnradius $r = R \cdot \sin\alpha$ hängen also nicht von der Kugelmasse ab, beide Kugeln rollen daher bei gleicher Geschwindigkeit v auf der gleichen Bahn.

106. a) Der Fahrgast sollte in diesem Fall natürlich senkrecht stehen.

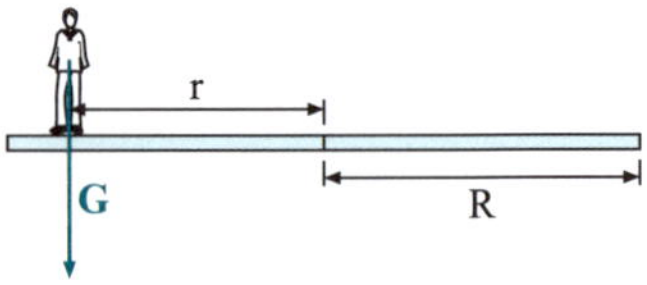

b) Um nicht umzufallen, muss der Fahrgast sich um einen bestimmten Winkel α nach innen lehnen: Denn dann kann sein Körpergewicht eine Zentripetalkraft erzeugen, die ihn auf der Kreisbahn hält; die zweite Komponente drückt ihn schräg auf den Boden. Im Gleichgewichtsfall gilt:

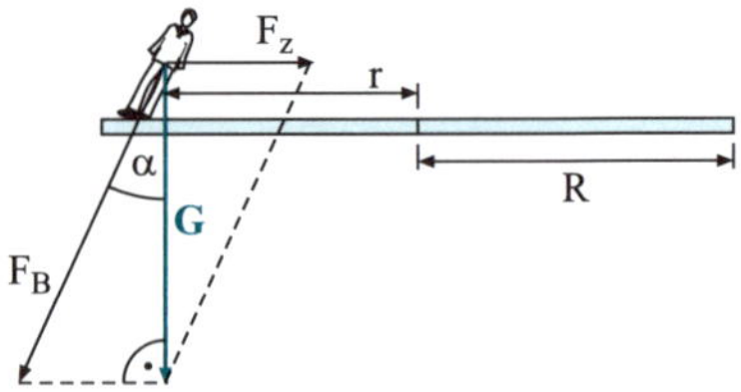

$$\tan\alpha_1 = \frac{F_Z}{G} = \frac{m \cdot \omega^2 \cdot r_1}{m \cdot g} = \frac{\frac{4\pi^2}{T^2} \cdot r_1}{g} = \frac{4\pi^2 \cdot r_1}{g \cdot T^2} = \frac{4\pi^2 \cdot 2{,}40\ \text{m}}{9{,}81\ \frac{\text{m}}{\text{s}^2} \cdot (2{,}0\ \text{s})^2} \approx 2{,}4146$$

$$\Rightarrow \quad \alpha_1 \approx 67{,}5°$$

Der Neigungswinkel α hängt nicht von der Masse ab, also müssen sich alle Fahrgäste gleich weit nach innen neigen.

c) Der Tangens des Winkel ist proportional zum Radius, bei halbem Radius gilt daher:

$$\tan\alpha_2 = \frac{1}{2} \cdot 2{,}4146 = 1{,}2073 \quad \Rightarrow \quad \alpha_2 \approx 50{,}4°$$

d) Die Haftkraft, die der Boden auf den Körper ausübt, ist exakt gleich der durch die Gewichtskraft erzeugten Zentripetalkraft und kompensiert die durch die Bodenkraft F_B verursachte, nach außen gerichtete Kraftkomponente (dadurch bleiben Boden und Körper relativ zueinander in Ruhe). Das Anteil der Haftkraft an der Gewichtskraft ist daher durch den Tangens des Neigungswinkels gegeben: Im Fall b sind das 241 % der Gewichtskraft, im Fall c 121 %.

e) An der Neigung bezüglich der Vertikalen hat sich nichts geändert (Bild oben). Allerdings ist nun der Winkel zwischen Bodenkraft und Standfläche um 5° größer. Daher ändert sich auch die Haftkraft, weil diese als zum Boden parallele Komponente der Bodenkraft jetzt nicht mehr parallel zu F_Z ist (Bild unten).

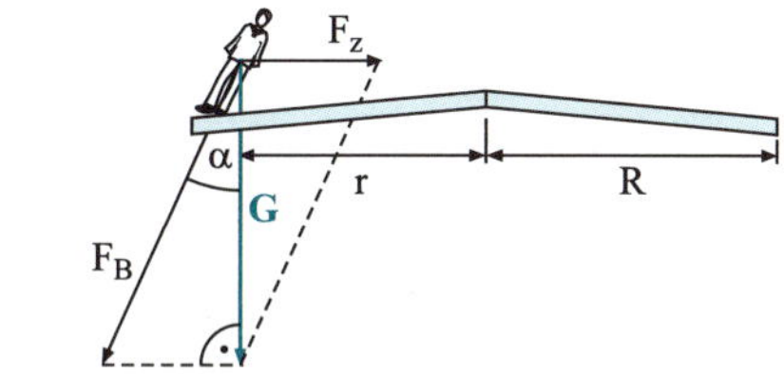

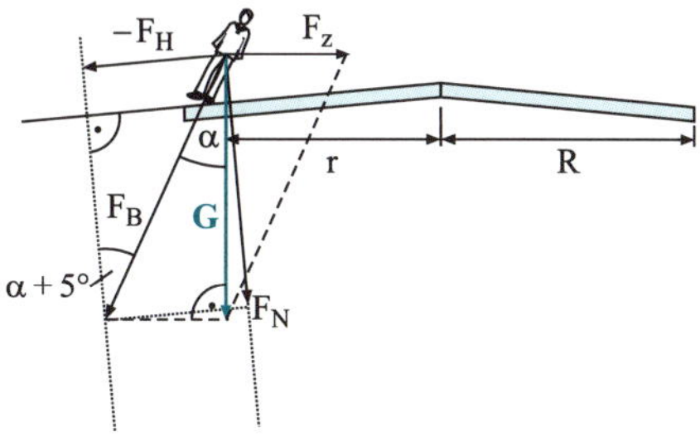

Für die Bodenkraft gilt nach Pythagoras:

$$F_B = \sqrt{F_Z^2 + G^2} = \sqrt{(G \cdot \tan\alpha)^2 + G^2} = G \cdot \sqrt{\tan^2\alpha + 1}$$

Für die Haftkraft folgt dann:

$$\sin(\alpha + 5°) = \frac{F_H}{F_B} = \frac{F_H}{G \cdot \sqrt{(\tan^2\alpha) + 1}} \quad \Rightarrow \quad \frac{F_H}{G} = \sqrt{(\tan^2\alpha) + 1} \cdot \sin(\alpha + 5°)$$

Konkret ergibt sich im Fall b der Wert

$$\sqrt{(\tan^2 67{,}5°) + 1} \cdot \sin(67{,}5° + 5°) \approx 2{,}49 \mathrel{\hat{=}} 249\,\%,$$

im Fall c der Wert

$$\sqrt{(\tan^2 50{,}4°) + 1} \cdot \sin(50{,}4° + 5°) \approx 1{,}29 \mathrel{\hat{=}} 129\,\%.$$

107. Es gilt $a = \omega^2 \cdot r$, sodass folgt:

a) $\omega = \text{konst.}$, also ist $a \sim r$. Eine Verdoppelung der Dreharmlänge bedeutet Verdoppelung der Beschleunigung.

b) $r = \text{konst.}$, also $a \sim \omega^2$. Eine Verdoppelung der Winkelgeschwindigkeit bedeutet eine Vervierfachung der Beschleunigung.

108. Wegen der Beziehung $a = \omega^2 \cdot r$ muss eine Halbierung von r bei gleichbleibendem a durch eine Verdoppelung von ω^2 ausgeglichen werden. Folglich muss $T^2 = \frac{4\pi^2}{\omega^2}$ halbiert werden und T somit auf $\sqrt{0{,}5} \approx 71\,\%$ des „Heimwerts" gesenkt werden. Das ist gleichbedeutend mit einer Erhöhung der Drehzahl um $\sqrt{2} \approx 141\,\%$.

109. Für die Beschleunigung gilt $a = \omega^2 \cdot r$ unabhängig von der Masse des Fahrgastes, also hat er nicht Recht. Die auf ihn wirkenden Kräfte und daher auch die belastenden Reaktionskräfte auf das Fahrgerät sind aber wegen $F = m \cdot a$ durchaus proportional zu seiner Masse, so dass die Angaben über maximal zulässige Fahrgastmassen bei einigen Karussells durchaus berechtigt sind.

110. a) Für die gleiche Wegstrecke s benötigt der Schall die Zeit t_{Eisen} in Eisen bzw. die Zeit t_{Luft} in Luft, wobei gilt:

$$s = c_{Eisen} \cdot t_{Eisen} = c_{Luft} \cdot t_{Luft} \quad \Rightarrow \quad \frac{t_{Luft}}{t_{Eisen}} = \frac{c_{Eisen}}{c_{Luft}} = \frac{5\,200 \,\frac{m}{s}}{340 \,\frac{m}{s}} \approx 15{,}3$$

Die Schnecke hat also 15,3-mal mehr Zeit, das sind $(15{,}3 - 1) \cdot 100\,\% = 1\,430\,\%$.

b) Die Frequenz f hängt nur von den Anregungsumständen des Geräusches ab, schließlich wird das gleiche Geräusch durch Luft und Eisen übertragen. Damit ist die Frequenz und auch die Tonhöhe gleich. Die Wellenlänge λ ist wegen

$$c = \lambda \cdot f \quad \Rightarrow \quad \frac{\lambda_{Eisen}}{\lambda_{Luft}} = \frac{c_{Eisen}}{c_{Luft}}$$

im Eisen 15,3-mal so groß wie in Luft.

111. Bei abnehmender Wassertiefe wird auch die Wellengeschwindigkeit kleiner; bei flachen Ufern sieht man das daran, dass die bereits weiter zum Ufer vorgedrungenen Wellenfronten von den nachfolgenden überholt werden (Wellenüberschlag).
Die nachfolgenden Wellenfronten werden dadurch auch gebremst, wegen der Energieerhaltung nimmt ihre Höhe zu und sie türmen sich über die zu überholende Wellenfront.

112. Im Wesentlichen wirken auf ein Wasserteilchen zwei Kräfte: die Schwerkraft und sorgen die Oberflächenspannung, mit der die Wasserteilchen zusammengehalten werden. Die Schwerkraft zieht das Teilchen stets nach unten, die Oberflächenspannung immer entgegen der Auslenkung aus der ebenen Wasserfläche. Zusammen ergeben die beiden Kräfte die rücktreibende Kraft, die für die Schwingung der Wasserteilchen sorgt.

113. Gegeben ist die Wellenlänge $l = 16$ m und Schwingungsdauer $T = 8{,}0$ s. Mit der Grundgleichung für Wellen folgt für die Ausbreitungsgeschwindigkeit c:

$$c = \lambda \cdot f = \lambda \cdot \frac{1}{T} = \frac{16\text{ m}}{8{,}0\text{ s}} = 2{,}0\,\frac{m}{s}$$

114. Mit $c = \lambda \cdot f = \lambda \cdot \frac{1}{T} \Leftrightarrow \lambda = c \cdot T$ gilt in Wellenrichtung für eine Wellenlänge:

$\lambda = (v - c_0) \cdot 0{,}60\,s, \quad (1)$

in Gegenrichtung entsprechend

$\lambda = (v + c_0) \cdot 0{,}40\,s. \quad (2)$

Die linken Seiten sind gleich, also auch die rechten, sodass folgt:

$$(v - c_0) \cdot 0{,}60\,s = (v + c_0) \cdot 0{,}40\,s$$
$$c_0 \cdot 0{,}40\,s + c_0 \cdot 0{,}60\,s = v \cdot 0{,}60\,s - v \cdot 0{,}40\,s$$
$$c_0 = v \cdot 0{,}20\,s$$
$$c_0 = 10\,\frac{m}{s} \cdot 0{,}20\,s = 2{,}0\,m$$

Einsetzen in eine der beiden Ausgangsgleichungen, etwa in (1), liefert dann auch die Wellenlänge:

$$\lambda = \left(10\,\frac{m}{s} - 2{,}0\,\frac{m}{s} =\right) \cdot 0{,}60\,s = 4{,}8\,m$$

115. Das Gewitter hat etwa den Abstand $x = c_{Luft} \cdot t \approx 333\,\frac{m}{s} \cdot 4{,}5\,s \approx 1{,}5\,km.$

116. Beim Herannahen ist die Wellenlänge bezogen auf die ruhende Schallquelle verkürzt auf den Wert (vergleiche Beispiel 2)

$\lambda' = \lambda - \frac{v_{Motorrad}}{f} = \lambda - v_{Motorrad} \cdot T,$

die Frequenz ändert sich zu

$f' = \frac{c}{\lambda'} = \frac{c}{\lambda - v_{Motorrad} \cdot T}.$

Beim Davonfahren verlängert sich die Wellenlänge auf

$\lambda'' = \lambda + \frac{v_{Motorrad}}{f} = \lambda + v_{Motorrad} \cdot T$

und die Frequenz wird zu

$f'' = \frac{c}{\lambda''} = \frac{c}{\lambda + v_{Motorrad} \cdot T}.$

Das Frequenzverhältnis ist vorgegeben mit einer Quarte bzw. 4 : 3, also gilt:

$\frac{f'}{f''} = \frac{4}{3} \quad \Rightarrow \quad \frac{\lambda + v_{Motorrad} \cdot T}{\lambda - v_{Motorrad} \cdot T} = \frac{4}{3}$

Durchmultiplizieren der Gleichung mit dem Hauptnenner, Ausmultiplizieren und Zusammenfassen der Terme ergibt für die Geschwindigkeit des Motorrads:

$$3 \cdot (\lambda + v_{Motorrad} \cdot T) = 4 \cdot (\lambda - v_{Motorrad} \cdot T)$$
$$3 \cdot \lambda + 3 \cdot v_{Motorrad} \cdot T = 4 \cdot \lambda - 4 \cdot v_{Motorrad} \cdot T$$
$$7 v_{Motorrad} \cdot T = \lambda$$
$$v_{Motorrad} = \frac{\lambda}{7T} = \frac{1}{7} c \approx 48{,}6\,\frac{m}{s} \approx 175\,\frac{km}{h}$$

117. Der Lösungsansatz und der Rechengang erfolgt analog zur vorherigen Aufgabe. Für das Frequenzverhältnis ergibt sich die Beziehung:

$$\frac{f'}{f''}=\frac{6}{5} \Rightarrow \frac{\lambda+v_{Zug}\cdot T}{\lambda-v_{Zug}\cdot T}=\frac{6}{5}$$

Auflösen dieser Gleichung nach der Zuggeschwindigkeit liefert:

$$5\cdot(\lambda+v_{Zug}\cdot T)=6\cdot(\lambda-v_{Zug}\cdot T)$$

$$5\cdot\lambda+5\cdot v_{Zug}\cdot T=6\cdot\lambda-6\cdot v_{Zug}\cdot T$$

$$11v_{Zug}\cdot T=\lambda$$

$$v_{Zug}=\frac{\lambda}{11T}=\frac{1}{11}c\approx 30,9\,\frac{m}{s}\approx 111\,\frac{km}{h}$$

118. a) In diesem Fall der bewegten Schallquelle haben wir die Situation aus Beispiel 2 bzw. der beiden vorigen Aufgaben: Die Wellenberge treffen beim Herannahen in kürzeren Abständen auf das Ohr und die verkürzte Wellenlänge ist

$$\lambda'=\lambda-\frac{v}{f},$$

hier mit $v=0,05c$ also

$$\lambda'=\lambda-\frac{0,05c}{f}.$$

Die Frequenz beträgt damit:

$$f'=\frac{c}{\lambda'}=\frac{c}{\lambda-\frac{0,05c}{f}}=\frac{c}{\frac{\lambda\cdot f-0,05c}{f}}=\frac{c}{\frac{c-0,05c}{f}}=\frac{c\cdot f}{0,95c}\approx 1,053\cdot f$$

Entfernt sich die Schallquelle, wird die Wellenlänge verlängert, sodass für die Frequenz folgt:

$$\lambda''=\lambda+\frac{v}{f}=\lambda+\frac{0,05c}{f}$$

$$\Rightarrow\quad f''=\frac{c}{\lambda''}=\frac{c}{\lambda+\frac{0,05c}{f}}=\frac{c}{\frac{\lambda\cdot f+0,05c}{f}}=\frac{c}{\frac{c+0,05c}{f}}=\frac{c\cdot f}{1,05c}\approx 0,952\cdot f$$

b) Hier ist die Lage anders: Wenn die Schallquelle ruht, bleibt die Wellenlänge, also der Abstand der Wellenfronten, unverändert. Weil sich die Person aber mit der Geschwindigkeit v bewegt, beträgt die Zahl der pro Sekunde empfangenen Fronten nicht $f=\frac{c}{\lambda}$, sondern

$$f'=\frac{c+v}{\lambda}=\frac{c+0,05c}{\lambda}=1,05\cdot\frac{c}{\lambda}=1,05\cdot f.$$

Wenn sich die Person von der Schallquelle entfernt, verringert sich die Frequenz entsprechend:

$$f'=\frac{c-v}{\lambda}=\frac{c-0,05c}{\lambda}=0,95\cdot\frac{c}{\lambda}=0,95\cdot f$$

Es macht also einen Unterschied, ob die Quelle ruht und der Beobachter sich bewegt oder umgekehrt: Die *Tendenz* der Frequenzänderung ist zwar die gleiche (Erhöhung bei Annäherung, Erniedrigung bei Entfernung), aber der *Betrag* dieser Änderung unterscheidet sich. Der Unterschied wird dabei umso größer, je größer die Geschwindigkeit v ist.

119. Der Schall breitet sich in Helium schneller aus, die Geometrie des Klangkörpers (Flöte oder auch Wolf) ändert sich aber nicht, d. h. die Länge der schwingenden Gassäule bleibt gleich. Außerdem ist $c = \lambda \cdot f$ oder $\lambda = \frac{c}{f}$. Damit Töne erzeugt werden können, muss eine konstruktive Interferenz zwischen einfallenden und reflektierten Wellen ermöglicht werden. Da hierbei die Wellenlänge nur von der Länge der Gassäule abhängt und diese konstant ist, bleibt auch die Wellenlänge und damit $\frac{c}{f}$ gleich. Beim Helium ist aber die Schallgeschwindigkeit (und damit der Zähler) größer, folglich auch der Nenner: Die Frequenz steigt und der Ton wird höher.

120. Zunächst die Halbkreise:

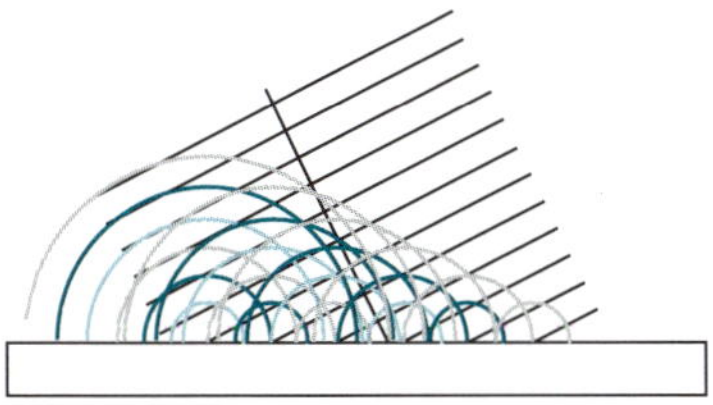

Mit Wellenfronten und Auslaufrichtung:

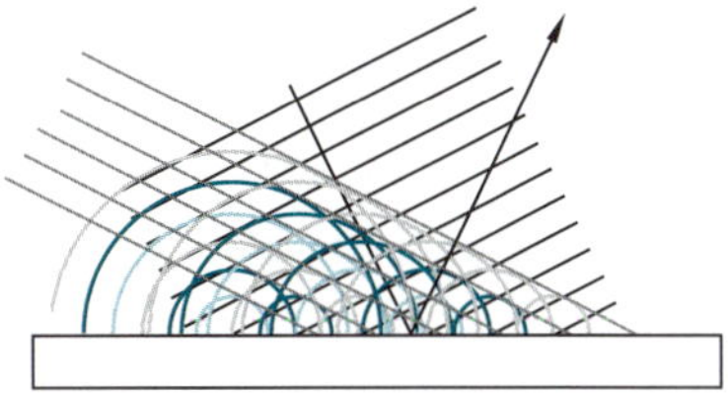

121. An jeder Stelle gilt das Reflexionsgesetz „Einfallswinkel = Ausfallwinkel“, wobei dieser jeweils wegen der krummen Oberfläche zur Tangente gemessen wird. Bei einer kreisförmigen Wand ergibt sich (wie auch in der Optik) nicht ein exakter Brennpunkt, in dem alle Wellen zusammenlaufen (das wäre bei parabelförmiger Wand der Fall!), sondern ein Bereich heftiger Wellenbewegungen („Kaustik“).

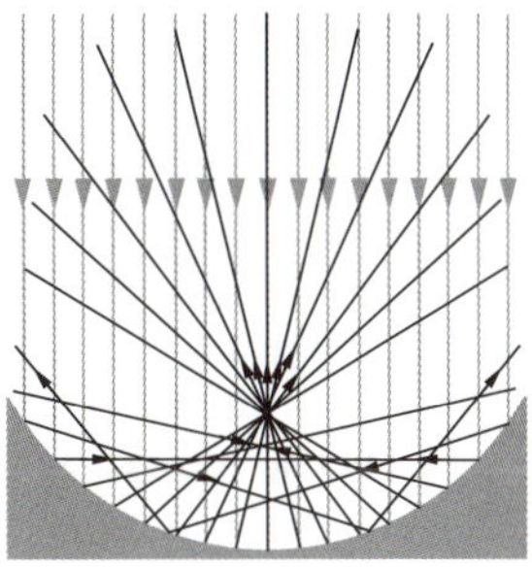

122. Auch hier ergeben sich nicht etwa (wie man beim ersten Nachdenken vermuten könnte) radiale „Strahlen“, sondern eine nach außen hin schwächere Verteilung der Wellenanteile.

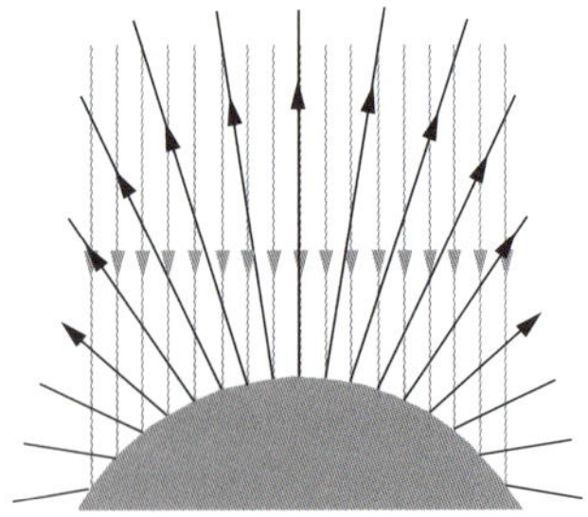

123. Die Wellenlänge ergibt sich mit der Gleichung $c = \lambda \cdot f$ zu

$$\lambda = \frac{c}{f} = \frac{3{,}00 \cdot 10^8 \frac{m}{s}}{16{,}35 \frac{1}{s}} = 20{,}8 \text{ m}.$$

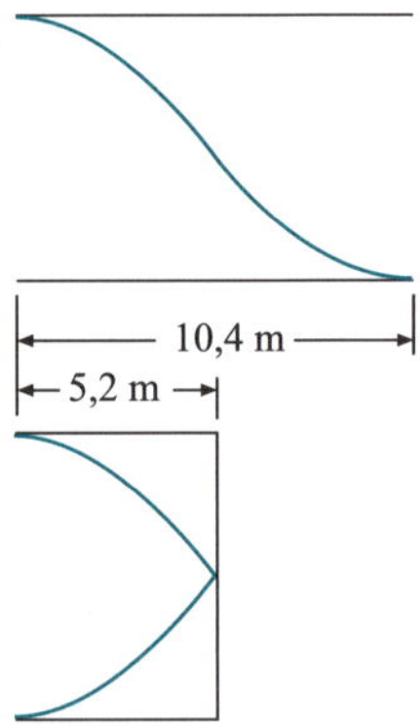

a) In einer beidseitig offenen Orgelpfeife ist an beiden Enden ein Bauch der stehenden Schallwelle. Folglich muss in der Grundschwingung die Wellenlänge das Doppelte der Pfeifenlänge sein, also hat die Pfeife eine Länge von 10,4 m (Bild A).

b) Bei der gedackten Pfeife befindet sich auf der geschlossenen Seite ein Schwingungsknoten. Demzufolge findet gerade eine viertel Wellenlänge in der Pfeife Platz und die Pfeife hat eine Länge von 5,2 m (Bild B).

124. a) Bei der Saite befinden sich an beiden Enden Schwingungsknoten, in der Grundschwingung liegt eine halbe Wellenlänge dazwischen. Bei den ersten drei Oberschwingungen treten zusätzlich ein, zwei bzw. drei weitere Knoten zwischen den Befestigungspunkten auf:

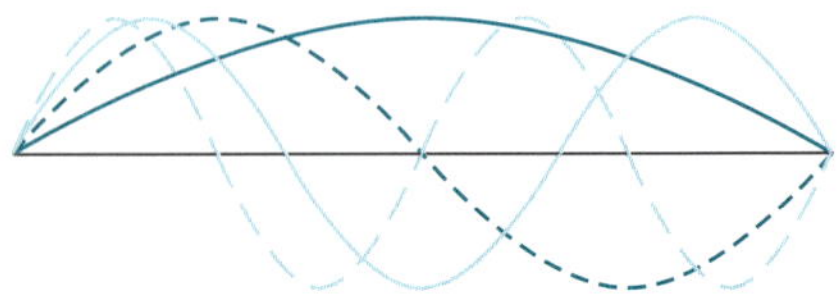

- Die erste Oberschwingung hat gerade die halbe Wellenlänge, also die doppelte Frequenz und damit 880 Hz. Der Ton a'' („zweigestrichenes“ a) klingt eine Oktave höher.
- Die Wellenlänge der zweiten Oberschwingung passt gerade 1,5-mal auf die Saite. Sie beträgt also $\frac{2}{3}$ der Saitenlänge bzw. $\frac{1}{3}$ der ursprünglichen Wellenlänge, die Frequenz ist folglich dreimal so hoch und damit 1 320 Hz. Der Ton liegt eine Quinte (Verhältnis 3 : 2) über dem ersten Oberton (ein e''').

- Der dritte Oberton besitzt ein Viertel der ursprünglichen Wellenlänge bzw. die vierfache Frequenz des Grundtons, also 1 760 Hz (ein a''''). Er liegt somit zwei Oktaven über dem Grundton bzw. eine Quarte (Verhältnis 4 : 3) über dem zweiten Oberton.

b) Halbieren der Saitenlänge bedeutet Frequenzverdoppelung: Der neue Grundton liegt eine Oktave höher bei 880 Hz (a'').

c) Bezeichnen wir mit L_1 die volle Saitenlänge (ohne Drücken), mit L_2 die gesuchte verkürzte Saitenlänge. Für den Grundton a' gilt $L_1 = \frac{\lambda_1}{2}$, für das Frequenz- bzw. Wellenlängenverhältnis beider Töne

$$\frac{f_2}{f_1} = \frac{4}{3} \quad \text{bzw.} \quad \frac{\lambda_2}{\lambda_1} = \frac{3}{4}$$

Daraus folgt für die nötige Saitenlänge zur Erzeugung von d'':

$$L_2 = \frac{\lambda_2}{2} = \frac{\frac{3}{4}\lambda_1}{2} = \frac{3}{8}\lambda_1 = \frac{3}{8} \cdot 2L_1 = \frac{3}{4}L_1$$

125. Im Bild sind Wellenberge grün, Wellentäler hellgrün dargestellt. Einige Maxima (k: konstruktive Interferenz) und Minima (d: destruktive Interferenz) sind eingezeichnet.

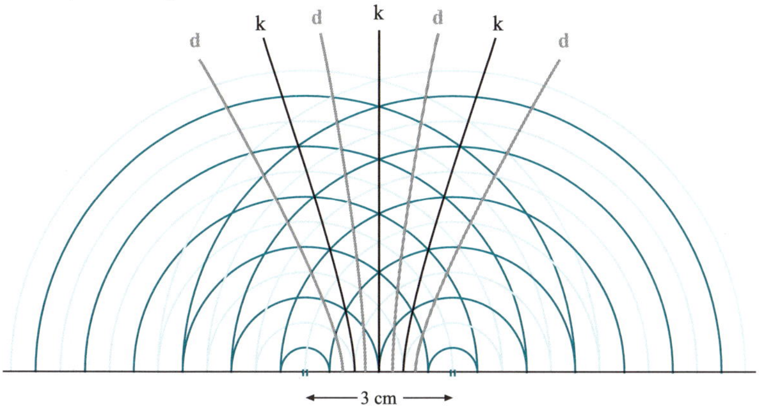

126. a) Unter Natriumlicht sieht das Muster grau gestreift aus, unter rot-grünem Mischlicht dagegen stark rot und grün gestreift.

Begründung: Die Farbpigmente des roten Streifens absorbieren aus dem auftreffenden Mischlicht den grünen Anteil und reflektieren den roten Anteil, der vom Auge wahrgenommen wird. Bei den grünen Streifen verhält es sich gerade umgekehrt. Das spektral reine Gelb des Natriumlichts wird dagegen von beiden Farbpigmenten absorbiert, der Farbeindruck ist je nach Grad der Absorption ein mehr oder weniger dunkles Grau.

b) Das Licht besitzt eine Wellenlänge, ist also monochromatisch und zeigt daher klare, gelbe Maxima verschiedener Ordnung.

c) Das Mischlicht aus zwei Wellenlängen liefert ein gelbes (Mischlicht-) Hauptmaximum in der Mitte und seitlich davon rote sowie grüne Interferenzstreifen. Da die Wellenlänge von rotem Licht (etwa 700 nm) größer ist als die von grünem (etwa 500 nm), gilt wegen der Gleichung

$$d_k \approx k \cdot \tfrac{a}{b} \cdot \lambda,$$

dass bei sonst gleichen Abmessungen und gleicher Ordnung die seitlichen Abstände d_k bei rotem Licht größer sind. Darum folgt neben dem gelben Hauptmaximum erst ein grünes, dann ein rotes Maximum erster Ordnung.

Anmerkung: Beachte, dass die Reihenfolge grün-rot-grün-... für zunehmende Ordnungszahlen nicht streng beibehalten wird. So kommt es beispielsweise immer zu gelben Interferenzstreifen, wenn ein grünes Maximum höherer Ordnung mit einem roten Maximum niedrigerer Ordnung zusammenfällt, denn dann gilt:

$$d_{k_{rot}} = d_{k_{grün}} \quad \Leftrightarrow \quad k_{rot} \cdot \lambda_{rot} = k_{grün} \cdot \lambda_{grün} \quad \Leftrightarrow \quad \frac{k_{grün}}{k_{rot}} = \frac{\lambda_{rot}}{\lambda_{grün}} \approx \frac{750\text{ nm}}{500\text{ nm}} = \frac{7}{5}$$

Es fällt also z. B. das grüne Maximum 7. Ordnung mit dem roten Maximum 5. Ordnung zusammen.

127. Löst man die Formel

$$d_k \approx k \cdot \tfrac{a}{b} \cdot \lambda$$

nach der gesuchten Größe b auf und setzt die gegebenen Zahlenwerte ein, erhält man:

$$b \approx \frac{k \cdot a \cdot \lambda}{d_k} = \frac{3a \cdot \lambda}{d_3} = \frac{3 \cdot 5{,}0\text{ m} \cdot 750 \cdot 10^{-9}\text{ m}}{0{,}020\text{ m}} \approx 5{,}6 \cdot 10^{-4}\text{ m} = 0{,}56\text{ mm}$$

128. Hier muss die Gleichung

$$d_k \approx k \cdot \tfrac{a}{b} \cdot \lambda$$

nach den gesuchten Abstand a aufgelöst werden:

$$a \approx \frac{d_k \cdot b}{k \cdot \lambda}$$

Für den Abstand d_k des ersten Maximums von dem zentralen Hauptmaximum müssen wir die Hälfte des angegebenen Abstands der beiden Maxima 3. Ordnung voneinander verwenden, also 2,5 cm. Damit folgt mit $k = 3$:

$$a \approx \frac{0{,}025\text{ m} \cdot 0{,}55 \cdot 10^{-3}\text{ m}}{3 \cdot 750 \cdot 10^{-9}\text{ m}} \approx 6{,}1\text{ m}$$

129. Die Abstandsdifferenz der Maxima 2. und 3. Ordnung erhalten wir unmittelbar aus der Gleichung

$$d_k \approx k \cdot \frac{a}{b} \cdot \lambda,$$

indem wir k = 2 bzw. k = 3 einsetzen:

$$d_3 - d_2 \approx 3 \cdot \frac{a}{b} \cdot \lambda - 2 \cdot \frac{a}{b} \cdot \lambda = \frac{a}{b} \cdot \lambda$$

$$\Rightarrow \quad \lambda \approx \frac{(d_3 - d_2) \cdot b}{a} = \frac{0{,}010\ \text{m} \cdot 0{,}36 \cdot 10^{-3}\ \text{m}}{4{,}8\ \text{m}} = 7{,}5 \cdot 10^{-7}\ \text{m} = 750\ \text{nm}$$

Der Doppelspalt wird mit rotem Licht der Wellenlänge 750 nm bestrahlt.

130. Wir setzen direkt in die Abstandsgleichung ein:

$$d_4 - d_3 \approx 4 \cdot \frac{a}{b} \cdot \lambda - 3 \cdot \frac{a}{b} \cdot \lambda = \frac{a}{b} \cdot \lambda = \frac{6{,}0\ \text{m}}{0{,}60 \cdot 10^{-3}\ \text{m}} \cdot 450 \cdot 10^{-9}\ \text{m} = 4{,}5\ \text{mm}$$

131. Für die Grenzfrequenz gilt

$$f_G = \frac{W_A}{h},$$

für die Grenzwellenlänge:

$$\lambda_G = \frac{c}{f_G} = \frac{h \cdot c}{W_A}$$

Damit erhält man für die angegebenen Materialien folgende Zahlenwerte:

Kathoden-material	**W_A in eV je Elektron**	**f_G in 10^{14} Hz**	**λ_G in nm**
Cäsium	1,94	4,68	640
Wolfram	4,57	11,0	272
Platin	5,66	13,7	220
Natrium	2,28	5,51	545
Kupfer	4,84	11,7	257
Rubidium	2,13	5,14	583

132. Das Photon muss mindestens die Energie $E_{Photon} = W_A$ besitzen, um ein Elektron auslösen zu können. Mit $c = \lambda_G \cdot f_G$ folgt:

$$h \cdot f_G = W_A \quad \Rightarrow \quad h \cdot \frac{c}{\lambda_G} = W_A$$

Dies lösen wir nach der Grenzwellenlänge auf und setzen die Zahlenwerte ein; dabei gilt $W_A = 4{,}84\ \text{eV} = 4{,}84\ \text{eV} \cdot 1{,}6 \cdot 10^{-19}\ \frac{\text{J}}{\text{eV}} = 7{,}74 \cdot 10^{-19}\ \text{J}$:

$$\lambda_G = \frac{h \cdot c}{W_A} = \frac{6{,}626 \cdot 10^{-34}\ \text{Js} \cdot 3{,}00 \cdot 10^{8}\ \frac{\text{m}}{\text{s}}}{7{,}74 \cdot 10^{-19}\ \text{J}} = 2{,}57 \cdot 10^{-7}\ \text{m} = 257\ \text{nm}$$

Die Grenzwellenlänge für Kupfer beträgt 257 nm.

133. Die Photonen des blauen Lichtes besitzen die Energie

$$E_{Photon} = h \cdot f = h \cdot \frac{c}{\lambda} = 6{,}626 \cdot 10^{-34}\,Js \cdot \frac{3{,}00 \cdot 10^8\,\frac{m}{s}}{4{,}50 \cdot 10^{-9}\,m} = 4{,}41 \cdot 10^{-19}\,J = 2{,}76\,eV$$

Aus der Einstein-Gleichung folgt:

$$E_{kin,max} = E_{Photon} - W_A$$

$$\Rightarrow \quad W_A = E_{Photon} - E_{kin,max} = 2{,}76\,eV - 0{,}82\,eV = 1{,}94\,eV$$

Nach der Tabelle der Austrittsarbeiten handelt es sich um Cäsium.

134. Für die maximale kinetische Energie gilt die Einstein-Gleichung

$$E_{kin,\,max} = h \cdot f - W_A,$$

hier für die angegebene Differenz ΔE also:

$$\Delta E = (h \cdot f_1 - W_A) - (h \cdot f_2 - W_A) = h \cdot f_1 - h \cdot f_2 = h \cdot (f_1 - f_2)$$

$$= h \cdot \left(\frac{c}{\lambda_1} - \frac{c}{\lambda_2}\right) = h \cdot c \cdot \frac{\lambda_2 - \lambda_1}{\lambda_1 \cdot \lambda_2}$$

Daraus folgt für die Größe des Planck'schen Wirkungsquantums:

$$h = \frac{\Delta E}{c} \cdot \frac{\lambda_1 \cdot \lambda_2}{\lambda_2 - \lambda_1} = \frac{1{,}103 \cdot 1{,}6 \cdot 10^{-19}\,J}{3{,}00 \cdot 10^8\,\frac{m}{s}} \cdot \frac{750 \cdot 10^{-9}\,m \cdot 450 \cdot 10^{-9}\,m}{300 \cdot 10^{-9}\,m} \approx 6{,}62 \cdot 10^{-34}\,Js$$

Dies stimmt mit dem theoretischen Wert $6{,}626 \cdot 10^{-34}$ Js gut überein.

135. Mit der Planck'schen Konstante $h = 6{,}62 \cdot 10^{-34}$ Js ergibt sich nach Einsetzen in die Formel für die de-Broglie-Wellenlänge:

$$\lambda = \frac{h}{m \cdot v} = \frac{6{,}62 \cdot 10^{-34}\,Js}{1{,}67 \cdot 10^{-27}\,kg \cdot 1{,}5 \cdot 10^7\,\frac{m}{s}} = 2{,}64 \cdot 10^{-14}\,m$$

136. Hier müssen wir die Gleichung für die de-Broglie-Wellenlänge nach der gesuchten Geschwindigkeit v auflösen und erhalten dann:

$$\lambda = \frac{h}{m \cdot v} \quad \Rightarrow \quad v = \frac{h}{m \cdot \lambda} = \frac{6{,}62 \cdot 10^{-34}\,Js}{9{,}11 \cdot 10^{-31}\,kg \cdot 8{,}0 \cdot 10^{-11}\,m} = 9{,}1 \cdot 10^6\,\frac{m}{s}$$

137. Zunächst berechnet man die de-Broglie-Wellenlänge wie folgt:
Protonen- und Neutronenmasse sind nahezu gleich mit $m = 1{,}67 \cdot 10^{-27}$ kg, ein Fullerenmolekül C_{60} hat also die Masse

$$m_F = 60 \cdot 12 \cdot 1{,}67 \cdot 10^{-27}\,kg = 1{,}2024 \cdot 10^{-24}\,kg.$$

Mit der Planck'schen Konstante und der angegebenen Geschwindigkeit ergibt sich die de-Broglie-Wellenlänge zu

$$\lambda = \frac{h}{m_F \cdot v} = \frac{6{,}62 \cdot 10^{-34}\,Js}{1{,}2024 \cdot 10^{-24}\,kg \cdot 220\,\frac{m}{s}} = 2{,}50 \cdot 10^{-12}\,m.$$

Für das Maximum 1. Ordnung beträgt der Gangunterschied gerade eine Wellenlänge. Nach der Formel für den Abstand d_1 des Maximums von der Schirmmitte gilt näherungsweise:

$$d_1 \approx 1 \cdot \frac{a}{b} \cdot \lambda = \frac{a \cdot \lambda}{b} = \frac{2\,\text{m} \cdot 2{,}50 \cdot 10^{-12}\,\text{m}}{100 \cdot 10^{-9}\,\text{m}} = 5{,}0 \cdot 10^{-5}\,\text{m} = 50\,\mu\text{m}$$

Dies ist sehr genau der Wert, den man aus dem Diagramm A ablesen kann. Die theoretische Vorhersage stimmt also mit dem experimentellen Messergebnis überein.

138. Man löst das 3. Kepler'sche Gesetz

$$\frac{T_{\text{Mond}}^2}{R_{\text{Mond}}^3} = \frac{T_{\text{Satellit}}^2}{R_{\text{Satellit}}^3}$$

nach T_{Satellit} auf und setzt $R_{\text{Satellit}} = 6\,370\text{ km} + 1\,000\text{ km} = 7\,370\text{ km}$ ein:

$$T_{\text{Satellit}} = \sqrt{\frac{R_{\text{Satellit}}^3 \cdot T_{\text{Mond}}^2}{R_{\text{Mond}}^3}} = \sqrt{\frac{(7\,370\text{ km})^3 \cdot (27{,}3\text{ d})^2}{(380\,000\text{ km})^3}} \approx 0{,}0734\text{ d} \approx 106\text{ min}$$

139. Mit dem dritten Kepler'schen Gesetz

$$\frac{T_{\text{Mond}}^2}{R_{\text{Mond}}^3} = \frac{T_{\text{Satellit}}^2}{R_{\text{Satellit}}^3}$$

erhält man durch Auflösen und Einsetzen der gegebenen Größen

$$R_{\text{Satellit}} = \sqrt[3]{\frac{R_{\text{Mond}}^3 \cdot T_{\text{Satellit}}^2}{T_{\text{Mond}}^2}} = \sqrt[3]{\frac{(380\,000\text{ km})^3 \cdot (110 \cdot 60\text{ s})^2}{(27{,}3 \cdot 24 \cdot 3600\text{ s})^2}} \approx 7\,546\text{ km}$$

und somit für die gesuchte Höhe: $h \approx 7\,546\text{ km} - 6\,370\text{ km} = 1\,176\text{ km}$.

Die Bahngeschwindigkeit v ist der Quotient aus Bahnumfang u_{Satellit} und Umlaufdauer:

$$v = \frac{u_{\text{Satellit}}}{T_{\text{Satellit}}} = \frac{2R_{\text{Satellit}} \cdot \pi}{T_{\text{Satellit}}} = \frac{2 \cdot 7\,546\,000\text{ m} \cdot \pi}{110 \cdot 60\text{ s}} \approx 7\,180\,\frac{\text{m}}{\text{s}}$$

140. Wenn der Satellit geostationär sein soll, muss er exakt einen Tag Umlaufdauer haben und die gleiche Drehachse wie die Erde besitzen, also über dem Äquator fliegen. Um seine Höhe h über der Erdoberfläche zu berechnen, kann man zunächst seinen Abstand R_{Satellit} vom Erdmittelpunkt berechnen. Mit dem dritten Kepler'schen Gesetz erhält man dafür:

$$R_{\text{Satellit}} = \sqrt[3]{\frac{R_{\text{Mond}}^3 \cdot T_{\text{Satellit}}^2}{T_{\text{Mond}}^2}} = \sqrt[3]{\frac{(380\,000\text{ km})^3 \cdot (1{,}0\text{ d})^2}{(27{,}3\text{ d})^2}} \approx 41\,912\text{ km}$$

Für die Flughöhe ergibt sich dann $h = 41\,912\text{ km} - 6\,370\text{ km} \approx 35\,500\text{ km}$.

141. Wenn man von der Erde aus stets die gleiche Seite des Mondes sieht, steht auch für einen Mondbürger die Erde immer an der gleichen Stelle, sie geht also niemals unter.

Anmerkung: Dass der Mond der Erde stets die gleiche Seite zuwendet, liegt daran, dass seine Umlaufzeit um die Erde gleich der Dauer seiner Rotation um seine eigene Achse ist. Die Anpassung der beiden zunächst verschiedenen Zeiten seit der Entstehung der beiden Himmelskörper ist Folge der Gezeitenwirkung, also der Gravitationswechselwirkung zwischen Erde und Mond.

142. Eine geometrische Überlegung führt zur Lösung:
Der Winkel φ zwischen Sonnenstrahl und Hochachse des Turms tritt als Z-Winkel auch am Erdmittelpunkt auf. Die Entfernung der beiden Städte verhält sich daher zum gesamten Erdumfang wie der Winkel φ zum Vollwinkel 360°:

$$\frac{7{,}2^\circ}{360^\circ} = \frac{800\text{ km}}{2R_E \cdot \pi}$$

$$\Rightarrow \quad R_E = \frac{360^\circ \cdot 800\text{ km}}{7{,}2^\circ \cdot 2\pi} \approx 6\,366\text{ km}$$

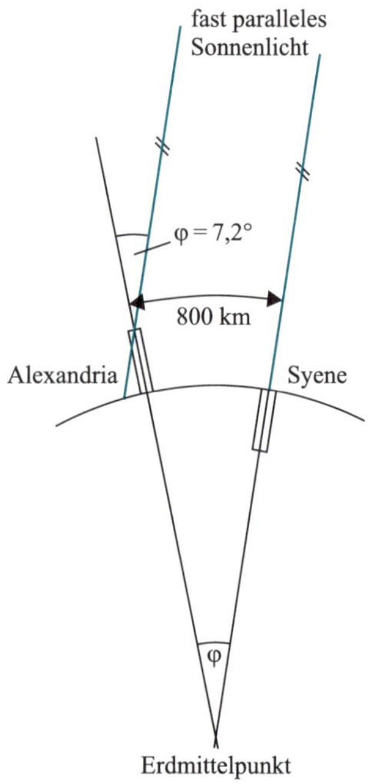

143. Entscheidend für das Zustandekommen von Ebbe und Flut ist das ganze System Erde–Mond. So dreht sich der Mond nicht nur um die Erde, sondern die Erde dreht sich auch ein wenig um den Mond: Beide drehen sich um den gemeinsamen Schwerpunkt, der aufgrund der sehr viel größeren Masse der Erde sehr nah am Erdmittelpunkt liegt. Dabei behalten Erde und Mond ihre relative Lage im Raum bei, d. h., sie drehen sich nicht um ihre Verbindungsachse. Du kannst

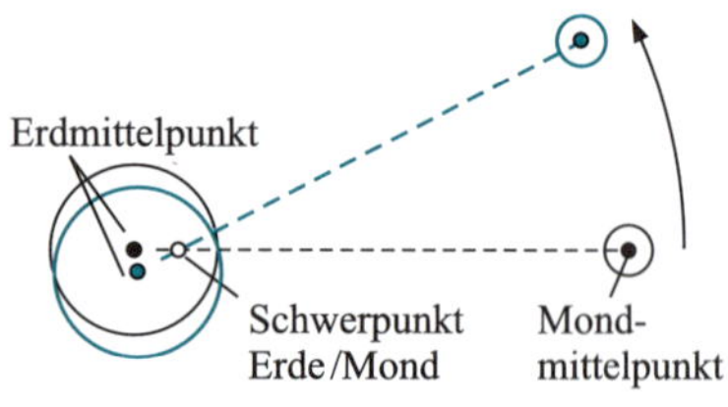

dir diese Bewegung anhand zweier Münzen vorstellen, die du einander umkreisen lässt, wobei die aufgeprägten Zahlen immer aufrecht stehen.
Während dieser Kreisbewegung wirken zwei Kräfte auf die Erde, nämlich

- die hierdurch hervorgerufene **Zentrifugalkraft**, die überall auf der Erde gleich groß ist und immer vom Mond weggerichtet ist;
- die **Gravitationskraft** des Mondes, die nach dem Gravitationsgesetz umgekehrt proportional zum Quadrat des Abstands Erde–Mond ist (vgl. Kapitel 3) und immer zum Mondmittelpunkt gerichtet ist.

Die an einem Punkt der Erde wirkende Gezeitenkraft ist die resultierende Kraft, also die Pfeilsumme der beiden Einzelkräfte:

- Im Erdmittelpunkt sind Zentrifugal- und Gravitationskraft genau gegengleich, die Gezeitenkraft ist null.
- Auf der vom Mond abgewandten Seite der Erde überwiegt die Zentrifugalkraft, die Gezeitenkraft zeigt radial nach außen.
- Auf der dem Mond zugewandten Seite überwiegt die Gravitationskraft, die Gezeitenkraft zeigt ebenfalls radial nach außen.

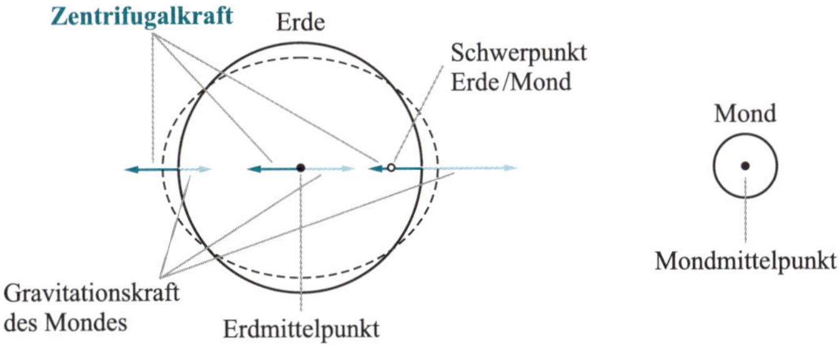

Die Gezeitenkräfte lassen daher sowohl auf der dem Mond zugewandten als auch auf der vom Mond abgewandten Seite Flutberge entstehen, indem sie für eine Meerwasserbewegung von den Polen hin zum Äquator sorgen.
Wegen der Eigenrotation der Erde wandern die beiden Flutberge einmal pro Tag um die Erde, sodass zweimal täglich Ebbe und Flut auftreten.

144. a) Auf der Nordhalbkugel ist die Sonneneinstrahlung tagsüber aufgrund der Neigung der Erdachse steiler, wenn das Licht „von rechts“ kommt (siehe Skizze, links oben); so erklärt sich der Sommer. Umgekehrt ist auf der Südhalbkugel der Sonneneinfall flach und es herrscht Winter. Strahlt dagegen das Licht der Sonne „von links“ auf die Erde, wird die Nordhalbkugel relativ flach getroffen und es herrscht Winter. Jetzt ist auf der Südhalbkugel der Auftreffwinkel größer, dort ist Sommer.

b) Wäre der Winkel zwischen Bahnebene der Erde und Rotationsachse 90°, dann wäre die Menge der Sonneneinstrahlung unabhängig von der Position der Erde im Jahresverlauf, es gäbe somit keine Jahreszeiten.

145. a) Bei Halbmond bilden Erde, Mond und Sonne die Ecken eines rechtwinkligen Dreiecks (die Skizze ist nicht maßstäblich). Das gesuchte Verhältnis ist gerade das von kurzer Kathete zu Hypotenuse:

$$\frac{\overline{ME}}{\overline{SE}} = \cos 87° \approx 0,0523$$

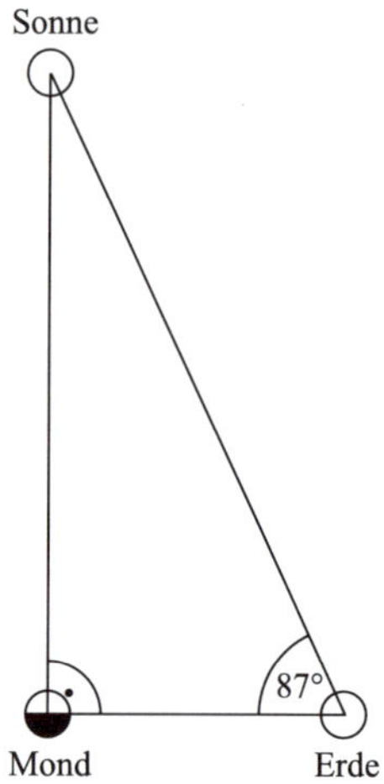

b) $\cos\varphi = \frac{380\,000\text{ km}}{150\,000\,000\text{ km}} \approx 0,00253$

$\Rightarrow \quad \varphi \approx 89,9°$

Nach Teilaufgabe a ist die Sonne rund 19-mal so weit von der Erde entfernt wie der Mond, nach b rund 395-mal so weit. Schon geringe Ungenauigkeiten bei der Messung des Winkels führen also zu großen Abweichungen bei der Entfernungsbestimmung.

Notizen

Notizen

Ihre Meinung ist uns wichtig!

Ihre Anregungen sind uns immer willkommen. Bitte informieren Sie uns mit diesem Schein über Ihre Verbesserungsvorschläge!

Titel-Nr.	Seite	Vorschlag

Bitte hier abtrennen

Zutreffendes bitte ankreuzen!

Die Absenderin/der Absender ist:

- ☐ Lehrer/in in den Klassenstufen: ____
- ☐ Fachbetreuer/in
  Fächer: ____
- ☐ Seminarlehrer/in
  Fächer: ____
- ☐ Regierungsfachberater/in
  Fächer: ____
- ☐ Oberstufenbetreuer/in
- ☐ Schulleiter/in
- ☐ Referendar/in, Termin 2. Staats-
  examen: ____
- ☐ Leiter/in Lehrerbibliothek
- ☐ Leiter/in Schülerbibliothek
- ☐ Sekretariat
- ☐ Eltern
- ☐ Schüler/in, Klasse: ____
- ☐ Sonstiges: ____

Unterrichtsfächer: (Bei Lehrkräften!)

____

STARK Verlag
Postfach 1852
85318 Freising

19-V1M
Bitte ausfüllen und im frankierten Umschlag an uns einsenden. Für Fensterkuverts geeignet.

Kennen Sie Ihre Kundennummer?
Bitte hier eintragen.

Absender (Bitte in Druckbuchstaben!)

Name/Vorname

Straße/Nr.

PLZ/Ort/Ortsteil

Telefon privat

Geburtsjahr

E-Mail

Schule/Schulstempel (Bitte immer angeben!)

Bitte hier abtrennen

(Bitte blättern Sie um)